河南省哲学社会科学规划项目成果（2022CJJ123）
河南省社科联调研课题成果（SKL－2022－382）
河南省高等学校重点科研项目成果（23A790013）

气候脆弱部门应对气候变化机制

彭宇芳　魏朋邦　著

中国财经出版传媒集团
中国财政经济出版社

图书在版编目（CIP）数据

气候脆弱部门应对气候变化机制 / 彭宇芳，魏朋邦
著. —北京：中国财政经济出版社，2022.10
ISBN 978 -7 -5223 -1484 -6

Ⅰ.①气… Ⅱ.①彭… ②魏… Ⅲ.①气候变化－研
究 Ⅳ.①P467

中国版本图书馆 CIP 数据核字（2022）第 101977 号

责任编辑：彭 波　　责任印制：史大鹏
封面设计：孙俪铭　　责任校对：胡永立

中国财政经济出版社 出版
URL：http：//www. cfeph. cn
E－mail：cfeph@ cfeph. cn

社址：北京市海淀区阜成路甲 28 号　邮政编码：100142
营销中心电话：010－88191522
天猫网店：中国财政经济出版社旗舰店
网址：https：//zgczjjcbs. tmall. com
北京财经印刷厂印刷　各地新华书店经销
成品尺寸：170mm×240mm　16 开　21.5 印张　364 000 字
2022 年 10 月第 1 版　2022 年 10 月北京第 1 次印刷
定价：98.00 元
ISBN 978－7－5223－1484－6
（图书出现印装问题，本社负责调换，电话：010－88190548）
本社质量投诉电话：010－88190744
打击盗版举报热线：010－88191661　QQ：2242791300

前　言

全球气候变化是人类在21世纪面临的最大挑战之一，如何有效应对气候变化已成为学术界和各国政府关注的焦点。在过去的150年里，全球温室气体排放水平一直在上升，已经达到了至少40万年来从未有过的水平。截至2012年，地球表面平均气温水平比工业化前上升了0.85℃。由于地球气候系统对温室气体反应的滞后，即使目前大气中的温室气体浓度水平不再上升，全球平均气温也将继续上升至少0.5℃。气候变化已经对社会经济系统产生了广泛影响，尤其是农业部门、电力部门等气候脆弱领域。开展气候脆弱领域应对气候变化行动是实施积极应对气候变化国家战略的重要内容。农业部门与电力部门是典型的气候脆弱部门，也是应对气候变化的重点和难点领域。本书面向科学构建气候脆弱领域应对气候变化机制的重要现实需求，以农业部门与电力部门为例展开系统研究。

本书第一章：总论，介绍了专著的研究背景、目的以及意义。第二章：农业部门与气候变化，概述了气候变化对农业部门的影响，阐述了选择农业部门为例展开研究的理论贡献和实践意义，介绍了农业篇的研究内容、技术路线以及主要创新点，并梳理了农业部门篇的研究思路及框架。第三章：气候变化与农业生产波动的非线性因果关系研究，以河南夏粮、秋粮生产为例，基于2000~2018年面板数据采用非线性格兰杰因果检验明确了农业生产与气候变化之间的因果关系。第四章：我国农业部门的气候脆弱性及传导机制分析，考察和探讨了气候变化对中国农业部门的影响以及在整个经济系统的传导机制。第五章：我国农业碳排放影响因素及空间溢出效应研究，对1997～2018中国31个省区市进行了观测，探讨农业碳排放的影响因素及空间溢出效应，为有效制订农业碳排放遏制政策提供重要启示和科学依据。第六章：气候变化风险防范：农户与保险公司博弈行为分析，对我国的政策性农业保险现状进行了分析，从理论和实践角度揭示了提高农民投保积极性的重要途径，明确了政府与市场互补对促进我国农业保险发展的重要性，也进一步指出了农户与保险公司实现双赢的合作方式。第七章：农民应对气候变化的行为策略：来自不同类型农业区的比较分析，以影响农民行为的因素为研究对象，探讨不同类型地区农民应对气候变化行为的差异，为公共政策和风险沟通提供了建议，鼓励农民采取不同行为策略以应对气候变化风险。第八章：农业部门篇结论，总结了农业部门篇主要结论。第九章：电力部门与气候变化，概述了气候变化对电力部门的影响，阐述了选择电力部门为例展开研究的理论贡献和实践意义，介绍了电力部门篇的研究内容、技术路线以及主要创新点，并梳理了电力部门篇的研究思路及框架。第十章：气候变化—电力部门—经济系统分析，通过将气候因素纳入拓展的投入产出模型构建了“气候变化—电力部门—经济系统”分析框架，分析了气候变化对电力部门的影响给整个经济系统的冲击及其在经济系统内的传导机制。第十一章：气候变化对电力需求综合影响研究，提出了一个评估气候变化对地区电力需求模式影响的方法框架，评估了气候变化对月度电力需求、需求峰值和需求变化幅度的影响，分析了气候变化对地区电力需求模式的综合影响。第十二章：电力负荷预测方法研究，总结了能较好反映气候相关因素对电力负荷影响的定量分析方法。第十三章：可再生能源发展策略与激励机制：以光伏微电网为例，构建了考虑地区资源禀赋差异性和群体异质性的中国太阳能光伏社区微电网配置优化模型，提出碳交易作为一种市场激励机制更有利于社会资源的配置。第十四章：燃煤发电厂适应气候变化决策与激励机制，综合短期视角和长期视角分析了燃煤发电厂运营商在一系列因素影响下的适应气候变化决策，并探索了政府如何制订激励机制来引导电厂运营商在电厂长时间的生产寿命周期内做出合理的适应气候变化决策。第十五章：电力部门篇总结，介绍了电力部门篇主要结论。第十六章：本书总结，总结了本书的主要贡献。

本书由彭宇芳和魏朋邦共同完成，本书整体研究框架由两位学者共同设计，其中农业部门篇由彭宇芳完成，电力部门篇由魏朋邦完成。期望本书能以清晰和合理的方式推进农业部门与电力部门应对气候变化研究，并对其他脆弱领域应对气候变化研究有所帮助和启示。

作者

2022 年 3 月

目　　录

电力部门篇

第一章

总　　论

第一节　全球气候变化

工业文明的进步促进了人类社会的发展，但也带来了许多全球性的问题，包括环境污染和资源能源危机。20 世纪以来，人类活动造成了大气中温室气体的急剧增加和全球气候的变化。全球气候变化已成为 21 世纪最严重的环境问题，气候危机已成为学术界和政策领域公众关注的焦点。气候变化将破坏全球自然和生物系统。冰川融化、海平面上升、洪水、森林火灾、物种变异等灾害都警示人类气候变化对全球生态系统的影响。虽然关于气候变化还存在一些争议，但不可否认的是气温上升、降水变化，以及极端天气增加，如 2010 年俄罗斯森林大火、2019 年澳大利亚丛林大火等。政府间气候变化专门委员会发布了一份名为《全球变暖 1.5℃特别报告》的报告，阐述了全球气温比工业化前水平上升 1.5℃的影响。

人类活动产生的温室气体对气候系统的影响导致地球能量不平衡：在稳定的气候条件下，地球从太阳接收的能量与以反射阳光和热辐射形式释放到太空的能量大致平衡。气候驱动因素，如温室气体或气溶胶的增加，会干扰这种平衡，导致地球气候系统要么获得能量，要么失去能量。气候驱动因素的强度可以通过其有效辐射强迫进行量化，以 W/m^2（瓦/立方米）为单位进行度量。正的有效辐射强迫导致气温升高，负的有效辐射强迫导致气温降低。气候变暖或降温反过来会通过许多积极（放大）或消极（抑制）气候反馈改变地球能量平衡系统。

自 1990 年以来，联合国政府间气候变化专门委员会（IPCC）的五个评估周期全面、一致地展示了地球气候系统变化的证据，其中 2007 年的第四次评估报告首次得出结论，气候系统变暖是明确的。IPCC 第六次评估报告展示了新的科学证据，进一步证明了正在变化的地球气候系统主要由人类活动产生的温室气体引起。气候系统的所有主要要素都记录了持续变化：大气、陆地、冰层、生物圈和海洋。多条证据表明，最近几十年的大规模气候变化在地球几千年的背景下几乎是前所未有的，它们代表了气候系统对人类温室气体的逐渐响应，导致全球范围内持续的冰川融化、海洋热含量增加、海平面上升和海洋酸化。IPCC 指出，气候变化正导致越来越多的人面临气候风险的威胁，各地区在减排和适应气候变化方面面临紧迫的压力。

地球气候系统的变化，由过去、现在和未来的人类活动共同作用引起，即使当下温室气体排放量大幅减少，这种变化仍将持续很长时间。地球气候系统的多个方面，包括陆地生物圈、深海和冰层，对温室气体浓度变化的反应比地球表面温度慢得多。因此，过去的温室气体排放已经使地球气候系统发生了实质性的变化。例如，即使未来的二氧化碳排放量减少到净零，全球变暖停止，全球平均海平面仍将持续上升数十年，因为过去的温室气体排放导致的过剩能量继续传播到深海，使海底冰川和冰盖继续融化。

全球气候变化正在对自然界造成广泛的破坏，并严重影响到世界各地数十亿人的生活。气候变化已经增加了全球各个地区的极端天气发生频率，观测到极端天气（如热浪、强降水、干旱和热带气旋）事件也越来越多。几乎可以肯定的是，自 20 世纪 50 年代以来，大多数陆地地区的极端高温（包括热浪）已经变得更加频繁和强烈，而极端低温（包括寒流）已经变得不那么频繁和不那么严重。自 80 年代以来，海洋热浪的频率大约翻了一番，全球气候变暖是造成大多数热浪的原因。自 50 年代以来，在观测数据足以进行趋势分析的大部分陆地区域，强降水事件的频率和强度都有所增加。同时，由于土地蒸散量增加，气候变化导致一些地区农业和生态干旱增加。自 50 年代以来，人类活动的影响可能增加了发生复合极端事件的可能性。这包括全球范围内同时发生热浪和干旱的频率增加，所有有人居住的大陆部分地区的火灾，以及一些地区的洪水。

气候变化已经影响到全球每个有人居住的地区，人类活动排放的温室气体导致了许多可观测到的极端天气事件。地球气候系统中的许多变化与全球变暖的加剧直接相关。它们包括极端高温、海洋热浪和强降水的频率和强度增加，一些地区的农业和生态干旱，强热带气旋的比例增加，以及北极海冰、积雪和永久冻土的减少。随着全球气候变化进程的加快，极端气候情况出现的概率会继续变得更大。例如，全球平均气温每增加0.5℃，极端高温的强度和频率就会明显增加，包括热浪、强降水，以及一些地区的农业和生态干旱。在某些地区，每增加0.5℃的全球气候变化，就会出现明显的气象干旱强度和频率变化。随着某些地区全球变暖的加剧，水文干旱的频率和强度变得更大。随着全球变暖的加剧，甚至在全球变暖1.5℃目标得以实现的情况下，一些极端事件的发生也将增加，这在观测记录中是前所未有的。一些中纬度地区和半干旱地区，如我国内蒙古、山西等地区，预计最热的日子里气温上升幅度最高，为全球气候变暖速率的1.5～2倍。据预测，北极地区在最寒冷的日子里，气温上升幅度最高，约为全球变暖速度的3倍。随着全球变暖的加剧，海洋热浪的频率将继续增加，特别是在热带海洋和北极。在全球气候变化背景下，各地区的强降水事件很可能会加剧并变得更加频繁。在全球范围内，极端的每日降水事件预计会在全球变暖每1℃的情况下加剧约7%。随着全球变暖的加剧，强热带气旋的比例和最强热带气旋的峰值风速预计将在全球范围内增加。

人类活动引起的全球气候变化正在对生态系统与经济系统造成广泛的破坏，并严重影响人类的生产和生活。全球气候变化带来越来越多的热浪、干旱和洪水已经超过了植物和动物的耐受极限，导致树木和珊瑚等物种大量死亡。这些极端天气的同时发生，造成了越来越难以管理的连锁反应。它们使人类面临严重的粮食和能源安全问题，特别是在非洲、亚洲、中美洲和南美洲、小岛屿和北极地区。对于中国而言，气候系统变暖仍在持续，极端天气气候事件风险进一步加剧；全球主要温室气体平均浓度均创新高，山地冰川整体消融退缩状态；中国平均年降水量呈增加趋势，海洋变暖加速，全球平均海平面加速上升；中国植被覆盖稳定增加，青藏高原多年冻土退化明显。中国是全球气候变化的敏感区和影响显著区，升温速率明显高于同期全球平均水平。1951～2020年，中国地表年平均气温呈显著上升趋势，升温速率为0.26℃/10年。近20年是20世纪初以来中国的最暖时期，1901年以来的10个最暖年份中，除1998年外，其余9个均出现在21世纪。1961～2020年，中国极端强降雨事件呈增多趋势，极端低温事件减少，极端高温事件自20世纪90年代中期以来明显增多；20世纪90年代后期以来登陆中国的台风平均强度波动增强。1991～2020年，中国气候风险指数平均值为6.8，较1961～1990年平均值4.3增加了58%。

气候变化对人类的方方面面已经产生了非常广泛和严重影响。但是，尽管科学可以根据气候变化潜在后果的概率、规模和性质，从技术角度量化气候变化风险，但确定什么是气候变化危险最终需要取决于价值观和目标的判断。例如，个人将以不同的方式看待现在和未来，并将个人世界观带到对生物多样性等资产的重要性认识上。价值观还影响着人们对全球经济增长与保障最弱势群体福祉的相对重要性的判断。个体对气候变化危险性的判断可能取决于其生计、房屋和家庭直接暴露在气候变化中的程度，以及对气候变化的脆弱程度。一个正在被气候变化所损害的个体可能会自然地认为特定的影响是危险的，即使单一的影响可能不会达到对全球产生影响的阈值。对气候变化脆弱性的科学评估可以为关于气候变化危险的价值判断提供一个重要的起点。

为了避免越来越多的生命、生物多样性和基础设施损失，需要采取雄心勃勃的加速行动来应对气候变化，快速、大幅削减温室气体排放，同时构建适应气候变化科学机制，提高适应气候变化能力。为了有效应对气候变化，需要从各种来源获得有关气候变化的信息，同时考虑地区实践和价值观，来提高气候信息的可用性、有用性和相关性，增强利益相关者的信任，扩展气候服务中使用的科学基础。构建综合多部门的区域气候信息体系，为应对气候变化决策服务。

第二节

应对气候变化行动

自 IPCC 报告中关于气候变化影响和气候变化适应的报告发布以来，热浪、干旱、野火和其他极端情况的频率和强度增加，远远超出正常的自然变化。这些危害极大地破坏了全球的生态系统，在某些情况下还造成了不可逆转的损失，如物种的消失。人类社会也会遭到大自然的报复，食物和水的不安全风险加剧，大量的食源性、水源性和病媒传播疾病的发病率升高，以及对身心健康造成危害。如果对全球变暖听之任之，这些气候灾害将不可避免地增加。全球气温的每一次上升都会加剧由此造成的损失和损害。2019 年 12 月，未来地球组织和地球联盟组织联合发布了一份题为《2019 年气候科学的 10 个新见解》的报告。报告指出，极端天气已成为“新常态”，这意味着极端天气发生的可能性将继续增加，严重阻碍发展中国家的发展。对于发展中国家和欠发达地区来说，应对气候风险的基础设施还远远不够完善。例如，防洪和抗旱设施还没有建立。因此，在采取适应行动时，必须考虑发展需求，应对新的气候风险。世界各国迫切需要采取有效的措施，以应对气候变化风险。

气候变化是全人类面临的严峻挑战，绿色低碳转型是应对气候变化的必由之路，是推进生态文明建设、经济社会高质量发展和生态环境高水平保护的重要途径。尽管各国在气候变化问题上仍存在利益分歧，但全球各地频发的气候灾害正不断敲响警钟，如不努力改变，等待我们的可能就是无法挽回的局面。幸运的是，人类已踏上觉醒之路，为了共同应对人类所面临的环境与生存危机，世界各国已联合起来应对全球气候变化问题。世界大多数国家纷纷做出或正在考虑做出碳中和的庄严承诺。国际应对气候变化行动虽然历经坎坷，但是仍不断向前。

1992 年 5 月，联合国政府间谈判委员会在美国纽约就全球气候问题达成了一项公约，即《联合国气候变化框架公约》。同年 6 月，在巴西里约热内卢召开的由世界各国政府首脑参加的联合国环境与发展会议期间开放签署。1994 年 3 月 21 日，地球峰会上由 150 多个国家以及欧洲经济共同体共同签署的公约生效。公约由序言及 26 条正文组成，具有法律约束力，终极目标是将大气温室气体浓度维持在一个稳定的水平，在该水平上人类活动对气候系统的危险干扰不会发生。根据"共同但有区别的责任"原则，公约对发达国家和发展中国家规定的义务以及履行义务的程序有所区别。要求发达国家作为温室气体的排放大户，采取具体措施限制温室气体的排放，并向发展中国家提供资金以支付它们履行公约义务所需的费用。而发展中国家只承担提供温室气体源与温室气体汇的国家清单的义务，制订并执行含有关于温室气体源与汇方面措施的方案，不承担有法律约束力的限控义务。该公约建立了一个向发展中国家提供资金和技术，使其能够履行公约义务的机制。

1997 年，《京都议定书》首次为发达国家和转轨经济国家制定了定量的减排义务。发达国家从 2005 年开始承担减少碳排放量的义务，而发展中国家则从 2012 年开始承担减排义务。《京都议定书》需要在占全球温室气体排放量 55% 以上的至少 55 个国家批准，才能成为具有法律约束力的国际公约。中国于 1998 年 5 月签署并于 2002 年 8 月核准了该议定书。欧盟及其成员国于 2002 年 5 月 31 日正式批准了《京都议定书》。2004 年 11 月 5 日，俄罗斯总统普京在《京都议定书》上签字，使其正式成为俄罗斯的法律文本。截至 2005 年 8 月 13 日，全球已有 142 个国家和地区签署该议定书，其中包括 30 个工业化国家，批准国家的人口数量占全世界总人口的 80%。2005 年 2 月 16 日，《京都议定书》正式生效。这是人类历史上首次以法规的形式限制温室气体排放。为了促进各国完成温室气体减排目标，议定书允许采取以下四种减排方式：第一，两个发达国家之间可以进行排放额度买卖的“排放权交易”，即难以完成削减任务的国家，可以花钱从超额完成任务的国家买进超出的额度；第二，以“净排放量”计算温室气体排放量，即从本国实际排放量中扣除森林所吸收的二氧化碳的数量；第三，可以采用绿色开发机制，促使发达国家和发展中国家共同减排温室气体；第四，可以采用“集团方式”，即欧盟内部的许多国家可视为一个整体，采取有的国家削减、有的国家增加的方法，在总体上完成减排任务。

2007年，联合国气候变化大会在印度尼西亚巴厘岛最终艰难地通过了“巴厘岛路线图”。其主要内容包括：大幅度减少全球温室气体排放量，未来的谈判应考虑为所有发达国家（包括美国）设定具体的温室气体减排目标；发展中国家应努力控制温室气体排放增长，但不设定具体目标；为了更有效地应对全球变暖，发达国家有义务在技术开发和转让、资金支持等方面，向发展中国家提供帮助；在2009年底之前，达成接替《京都议定书》的旨在减缓全球变暖的新协议。本次大会取得了里程碑式的突破，确立了“巴厘路线图”，为气候变化国际谈判的关键议题确立了明确议程。“巴厘路线图”建立了双轨谈判机制，即以《京都议定书》特设工作组和《联合国气候变化框架公约》长期合作特设工作组为主进行气候变化国际谈判。按照“双轨制”要求，一方面，签署《京都议定书》的发达国家要执行其规定，承诺2012年以后的大幅度量化减排指标；另一方面，发展中国家和未签署《京都议定书》的发达国家则要在《联合国气候变化框架公约》下采取进一步应对气候变化的措施。

2009年末，在哥本哈根召开的第15次会议努力通过一份新的《哥本哈根议定书》，以代替2012年即将到期的《京都议定书》。考虑到协议的实施操作环节所耗费的时间，如果《哥本哈根议定书》不能在2009年的缔约方会议上达成共识并获得通过，那么在2012年《京都议定书》第一承诺期到期后，全球将没有一个共同文件来约束温室气体的排放。这将会导致遏制全球气候变暖的行动遭到重大挫折。因此，在很大程度上，此次会议被视为全人类联合遏制全球变暖行动一次很重要的努力。《哥本哈根协议》是国际社会共同应对气候变化迈出的具有重大意义的一步，这个协议至少有以下几个特点：第一，维护了《联合国气候变化框架公约》和《京都议定书》确立的“共同但有区别的责任”原则，坚持了“巴厘路线图”的授权，坚持并维护了《联合国气候变化框架公约》和《京都议定书》“双轨制”的谈判进程；第二，在“共同但有区别的责任”原则下，最大范围地将各国纳入应对气候变化的合作行动，在发达国家实行强制减排和发展中国家采取自主减缓行动方面迈出了新的步伐；第三，在发达国家提供应对气候变化的资金和技术支持方面取得了积极的进展；第四，在减缓行动的测量、报告和核实方面，维护了发展中国家的权益；第五，根据政府间气候变化专门委员会（IPCC）第四次评估报告的科学观点，提出了将全球平均温升控制在工业革命以前2℃的长期行动目标。

2010年，坎昆世界气候大会（《联合国气候变化框架公约》第16次缔约方会议）在墨西哥海滨城市坎昆举行。坎昆气候大会一个突出的矛盾是，发展中国家在不断提高它们的责任，而同时，发达国家却一再推卸责任。由于历史排放的原因，发达国家要以20%的人口对80%的温室气体负责。发达国家造成了全球气候变暖，使广大发展中国家在经济还没发展的情况下就得开始限制排放增长。包括中国在内的许多发展中国家，陷入了发展和排放的“两难”境地。打个比方，发达国家和发展中国家都是“地球村”的住户。发达国家先开始装修自家房子，并且已经快用装修垃圾把垃圾箱填满了。这时发展中国家也想把家装修得漂亮一点，可发达国家却要求发展中国家和他们一样，减少倒垃圾的数量，最好就别装修了。这显然是不公平的。从坎昆现场的情况来看，由于核心僵局涉及各国根本利益，会议一时还无法立即取得突破。从目前看，以下四大僵局短期内都难以突破：第一，减排目标难以达成共识，各方都采取了减排承诺的低预期，发达国家提出的2020年中期减排目标与发展中国家普遍要求的减排40%的目标相距甚远；第二，责任区分上，发达国家依然在“四处游离”，试图再次偏离“共同但有区别的责任”原则，使原本的双轨谈判进程缺乏互信基础；第三，长期资金援助依旧是“一纸空文”，按《哥本哈根协定》，发达国家要在2012年前每年筹措1000亿美元的资金承诺，具有极大的不确定性；第四，美方减排意愿与承诺难有“定心丸”，对各方来说，美国根本无法做出任何有效承诺，尤其是民主党在中期选举中失利之后，参众两院反对全球变暖观点势力上升，奥巴马极力推动的《美国清洁能源安全法案》获得通过的可能性大大降低。

2015年，联合国195个成员在巴黎举行的联合国气候变化框架公约第21次缔约方大会上达成协议，为2020年后全球应对气候变化行动做出安排。随后于2016年生效的《巴黎协定》是《联合国气候变化框架公约》下继《京都议定书》后第二份有法律约束力的气候协议，对全球应对气候变化有着重要意义。但美国特朗普政府2017年宣布将退出《巴黎协定》。法国总统马克龙表示，过去3年来，在包括欧盟和中国等各方的努力下，《巴黎协定》仍然取得了进展："在过去的三年里，虽然美国选择退出《巴黎协定》，但我们仍然共同维护了《巴黎协定》及其精神，继续前进。在这里，我要向欧洲采取的行动和中国了不起的合作表示敬意"。巴黎气候大会是继2009年后又一重要时间节点，将完成2020年后国际气候机制的谈判，制定出一份新的全球气候协议，以确保强有力的全球减排行动。因此，巴黎大会也是近几年来最为重要的一次大会。与6年前相比，最大的不同在于气候谈判模式已发生根本性转变：自上而下"摊牌式"的强制减排已被自下而上的"国家自主贡献"所取代。首先，全球已经有160个国家向联合国气候变化框架公约秘书处提交了"国家自主减排贡献"文件，这些国家碳排放量达到全球排放量的90%。此举让各国在减排承诺方面握有自主权和灵活性，谈判压力骤然减小。其次，大国合作意愿更为强烈。中国与美国、欧盟、巴西、印度等已就气候变化签署了多项双边声明，提前化解了此前纠缠谈判进展的诸多分歧。中美之间还总结了2009年哥本哈根大会上公开争论影响谈判气氛的教训，通过双边对话增加理解，避免在谈判场合相互指责。最后，气候科学认知更深入。联合国在2013～2014年发布了第五次气候变化科学评估报告，对全球变暖受到人类活动影响的可能性由上次报告的"非常高"（概率在90%以上）调高至"极高"（概率在95%以上）。巴黎气候变化大会达成包括《巴黎协定》和相关决定的巴黎成果，在国际社会应对气候变化进程中又向前迈出了关键一步。《巴黎协定》的达成标志着2020年后的全球气候治理将进入一个前所未有的新阶段，具有里程碑式的非凡意义。《巴黎协定》将全球气候治理的理念进一步确定为低碳绿色发展。全球气候谈判的历史，实际上是全球从过去依赖化石能源的经济形态向去碳化的低碳绿色经济发展的历史。但这一进程的演变十分艰难。其中既有传统能源行业抵制的原因，也有新能源行业技术、体制不完善的因素，更与未来全球发展方向不清晰有关。《巴黎协定》的通过，展示了各国对发展低碳绿色经济的明确承诺，向世界发出了清晰而强烈的信号：走低碳绿色发展之路是人类未来发展的不二选择，绿色低碳成为未来全球气候治理的核心理念。《巴黎协定》奠定了世界各国广泛参与减排的基本格局。《京都议定书》只对发达国家的减排制定了有法律约束力的绝对量化减排指标，发展中国家的国内减排行动是自主承诺，不具法律约束力。根据《巴黎协定》，所有成员承诺的减排行动，无论是相对量化减排还是绝对量化减排，都将纳入一个统一的有法律约束力的框架。这在全球气候治理中尚属首次。《巴黎协定》标志着国际气候谈判模式的转变，即从"自上而下"的谈判模式转变为"自下而上"。1990年世界气候谈判启动以来，遵循的是保护臭氧层谈判的模式，即“自上而下”模式，先谈判减排目标，再往下分解。《巴黎协定》确立了2020年后，以“国家自主贡献”目标为主体的国际应对气候变化机制安排。这是一种典型的“自下而上”的谈判模式。模式的转变对未来全球气候治理影响深远，值得高度关注。

2021年，《联合国气候变化框架公约》第26次缔约方大会圆满落幕，签署了《格拉斯哥气候公约》。会议重申《巴黎协定》的温度目标，即将全球平均气温升幅控制在比工业化前水平高2℃以内，并努力将气温升幅限制在比工业化前水平高1.5℃；认识到与升温2℃相比，升温1.5℃时气候变化的影响将小得多，并决心努力将升温幅度限制在1.5℃；认识到将全球变暖限制在1.5℃需要快速、深入和持续地减少全球温室气体排放，包括到2030年将全球二氧化碳排放量相对于2010年的水平减少45%，并在21世纪中叶前后达到净零，以及作为其他温室气体的大幅减少；还认识到这需要在关键的十年加快行动，以现有的最佳科学知识和公平为基础，反映共同但有区别的根据不同的国情，在可持续发展和消除贫困努力的背景下，责任和各自的能力；欢迎缔约方努力传达新的或更新的国家自主贡献、长期低温室气体排放发展战略和其他表明在实现《巴黎协定》温度目标方面取得进展的行动；严重关切地注意到关于《巴黎协定》下国家自主贡献的综合报告的调查结果；呼吁缔约方加快技术的开发、部署和传播，并通过政策，向低排放能源系统过渡，包括通过迅速扩大清洁发电和能源效率措施的部署，包括加快努力实现逐步淘汰有增无减煤电和低效化石燃料补贴，认识到需要支持实现公正转型；敦促发达国家缔约方提供更多支持，包括通过财政资源、技术转让和能力建设，在缓解和适应方面协助发展中国家缔约方继续履行其在《联合国气候变化框架公约》和《巴黎协定》下的现有义务，并鼓励其他缔约方自愿提供或继续提供此类支持；强调需要从所有来源调动气候资金，以达到实现《巴黎协定》目标所需的水平，包括大幅增加对发展中国家缔约方的支持，每年超过1000亿美元。

长期以来，我国采取了一系列有力措施，积极应对气候变化。我国在应对气候变化方面积极落实各项目标任务，在低碳发展规划、绿色低碳发展配套政策、低碳产业体系、数据管理体系、目标责任考核、低碳绿色生活方式、低碳管理能力等方面取得了积极的进展和成效，起到了良好的示范带动作用。特别是党的十八大以来，以习近平生态文明思想为根本遵循和行动指南，中国始终坚持走符合国情的绿色低碳发展道路，立足新发展理念，从经济社会发展的全局入手，积极推动形成绿色发展方式和生活方式。2007 年，党的十七大报告第一次列入了气候变化议题，指出要“加强应对气候变化能力建设，为保护全球气候做出新贡献”。2012 年，党的十八大报告进一步指出要“坚持共同但有区别的责任原则、公平原则、各自能力原则，同国际社会一道积极应对全球气候变化”，更加明确了中国应对气候变化的基本路径。2013 年，中国发布第一部专门针对适应全球气候变化的战略规划《国家适应气候变化战略》，提高国家适应气候变化综合能力。以强化职能实现统筹。2007 年，中国成立了国家应对气候变化及节能减排工作领导小组，作为国家应对气候变化和节能减排工作的议事协调机构，高规格的领导小组统筹协调国务院各部门，强化配合，形成政策合力，进一步推动落实应对气候变化各项工作。2018 年，中国将应对气候变化和温室气体减排职能划入新组建的生态环境部，强化了应对气候变化与生态环境保护工作的统筹协调，同时不断完善工作机制，加强各部门和各地方的协调配合，强化人员队伍和能力建设。

第三节

中国应对气候变化的政策与行动

作为世界上最大的发展中国家，中国克服自身经济、社会等方面困难，实施一系列应对气候变化战略、措施和行动，参与全球气候治理，应对气候变化取得了积极成效。中国应对气候变化主要从两个方向进行：碳减排和碳固定。中国大力推进新能源开发和产业结构调整，减少二氧化碳排放。汽车尾气会排放出温室气体，不仅是二氧化碳，还有氮氧化物。因此，现在中国已经引入了公共自行车系统、新能源电动出租车和新能源公交车，呼吁环保出行。自全球金融危机以来，中国一直在努力实现“新常态”。新的发展模式强调结构升级，特别是将增长重心从重工业投资转向国内消费，这将为中国提供减少二氧化碳排放的机会，同时仍不放弃 GDP 增长。因此，对我国而言，应对气候变化的压力将变得更大。

2007 年 6 月，中国政府发布了《中国应对气候变化国家规划》。这是中国第一个应对气候变化的综合性政策文件，也是第一个发展中国家应对气候变化的国家规划。从 1992 年的《联合国气候变化框架公约》，到 1997 年的《京都议定书》，再到 2015 年的《巴黎协定》，中国一直是全球应对气候变化的贡献者和参与者。2009 年末，中国政府积极参与在哥本哈根举行的联合国气候变化大会，为推动谈判进程发挥了重要作用。2015 年 12 月，中国政府积极参与巴黎联合国气候变化大会，并与国际社会一起促成了《巴黎协定》。中国近年来还积极推进“南南合作”，通过合作建设低碳示范区、实施减缓和适应气候变化项目、举办能力建设培训班等方式，分享应对气候变化与绿色低碳发展的有益经验和最佳实践，为其他发展中国家应对气候变化提供力所能及的支持。与此同时，中国积极落实《关于推进绿色“一带一路”建设的指导意见》，在“一带一路”绿色发展国际联盟的基础上，推动全球气候治理及绿色转型专题伙伴关系建设，打造“一带一路”应对气候变化多、双边合作平台，为应对气候变化国际合作汇聚更多力量。目前，中国已成为利用清洁能源第一大国，风电、光伏发电装机规模和核电在建规模均居世界第一位，清洁能源投资连续 9 年列全球第一位，累计减少的二氧化碳排放也居世界第一位，为实现“十三五”碳强度约束性目标和落实 2030 年国家自主贡献目标奠定了坚实基础。2019 年，中国单位国内生产总值二氧化碳排放比 2015 年和 2005 年分别下降约 18.2% 和 48.1%，已超过对外承诺的 2020 年下降 40% ~45% 的目标，初步扭转了碳排放快速增长的局面；非化石能源占一次能源消费比重达到 15.3%，比 2005 年提升 7.9 个百分点，也已超过对外承诺的 2020 年提高到 15% 左右的目标。通过不断强化减排努力，中国已成为全球温室气体排放增速放缓的重要贡献力量。党的十八大以来，在习近平生态文明思想指引下，中国贯彻新发展理念，将应对气候变化摆在国家治理更加突出的位置，不断提高碳排放强度削减幅度，不断强化自主贡献目标，以最大努力提高应对气候变化力度，推动经济社会发展全面绿色转型，建设人与自然和谐共生的现代化。2020 年 9 月 22 日，中国国家主席习近平在第七十五届联合国大会一般性辩论上郑重宣示：中国将提高国家自主贡献力度，采取更加有力的政策和措施，二氧化碳排放力争于 2030 年前达到峰值，努力争取 2060 年前实现碳中和。

中国正在为实现“双碳目标”而付诸行动。《中共中央国务院关于完整准确全面贯彻新发展理念做好碳达峰碳中和工作的意见》以及《2030 年前碳达峰行动方案》的发布，标志着碳达峰、碳中和“1 + N”政策体系正在加快形成。2021 年，中国对外发布了《中国应对气候变化的政策与行动》白皮书，白皮书表明：中国在经济社会持续健康发展的同时，碳排放强度显著下降。2020 年，中国碳排放强度比 2015 年下降 18.8%，超额完成“十三五”约束性目标，比 2005 年下降 48.4%，超额完成了中国向国际社会承诺的到 2020 年下降 40% ~45% 的目标，累计少排放二氧化碳约 58 亿吨，基本扭转了二氧化碳排放快速增长的局面。《2020年全球森林资源评估》显示，2010~2020年中国森林年均净增长190万公顷，年均净增长森林面积居世界首位。

第四节

气候变化脆弱领域

气候变化脆弱性是评估气候变化带来的不利后果并进而建立适应气候变化机制的一个关键方面。1990年，IPCC第一次评估报告，对气候变化脆弱性进行了初步的论述，气候变化脆弱性问题开始受到人们的关注。1996年，IPCC在第二次评估报告将气候脆弱性定义为气候变化对系统损伤或危害的程度，并指出脆弱性不仅取决于系统对气候敏感性（系统对给定气候变化情景的反映，包括有益的和有害的影响），还与系统的气候适应能力（在一定气候变化情景下，通过实践、过程或结构上的调整措施能够减缓或弥补潜在危害或可利用机会的程度）有关。随着对气候变化脆弱性问题研究的不断深化，2001年，IPCC在第三次评估报告中进一步明确了气候变化敏感性、适应性和脆弱性的定义。敏感性是指系统受到与气候有关的刺激因素的程度，包括有利和不利影响。适应性是指系统的活动、过程或结构本身对气候变化的适应、减少潜在损失或应付气候变化后果的能力，社会经济的基础条件以及人为影响、干预有关。脆弱性是指系统容易遭受或没有能力应付气候变化（包括气候变率和极端气候事件）不利影响的程度，是系统内的气候变率特征、幅度和变化速率及其敏感性和适应能力的函数。

一个对气候变化比较敏感并且适应能力较差的系统具有较大的气候脆弱性，容易受气候变化的影响；而一个对气候变化比较敏感而其适应能力强的系统不一定是脆弱的，不易受气候变化的影响。一方面，气候变化脆弱性受外界气候变化的影响，取决于系统对气候变化影响的敏感性或敏感程度；另一方面，气候变化脆弱性也受系统自身调节与恢复能力的制约，也就是取决于系统适应新的气候条件的能力。通常，最脆弱的系统是那些对气候最敏感和适应能力最差的系统。气候适应能力是指系统通过调整来适应气候变化，从而减轻潜在损失。气候变化脆弱性是敏感性和适应能力的综合体，因此脆弱性的评价基本也包含这两个层次的问题。

尽管从不同角度定义的气候变化脆弱性强调的内容和着重点有所差异，但总体上看，气候变化脆弱性的内涵理解可以归纳为两大类型，即终点概念和始点概念。这两种脆弱性研究的角色，与适应研究相对应，构成了对脆弱性理解的基础，按照终点理解的脆弱性表示在全球气候变化达到一定水平时，考虑适应性的净影响，主要面向气候变化减缓和补偿政策的制定；按照始点理解的脆弱性集中于削减任何气候灾害的内在社会经济脆弱性，强调适应政策和区域社会的可持续发展需要。两种气候变化脆弱性概念类型的比较见表 1 - 1。用终点概念理解气候变化脆弱性已经广泛应用于气候灾害在内的风险评估，灾害风险评估的应用主要关注短期的自然灾害。然而，气候变化的主要特征是长期的、动态的、全球的，而且具有空间异质性，包括多重气候灾害和极大的不确定性。气候变化的长时间尺度，则需要把焦点转向将来的风险，需要考虑脆弱性因素随着时间的变化而变化的动态评估框架。

表 1 - 1　　两种关于气候变化脆弱性概念的理解比较

视角	“终点”理解	“始点”理解
问题起源	气候变化	社会脆弱性
政策背景	气候变化减缓、补偿；技术适应	社会适应、可持续发展
主要解决的政策问题	气候变化减缓政策带来的好处是哪些？	如何减少社会系统对气候变化风险的脆弱性？
主要解决的研究问题	不同区域气候变化的预期净影响是什么？	为什么某些区域和群体的脆弱性较高？
脆弱性和适应能力的关系	适应能力决定脆弱性	脆弱性决定适应能力
适应类型	适应未来的气候变化	适应目前的气候变率
研究的出发点	未来气候变化的情景	目前气候变化的脆弱性
主要学科	自然科学	社会科学
脆弱性理解	全球气候变化一定水平下的预期净影响；面向全球气候变化的动态以及综合的脆弱性	由社会经济因素决定的对气候变化和变率的脆弱性；面向所有尺度气候变化胁迫的现状以及内部的社会经济脆弱性

世界各地都会受到气候变化的影响，但随着气候变化进程的加剧，不同社会的气候变化脆弱性的性质因地区和社区而异，并取决于独特的社会经济和自然资源条件。较贫穷的地区往往更容易失去健康和生命，而较富裕的地区通常有更多的经济资产面临气候变化风险。受暴力或治理失败影响的地区尤其容易受到气候变化影响。发展的挑战，如性别不平等和教育水平低以及在年龄、种

族和民族、社会经济地位和治理方面的其他差异，都可能以复杂的方式影响着地区的气候变化脆弱性。

适应气候变化的第一步是减少对当前气候变化的脆弱性。现有的战略和行动可以提高未来一系列可能气候的恢复力，同时帮助改善人类健康、生计、社会和经济福祉以及环境质量。将适应纳入规划和决策可以促进与发展和减少灾害风险的协同作用。从微观到宏观，可以通过跨层面的互补行动来加强适应气候变化规划和实施。中央政府可以协调地方各级政府的适应气候变化行动，如通过保护弱势群体，支持经济多样化，为气候适应行动提供信息、政策和法律框架以及财政支持。计划不当、过分强调短期结果或未能充分预见后果可能会导致适应气候变化行动效率低下。不合理的适应气候变化行动可能会增加目标群体未来的气候脆弱性，或其他居民、地区或部门的脆弱性。一些针对气候变化相关风险增加的短期应对措施也可能限制未来的选择。例如，加强对暴露资产的保护可以锁定对进一步保护措施的依赖。

多维不平等和对气候变化的脆弱性。在社会、经济、文化、政治、制度或其他方面处于社会边缘地位的人尤其容易受到气候变化以及一些适应和缓解措施的影响。这种高度脆弱性很少是由单一原因造成的。相反，它是交叉社会过程的产物，导致社会经济地位和收入的不平等，以及暴露的不平等。例如，这种社会过程包括基于性别、阶级、种族/民族、年龄和（残疾）能力方面的歧视。了解个人、家庭和社区的不同能力和机会需要了解这些交叉的社会驱动因素，这些驱动因素可能是特定于环境的，并以不同的方式聚集在一起（例如，在一种情况下是阶级和种族，在另一种情况下或许就是性别和年龄）。很少有研究描述这些相互交叉的社会过程的全谱，以及它们如何形成多层面的气候脆弱性。

气候脆弱性指标可以定义、量化和衡量各区域单位脆弱性的各个方面，但构建脆弱性指标的方法是主观的，往往缺乏透明度，并且可能难以解释。大多数气候适应评估仅限于影响、脆弱性和适应规划，很少评估实施过程或适应行动的影响。鉴于对需求和结果的重视程度不同，人们对适应指标的选择存在着相互矛盾的看法，其中许多指标无法以可比的方式反映出来。被证明对政策学习最有用的指标不仅包括过程和执行情况，还包括目标成果的实现程度。包括风险和不确定性在内的多指标评估越来越多地被使用，这是从以前注重成本效益分析和确定“最佳经济适应”发展而来的。最适合提供有效适应措施的适应评估通常包括“自上而下”的生物物理气候变化评估和“自下而上”的脆弱性评估，针对全球衍生风险和特定决策的本地解决方案。

气候变化会对一些气候变化脆弱部门产生重大影响的观点由来已久。这种观点尤为突出气候变化因素对这些气候变化脆弱部门影响的结果，无论是农业产出、能源需求、健康还是冲突，就气候变化脆弱部门的研究对有效设计应对气候变化机制与策略至关重要。开展气候脆弱领域应对气候变化行动是实施积极应对气候变化国家战略的重要内容。在气候变化的背景下，气候脆弱性可能来自气候变化的潜在影响以及人类对气候变化的反应。IPCC 多个评估报告指出，农业、电力、健康等多个经济部门属于气候变化脆弱部门，容易受到气候变化的影响，包括气候变化的幅度和速度以及气候模式的变化。

一、农业部门

气候变化影响到自然和人类生态系统的所有部门，然而气候对人类水和食物基本需求的影响是最具威胁的。粮食安全取决于我们使农业系统适应气候变化的能力。农业系统代表着有效生产粮食、饲料和纤维的能力，而气候变化造成的破坏影响着我们养活未来世界人口的能力。农业系统是多面和复杂的，因为受气候和管理之间相互作用影响的动植物商品范围广泛。近年来，受自然与人类活动共同作用的影响，全球气候存在不断变暖的趋势，极端天气事件频发。中国是全球气候变化的敏感区之一，《中国气候变化蓝皮书》（2018）指出，1901 ~2017 年，中国地表年平均气温每 10 年升高 0.24℃，升温率高于同期全球平均水平。与此同时，由气候变暖引发的高温、雨涝等极端天气事件也有所增多。农业生产与气候条件密切相关，气候变化会增加农业生产的风险。同时，在《气候变化对农业的影响及减缓和适应战略》特刊中，六篇原始研究文章报告了最近的发现，描述了气候变化对作物产量的影响以及所采用的适应和缓解战略。第一篇文章关注中国珠三角地区气候变化对水稻的影响，以及全球温度达到 1.5℃和 2.0℃时的最佳适应性选择[2]。第二和第三篇论文考虑了气候变化对冈比亚中河和中国吉林省的历史和当前影响以及可能的适应方案。第四篇论文预测了美国农业技术进步、生物能源政策和农业需求增长对作物、牲畜、生物能源市场、土地利用分配和温室气体排放的影响。最后两篇文章分别评价了为美国等国家和地区农业规划提供公共气候和天气信息服务的益处。管理者和农业生产者能否对气候变化及其产生的影响做出适应性反应，是缓解气候变化潜在不利影响、实现趋利避害的关键所在。

鉴于环境与农业生产之间的天然关系，温度和水是农作物生长过程的直接输入，农业一直是现有气候变化研究的重点领域。农业部门也是一个典型的气候变化脆弱部门，同时，农业生产与气候变化具有复杂的关系。农业部门产生了大量影响气候变化的温室气体，大气中温室气体浓度的上升、温度的升高以及降水状况的变化，不仅影响了农业生产质量和稳定性，而且也影响了农业生产所处的自然环境。气候变化成为农业和粮食系统风险的主要来源，随着全球气候变化，气候变化已经成为影响农业生产的一个不可忽视的外生因素，给农业生产带来了严重的影响。同时，农业减排也在应对气候变化中发挥着越来越重要的作用，我国农业的生产导致了全国17%的碳排放，由于粗放式的发展方式，未来我国农业碳排放会持续增加。因此，我国农业部门面临着推进温室气体减排和适应气候变化的双重要求，构建农业部门响应气候变化的应对机制及策略是气候变化下农业发展的重要途径。

任何国家的农业生产都或多或少地受到气候变化的影响。气候变化将导致影响农业生产所需的光照、温度、降水、大气等环境因素发生变化，从而潜在地影响作物的生长发育，最终影响产量。气候变化已经改变了全球水循环和其他关键的生态系统功能，从而在许多方面对农业生产产生不利影响。据联合国粮农组织的预测，受各种不利因素影响，预计2020年底世界饥饿人数至少新增约8300万，甚至可能新增超过1.3亿人，总数可能突破8亿人。因此，在不断变化的气候下保持作物生产的可持续性已成为决策者、各种国家和国际机构对“自给自足”或“小农”的重要关切问题。气候变化将使粮食生产面临较大的不确定性，甚至可能会加剧未来粮食安全面临的挑战。1880～2012年，地球表面温度平均上升了0.65℃～1.06℃，并且在21世纪很可能再上升1.5℃（IPCC 2014）。全球变暖导致前所未有的气候相关极端事件频发，通过极端热浪持续时间和强度的增加，以及降水分布、水资源可用性和干旱的变化，气候格局的不平衡，对农业生产产生造成各种不利的影响，导致农业生产率的降低，增加了粮食不安全的风险。

中国人口规模庞大，农业的重要性和脆弱性均尤为凸显，而与之相关的“粮食安全”问题则是长期内需要关注的重大民生问题。习近平总书记强调，“粮食安全”既是经济问题，也是政治问题，是国家发展的“定海神针”。中国是最大的发展中国家，拥有世界上最多的人口和较高的农业经济体量。在全球气候变暖大背景下，如何在保持农业绿色发展的同时，为不断增长的人口提供足够的粮食，是21世纪中国面临的严峻挑战之一。虽然已有研究强调了农业部门适应气候变化的重要性，但如何量化和评估两者之间的关系，并采取有效措施应对气候变化仍缺乏理论基础和实践经验。基于此，应详细分析气候条件与农业生产之间的作用机制，将提高农业部门的气候适应能力纳入气候政策体系，激励农民在农业生产中提高气候适应能力，以便提高农业部门的应对气候变化能力。同时，考虑到极端气候冲击对经济社会稳定发展的不利影响，特别是对农业农村发展和“粮食安全”的威胁，评估气候变化的宏观经济效应，探讨能够弱化气候变化不利冲击的积极因素和政策选择，无疑具有重要的现实意义和应用价值。

二、电力部门

电力部门作为一个典型的气候变化脆弱部门受到了学者和业界的广泛关注。长期以来，由于电力部门需求与产出同时受到气候变化的影响，准确掌握气候变化与电力部门之间的相互联系对于电力系统的设计非常重要。我国电力部门在社会经济发展中具有支柱性作用，同时电力部门也是我国碳排放的主要来源。电力行业碳排放在全国占比超过 40%，电力部门的脱碳行动对我国整体双碳目标的实现具有关键作用。作为全国最大的碳排放部门，电力部门的减排压力和动力并存。我国电力行业经过几十年的发展，现有的自然资源禀赋条件、发电技术条件、电网设施条件、配套产业条件等已达到或接近世界先进水平，是电力部门应对气候变化行动的重要保障。

气候变化、收入和人口增长等因素预计将增加未来全球能源使用，这反过来可能增加全球温室气体排放，从而可能加剧气候变化进程。气候变化引起的地表平均气温升高会导致地区制冷需求升高进而引起电力需求增加。虽然不同地区面对气候变化时的反应可能不同，但是气候变化引起的温度升高从长远来看将会增加社会用电需求。气候变化可以从多个层面对地区电力需求产生影响，量化这些方面的影响对审议减缓气候变化目标（如《巴黎协定》的 2℃目标）具有重要意义。在过去的 150 年里，全球温室气体排放水平一直在上升，已经达到了至少 40 万年来从未有过的水平。截至 2012 年，地球表面平均气温水平比工业化前上升了 0.85℃。同时，由于地球气候系统对温室气体反应的滞后，即使目前大气中的温室气体浓度水平不再上升，全球平均气温也将继续上升至少 0.5℃。随着人类活动造成的温室气体排放量不断增加，未来的气候变化可能会进一步对地区电力部门产生严重影响。由于气候变化对地区电力部门带来的影响越来越明显，电力部门利益相关者也越来越关注气候变化对地区电力需求的影响，尽管两者的关系可能很复杂。另外，随着气候变化引起社会生产模式和居民生活习惯的改变，气候变化对地区电力需求的影响不再仅仅是电力公司所关心的问题。现有研究指出，气候变化对地区电力需求的影响主要体现在两个方面：一方面，由于平均气温升高，地区整体电力需求可能会增加；另一方面，气候变化可能会使夏季时段的用电高峰的峰值和频率升高，进一步加剧地区用电失衡。从前述两个方面综合研究气候变化如何影响地区电力需求是全面认识气候变化对电力需求影响的关键。对气候变化与地区电力需求之间的关系建立清晰而定量的理解对于长期电力装机容量规划以维持可靠的地区电力供应体系至关重要。

气候变化对电力供给侧也有多方面的影响。无论传统化石能源发电还是风力、太阳能、水电等可再生能源发电都容易受到气候变化的影响。由于水电和热电冷却对水资源的高度依赖，水资源已成为影响发电行业稳定性的重要因素。在热电厂发电过程中，冷却环节需要大量的温度较低的水资源将发电机中的蒸汽转换回液态。若冷却水温度较高，通常会降低发电效率。此外，发电厂在发电过程中也会排放废水，所以冷却水的温度直接影响废水水温。若发电厂未能将排放温度控制在当地监管阈值以下，那么在气温较高的时段可能会被要求停产整顿。然而在气候变化的阴霾之下，全球升温、降雨模式改变及用水需求激增等因素不确定性加大，影响着全球水资源的分布，使电力供给侧暴露于更大的气候变化风险之下。气候变化可能会影响电网的完整性和可靠性。气候变化可能需要改变输配电线路的建设和运行的设计标准。采用其他地理和气候条件下的现有技术可以降低改造新基础设施的成本，以及改造现有电网的成本。电力公司也需要披露电厂层面的发电数据和脆弱性数据，助力提高物理气候风险评估的质量。

电力基础设施是能源基础设施的重要组成部分，电能已成为人们生活不可或缺的一部分。而气候变化正不断影响着电力基础设施的运行，一方面，由于气候变化在短时间内没有得到缓解，电力设施仍然面临着极端气象灾害的威胁；另一方面，现有电力系统标准和法规尚未考虑气候变化对电力设施造成的危害。由于气候变化会引起极端天气事件的增加，给电力系统带来巨大的风险，因此电力系统发展策略必须考虑气候变化的因素。

与气候变化的直接影响相比，气候变化引起的间接影响预计会更大。地区经济系统是一个由诸多部门构成的高度紧密经济体，经济部门之间存在错综复杂的关联性。当经济体系中的气候脆弱部门受到气候变化的影响时，如果其并无法迅速恢复，可能会进一步导致其他许多部门无法按计划运行，这会严重威胁地区经济体系的安全。由于农业部门与电力部门庞大的资产规模以及在国民经济体系中的特殊地位，随着气候变化对农业部门与电力部门的影响越来越严重，这将给经济系统内其他部门带来巨大冲击。

农业部门篇

第二章

绪　　论

第一节　研究背景

目前，全球气候变化已经成为制约社会与经济发展的重大现实问题。实际上，所有的经济部门都容易受到气候变化的影响，但农业是受气候变化影响最敏感的领域之一，气候变化可能使我国农业变得更加脆弱。一方面，气候变化成为我国农业生产系统风险的主要来源。大气中温室气体浓度的上升、温度的升高以及降水状况的变化，严重影响了农业生产的质量和稳定性；另一方面，农业生产产生了17%的碳排放，加之粗放式的发展方式，未来我国农业碳排放会持续增加，农业减排在应对气候变化中发挥着越来越重要的作用。作为世界农业大国之一，我国一直十分关注农业的可持续发展。“十三五”时期以来，生态环境部、农业农村部大力实施加强农业面源污染防治工作以促进农业可持续发展，降低农业生产对气候变化的敏感性。我国农业生产面临着推进温室气体减排和适应气候变化的双重要求，构建农业生产响应气候变化的应对机制及策略是气候变化下农业发展的重要途径。为了对上述问题进行深入的分析，首先要分析农业生产与气候变化之间的内在机理，以明确气候变化对农业产生的影响。基于此，本篇通过两个视角对农业生产响应气候变化的应对机制进行研究。基于减排视角，分析农业生产的减排路径；基于行为视角，分析农户的应对行为。厘清上述问题，对保障国家粮食安全、推动农业可持续发展具有重要的意义。

一、气候变化与农业发展

为迅速增长的全球人口生产粮食是21世纪可持续发展的重要挑战之一[1]。

过去几十年的大量研究清楚地表明：由于气候变化，全球农业面临着巨大的脆弱性问题。政府间气候变化专门委员会的最新评估报告也强调，全球气候正在以前所未有的方式发生变化。气候变暖已经改变了全球水循环和其他关键的生态系统功能，从而在许多方面对农业生产产生不利影响。据联合国粮农组织的统计，受各种不利因素影响，2020 年底世界饥饿人数至少新增约 8300 万，甚至可能新增超过 1.3 亿人，总数可能突破 8 亿人[2]。因此，在不断变化的气候下保持作物生产的可持续性已成为决策者、各个国家和国际机构对“自给自足”或“小农”的重要关切问题。

近年来，人们越来越关注气候变化的相关风险，气候变化将使粮食生产面临较大的不确定性，甚至可能会加剧未来粮食安全面临的挑战。1880～2012 年，地球表面温度平均上升了 0.65℃～1.06℃，并且在 21 世纪很可能再上升 1.5℃。全球变暖导致气候相关的极端事件频发，通过极端热浪持续时间和强度的增加，以及降水分布、水资源可用性和干旱的变化，气候格局的不平衡，对农业生产造成各种不利的影响，导致农业生产率的降低，粮食不安全风险的提升[3]。

人们普遍认为气候变化对中国农业的影响机制主要是通过气温升高和降水波动增加来实现的。气候变化通过降水量、温度、二氧化碳施肥和地表水径流的变化对农业生产产生重大影响。在过去的 60 年里，中国经历了几次灾难性的极端气候。例如，1991 年的特大洪水，受灾面积达 25 万亩。1998 年长江流域的特大洪水淹没了 2100 万亩良田，摧毁了 500 万间房屋。2000 年的大旱影响了 2700 万公顷良田生产，造成了估计 6000 万吨的作物损失。2003 年，中国南方异常高温 12 天，其中浙江省温度最高，达到 43.2℃，导致严重干旱和河流径流。随着人口的增加、收入的增加和资源的限制，未来中国粮食安全的压力将越来越大。基于作物模拟模型，我国《第二次气候变化国家评估报告》得出以下研究结论：“到 2030 年，由于气候变暖，我国种植业总体生产能力将会下降 5%～10%，而我国的粮食总产量可能会下降 0.31%～2.69%。”《中国农村发展报告 2020》指出，到 2025 年，中国的总体粮食自给率可能从 2015 年的 94.5% 下降到 91% 左右。

作为一个农业大国，农业发展在我国占据举足轻重的地位，2018 年，我国农业部门贡献了国内生产总值（GDP）的 13%[4]。未来，由于人口的增长和经济的发展，对粮食的需求将继续增加。预计到 21 世纪中叶，全球的粮食需求将会增长 60%～100%。中国也需要为满足粮食增长需求大规模提高农业生产能力，而气候变化给我国农业生产带来更多的不确定性，农业生产力受到气候变化的影响，导致耕地和其他生产资源收缩。在这种背景下，通过研究气候变化对我国农业的影响，分析我国农业部门的脆弱性，对保障粮食稳产和粮食安全具有重要意义和价值。

二、农业碳排放与气候变化

近年来，气候变化一直是世界上最严重的环境问题，针对减排的外部压力和可持续发展的迫切需求，各国都高度重视低碳发展，并将其作为应对气候环境变化的重要手段。联合国粮食及农业组织报告指出很大一部分碳排放来自农业生产，农业温室气体排放占全球二氧化碳排放总量的21%[5]。农业碳排放主要来自农业活动中排放的二氧化碳，特别是工厂化农业和生产方法。在农业生产过程中，土地和水的不合理利用、化肥的过度使用、能源的利用，通过温室气体产生高碳排，进一步加剧了农业生产对环境质量的影响。同时，随着人口的增长、粮食价格的上涨和生物燃料的使用，农业碳排放在未来可能会进一步增加。很明显，农业发展与环境质量密切相关。

以 G20 国家为例，G20 国家包括世界前三大农业市场（即中国、印度和美国），这三个国家对世界农业发展具有重大影响。更具体地说，2014 年，20 国集团国家（欧盟除外）19 个国家的农业增加值约占全球的 66.1%[6]。图 2－1 表明，与发达国家相比，发展中国家更加依赖农业发展。在一定程度上，发展

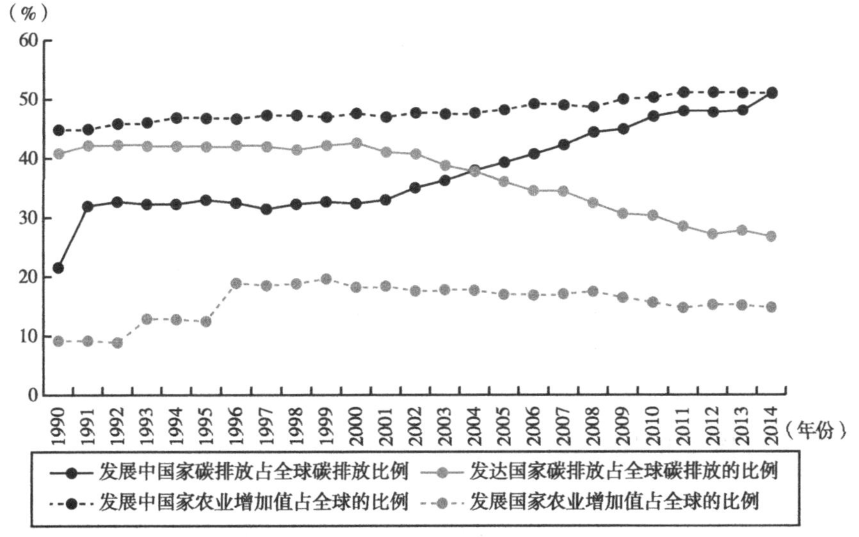

图 2－1　发达经济体和发展中经济体的二氧化碳排放量和农业增加值份额

中国家依赖农业的经济结构发展方式对二氧化碳排放量的增加具有显著的贡献。

中国是一个典型的需要平衡农作物生产和温室气体排放的国家。为了满足世界人口不断增长的粮食需求，中国每年生产了全球20%以上的玉米，约占全球20%的水稻，并已成为小麦的主要生产国。自2007年以来，中国已成为氮肥消费大国，占全球农业氮肥消费的27%。在中国许多地区，特别是在典型的双季种植制度下，每公顷氮肥的使用量已经超过了美国和北欧。近30年来，中国已成为世界上农田 N_2O 排放高于自然生态系统排放的三个地区之一。

1990~2016年，中国的农作物生产指数已从55.8飙升至144.2，同期畜牧生产指数也从40.11上升至130.43[6]。中国的能源使用量从1990年的766.995万公斤增加到2016年的22236.37万公斤。2009年，中国超过美国，成为世界上最大的能源消费国[12]。在农业领域，与其他发达国家相比，中国在很大程度上依赖于常规能源。我国农业碳排放占全国二氧化碳排放总量的17%，正是由于人口增加、气候变化，提高了对农业生产投入和能源的需求，导致农业增长对环境质量以及社会发展产生了不利影响。

2015年，在我国公布的《强化应对气候变化行动——中国国家自主贡献》方案中提出，截至2030年，我国单位GDP碳排放比2005年减少60%~65%[4]。然而，目前我国政策大多强调了工业和交通减排，而忽略了农业碳排放的作用。农业作为我国国民经济的重要基础，产生的二氧化碳约占全国二氧化碳排放总量的17%，甲烷总量和一氧化二氮的50%和92%，基于此，2021年，中共中央办公厅、国务院办公厅印发了《关于创新体制机制推进农业绿色发展的意见》。这是党中央出台的第一个关于农业绿色发展的文件。中国政府越来越重视农业生态文明建设和环境保护工作。农业碳排放日益增长，在改变全球气候方面发挥着越来越重要的作用，因此，积极推动减缓农业碳排放、提高农业碳排放效率，是实现资源生态保护和绿色发展的客观要求。鉴于这种情况，有必要重新制订农业部门的改革政策，以应对二氧化碳排放产生的不利影响，进而减少气候变化对农业生产的影响。

三、气候变化与农民

在联合国的17项可持续发展目标（SDGs）中，不贫困、不饥饿、清洁水和卫生等目标受到地区发展不平衡和自然环境干扰的严重制约[7]。气候变化对人们的生计稳定提出了新的挑战，特别是对欠发达和脆弱地区的小农。在中国，生态环境脆弱区与贫困地区具有高度的相关性，环境与生态脆弱区与我国贫困地区的地理分布呈现空间上地理耦合一致性。生态脆弱区大多位于不同生态区的边缘交替区域，类似的区域生态系统稳定性较差，环境承载能力较低，抗干扰能力弱，人类不合理的开发利用更容易造成生态与环境的恶化，气候变化进一步加剧了当地农业生产和农村经济不稳定性。

中国作为农业大国，极易受到气候变化的影响。如图 2－2 所示，2004 年以来由于气候变化造成的直接农作物受灾面积和直接经济损失持续增长且目前仍保持较高水平。农民行为是农业部门对气候变化适应策略的基础，气候变化的影响在很大程度上取决于农民对气候变化的行为策略。农民行为涉及适应行为和缓解行为。适应行为可以减少气候变化的消极影响，减缓行为导致更少的气候变化。农民可以调整他们的行为措施以应对气候的变化。

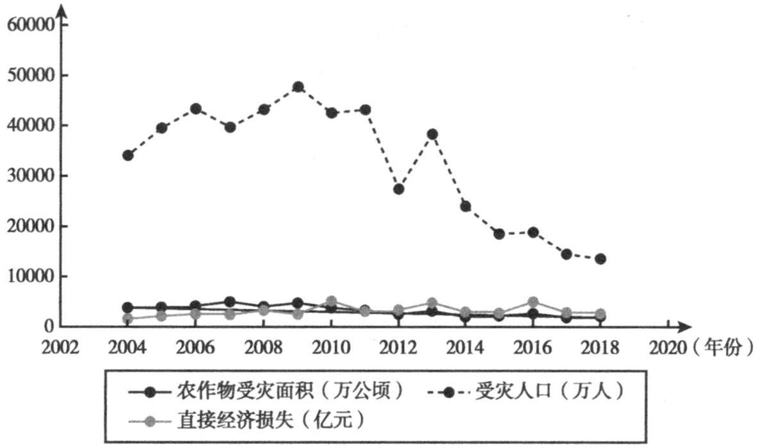

图 2－2 2004～2018 年气候灾害造成的农作物、人口与经济损失

根据中国第六次全国人口普查数据显示，我国现有农村人口 6.74 亿人，占我国总人口的 50.32%。其中，小农户数量占到农业经营主体 98% 以上，小农户经营耕地面积占总耕地面积 70%[8-9]。“大国小农”的现实使我国在推进农业适应气候变化的同时，也要充分考虑当地居民的生计和生活[10]，积极应对气候变化减少对农业生产的影响已成为稳定我国农业生产的主要战略任务。作为农业活动的重要因素，农民对气候变化的态度和对气候变化的实际适应性反应对区域农业发展有直接影响。为了帮助决策者制订更有效的政策，有必要了解农民对气候变化的感知程度、对气候变化的实际反应以及影响他们采取适应措施的因素。因此，全面分析粮食种植户对气候变化的应对行为具有现实意义。

第二节

文献综述

根据本书的研究思路，以问题为导向，本章梳理了国内外的研究进展以及相关理论基础。本章主要分为以下4个方面：农业生产与气候变化、农业经济系统脆弱性、农民行为、政策性农业保险。同时，对现有文献进行梳理和总结，找出所研究的主要问题以及衍生问题，为后续研究奠定基础。

一、农业生产与气候变化研究

农业温室气体排放主要来自森林砍伐、牲畜排放、土壤、营养管理，包括采用化石燃料基肥、农业机械和丛林燃烧作业，以及燃烧生物质燃料。通过文献梳理总结，相关农业碳排放研究主要涉及以下两个方面的问题：农业经营或活动是否引发了经济体环境恶化；农业碳排放的影响因素研究。

（一）农业对气候变化的影响

许多研究证实了农业与气候变化之间的联系[12-13]，全球总排放量的21%来自农业[12]，这使农业部门成为环境污染的第二大贡献者。农业产生的环境破坏与森林砍伐、牲畜排放、养分管理、燃料的使用、肥料的使用、生物质燃烧和农业机械操作对环境的消耗有关[14]。图2-3表明农业碳排放在国家温室气体排放中所占的份额是相当多样化的（例如，巴西为46%，印度为23%，中国为11%，美国为8%）。尽管农业排放的绝对重要性和相对重要性各不相同，但最近的研究分析表明，农业排放量的减少对于实现将全球变暖限制在工业化前的目标至关重要[15]。有关研究表明，全球农业碳排放的变化和农业生产类别与近年来农业土地利用的转变密切相关[15-16]。农民在进行农业生产决策时往往更关注投入成本和收入，这也加剧了农业碳排放对环境的负面作用[17-18]。然而，技术进步可以有效降低农业二氧化碳排放，实现减少农业活动产生的温室气体的目标[19-20]。

关注农业活动对生态系统（环境质量）作用的研究一般涉及农业的库兹

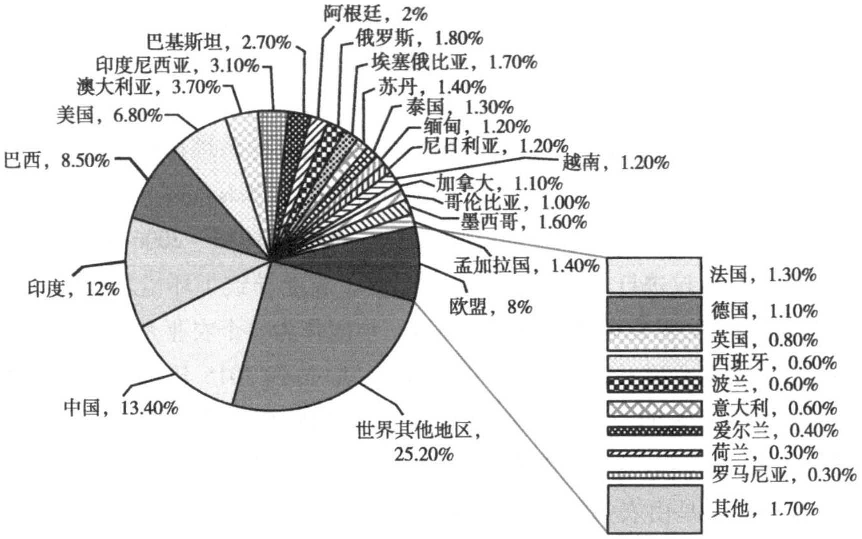

图 2－3　全球农业碳排放情况

涅茨曲线（EKC）。这些研究考察了农业活动（如使用拖拉机和焚烧灌木等）对环境的影响。根据 EKC 假说，收入水平较低的国家在产业结构转变的过程中开始产生较高的排放量，但经过一段时间后，随着这些国家成为收入水平较高的经济体，生活水平更高，环境方面的规章制度得到改善，二氧化碳排放量水平有所下降。目前关于农业环境库兹涅茨曲线研究较少，主要集中于发展中国家。阿里夫（Arif）等[19]利用格兰杰因果检验分析巴基斯坦采样期内二氧化碳排放量与农业之间的协整关系，研究结果表明，二氧化碳排放量与农业活动的各种指标之间存在着不同的方向流动。巴基斯坦[22]、土耳其[23]和中国[24]也进行了类似的研究，其结论都证明了农业环境库兹涅茨曲线的存在。

农业是我国国民经济的基础，也是其重要组成部分。改革开放以来，农业经济快速增长，粮食生产率显著提高。然而，农业的快速发展导致了农业碳排放的显著增加。董红敏[23]等研究发现，农业活动分别占中国 CH_4 和 N_2O 排放总量的 50. 15% 和 92. 47%，温室气体排放占中国温室气体排放总量的 17%。与其他发达国家相比，中国严重依赖传统能源，以 2011 年为例，中国使用了 75 公吨碳当量（Mtce）能源，是以色列（2000 万吨标准煤）能源消耗量的 3. 75 倍，是瑞士（2700 万吨标准煤）的 2. 7 倍，是瑞典（4600 万吨标准煤）的 1. 6 倍，是比利时（6100 万吨标准煤）的 1. 2 倍。鉴于这种情况，有必要重新考虑制订农业碳排放相关政策以应对农业二氧化碳排放产生的不利影响。

我国既是农业大国也是人口大国，到2017年，中国仍有3000多万贫困人口。与其他行业相比，农业在发展中国家具有更好的减贫效果[26]。农业的快速发展对我国实现乡村振兴、巩固脱贫攻坚具有重要意义。然而，值得注意的是，农业生产将加剧能源消耗和碳排放。能源消费是经济增长和社会发展的必要条件，也是碳排放的主要来源[27]。巴萨洛布雷（Balsalobre）等[26]选择肥料、牲畜、农药和家禽等变量作为农业指标，对中国1988～2006年31个省区市的农业EKC假设进行了调查。该研究证实了农业导致了环境恶化，并随后要求政策制定者加强农业环境政策的制定。中国作为一个农业大国，农业部门的碳排放持续快速增长，从1998年的99Mt增长到2015年的242Mt，增长142%。最新研究表明，碳排放将在2026年达到峰值，比目标峰值年提前4年，这得益于政府为推进生态农业而采取的一系列有效措施[29-32]。农业二氧化碳排放最终是由农业活动产生的，不同的农业用地和机械化水平可能导致不同的排放水平，并直接影响到农业能源消耗和二氧化碳排放[33-34]。因此，减少农业部门的二氧化碳排放不仅是一个技术问题，也是一个社会经济问题。

以上研究表明，无论在发展中国家还是在发达国家，农业生产活动对环境的影响不可忽视。尼扎哈特·多根（Nezahat Doğan）[22]的研究结果表明，农业生产是我国农业部门二氧化碳排放的重要决定因素。对于中国而言，初级农产品在中国出口贸易中占有重要地位。农业生产和农业机械的发展也增加了农业部门的碳排放[31]。在整个农业经济增长时期，为了摆脱农业、林业和水利基础设施严重不足对农业生产的制约，中国各级政府加大了对农业固定资产的投资，消耗了大量的水泥、钢铁产品和建筑砖，导致了额外的碳排放[30]。上述研究证明了农业生产碳排放增加给我国带来的环境影响不容忽视，减少农业碳排放对实现全国碳减排目标具有重要作用[29]。

（二）农业碳排放影响因素

目前，我国农业碳排放呈现持续增长态势，主要表现如下：首先，中国农业规模呈现出快速发展的趋势。农业对国内生产总值的贡献率由2008年的3.4万亿元提高到2017年的65467亿元。其次，农业机械化水平的提高导致了能源需求的增加[36]。根据中国农业部在第五届亚太农业机械化可持续发展区域论坛上发布的数据，中国农作物种植综合机械化水平从2008年的45.8%提高到2016年的65.2%。最后，中国人口规模的不断扩大导致对农产品需求呈增长趋势。农业的快速发展，也加剧了中国农业能源相关二氧化碳的排放。事实上，早在2009年哥本哈根气候变化大会前夕，中国就向世界郑重承诺，2020年单位GDP二氧化碳排放量将比2005年下降40% ~45%[37]。为了更好地探索减排路径，对农业二氧化碳排放这一课题的研究也逐渐引起了国内学者的关注。

越来越多的学者利用各种模型来研究农业碳排放及其相关驱动因素。比较常用的模型包括Kaya恒等式以及STIRPAT模型。Kaya恒等式，由于其数学形式简单、分解无残差、对影响因素有较强的解释，而被应用于碳排放研究中[35]。STIRPAT模型分别考虑了人口、富裕和技术变化对环境压力的不同影响，同时消除了原始IPAT模型[39-41]中比例变化的误差，因此，也受到了广泛的关注。基于Kaya恒等式和STIRPAT模型对农业碳排放因子分解的研究可以分为国家和省两个角度。张明[37]认为农业经济对碳排放有较大的推动作用，生产效率、产业结构和农村劳动力对碳排放有抑制作用。杨钧[41]充分利用Kaya等式，并将LMDI模型引入城镇化和农村生活水平，对碳排放成分进行更全面的分析。杨钧[30]研究发现，技术升级在短期内会增加碳排放，并通过降低碳排放强度对整体碳排放起到负向作用。

国家层面给出的宏观结论并不适用于所有地区，因为中国各省区市在经济发展阶段、人口密度、自然条件、资源禀赋和科技水平方面存在明显的差异。因此，学者们对几个具有代表性的省区市进行更具体的研究。刘立平[40]利用Kaya等式对河南省农业碳排放进行了调查，结果表明劳动效率和生产结构有所提高，而农村职工的数量会导致碳排放的减少。相反，农业经济的发展促进了碳排放量。曹俊文和曹玲娟[41]利用转变Kaya的方法将碳排放分为人口、经济水平、生产力和产业结构，发现农业经济发展对江西省农业碳排放起着重要作用。Biao等[42]在找到农业人口总量的弹性系数后，试图提出有效的政策建议，在研究吉林省的驱动因素时，发现对数STIRPAT模型中农业对总产值的贡献较大。同样，刘丽辉和徐军[43]根据扩展的STIRPAT模型，通过分析农业碳排放强度的驱动因素，表明广东经济增长与碳排放之间EKC呈“U”形。以上研究表明我国不同地区环境压力影响的驱动因素存在明显差异。农业碳排放主要是经济水平、基础设施、资源禀赋等因素多元交互作用的结果，作用的机理较为复杂。在不同的时空分布条件下，影响因素的大小和方向是不同的。中国作为一个传统的农业大国，由于要素禀赋的不同，不同地区在农业二氧化碳排放方面存在巨大差异。

目前，采用面板数据定量分析我国农业碳排放的空间特征和驱动因素的研究较少，主要集中在省级层面的影响因素分析，或针对某一特定行业的研究，如蔬菜种植、果树种植等[48,49]。文献对农业碳排放影响因素的分析主要集中在经济和人口的角度[50,51]。很少有学者从投入的角度探讨农业经济社会发展的隐性制约因素，忽视了技术进步、气候变化以及过度追求农业产出而导致农业碳排放增加的现象。通过对文献分析梳理，结合研究背景及其统计情况，本篇从农业投入、经济发展、农业生产视角选取了合适的变量，以此为基础对我国农业碳排放影响因素及其空间溢出效应进行分析研究。

（三）气候变化对农业生产影响

最近的文献指出了气候变化对作物产量的不利影响，诺克斯（Knox）等[48]回顾了气候变化对多种作物的影响文献，发现西非的木薯、高粱、谷子和玉米的产量将由于气候变化的不利影响而下降。气候变暖和干燥加剧了作物的生长压力，可能导致灾难性的产量下降，灌溉用水的减少，它还通过增加土壤有机碳的氧化程度而降低土壤肥力，并增加了害虫、疾病和杂草的发病率。伊萨哈库（Issahaku）和马哈然（Maharjan）[49]利用作物模拟模型分析了气候变化对加纳根系作物的影响，结果表明，在所有预测的气候情景下，木薯和芋头的产量都有所下降。在加纳与政府间气候变化专门委员会（IPCC）的初步交流中，对预计的气候变化影响的分析也表明，位于加纳森林和热带草原生态区之间的过渡地带的玉米产量有所下降。上述分析和其他类似研究都是基于作物模拟模型，这些模型显示了气候等环境变量与作物植物生长的关系。对于农作物产量降低，农民的通常反应是增加耕地面积，通过更密集地利用土地，从而缩小作物产量差距，提高主要农作物的产量[54]，然而，农作物的产量水平大大低于其潜在生产力水平。作物集约化主要是规模化农民的一种选择，因为他们更有可能与国际市场和国际农业综合企业联系起来，并且能够投资农业技术。但是通过土地扩张来增加农业增长是不可持续的，因为农民不仅受到所拥有的土地面积的限制，而且还面临管理大片耕地的困难，包括劳动力的可用性和森林覆盖的损失。除了作物集约化外，可持续农业技术也可以实现农业生产增长，这些技术得到了国际发展机构和研究中心的广泛推广[55]。

大量研究证实了气候变化对作物产量的影响，同时也有越来越多的学者关注由此产生的经济影响。目前，一些学者利用几种计量经济学方法研究了气候变化对谷物产量、农业和经济增长的影响。杜姆鲁尔（Dumrul）和基利卡斯兰（Kilicaslan）[52]使用 ARDL 边界测试方法发现，在土耳其，降水对农业产出有显著的正影响，而温度对农业产出有负面影响。拉希姆（Rahim）和普艾（Puay）[53]研究了马来西亚气候变化和经济增长之间的关系。这项研究的时间框架是 1983 ~2013 年。该研究使用单位根检验如 Dickey – Fuller GLS（DF – GLS）和 ADF、Johansen 协整方法（JCA）和向量误差修正模型（ECM）对变量进行分析。研究变量为国内生产总值（GDP）、降水量、温度和耕地。分析结果显示，各研究变量之间存在长期的协整关系。其中，温度、耕地与 GDP 之间存在单向的因果关系。亚巴（Subba Rao）[54]在印度进行了一项实证研究，利用 1971 ~2011 年的时间序列数据检验了农业产出对气候变化的响应及其对经济增长的长期影响。ARDL 方法和基于 ECM 的模型已经被用来检查短期和长期的二氧化碳排放，农业产出和经济增长之间的联系。研究结果显示，二氧化碳排放与经济增长之间存在显著的负相关关系，而农业产出与经济增长之间存在显著的正相关关系。目前，在中国进行关于气候变化对农业产出的影响的实证研究比较少。中国直接或间接参与农业活动的农村人口约 7.5 亿，农户约 2.5 亿。气候变化对中国农业和农村经济的影响至关重要。

近几十年来，在区域和全球层面上，气候变化是对农作物生产产生重大影响的主要研究领域。上述研究主要基于宏观层面对气候变化与农业生产之间的关系进行研究，研究表明，气候变化、二氧化碳排放与农业生产具有动态联系，任何由气候引起的不利影响也会对农业生产力产生影响。气候在农业生产力中发挥着越来越关键的作用。

二、农业经济系统脆弱性研究

（一）农业经济系统脆弱性的定义

农业是最易受气候变化影响的部门之一[61]。气候变异性预测表明，低收入地区存在高脆弱性的可变气候[62－64]。气候事件的可变性导致自然事件的严重性和频率，气候变化的一些间接影响包括土地和水资源、虫害发生频率的变化、土壤湿度的变化以及疾病的分布。

在全球层面上，政府间气候变化专门委员会（IPCC）指出，一般预计产量下降最严重的是低纬度国家[65－67]。在非洲和南亚，包括小麦、玉米和高粱在内的主要谷物预计到 2050 年将遭受 8% 的平均产量损失，其中一些作物，特别是非洲小麦，预计产量将下降17%[68-70]。气候变化对农业的影响已经开始显现，在印度，气候变化引起的对1966～2002年季风的干扰估计已使水稻产量下降了4%[71]。气候变化已经开始影响国家和全球农业，尤其是生计依赖小规模农业的发展中国家的边缘化地区和贫困的农村社区。Abid等（2015）[68]研究表明，由于全球气候变化，在过去20年里，农村家庭的生计以及主要粮食和经济作物（包括小麦、大米、棉花和甘蔗）的产量受到了严重影响。在过去几十年里，气候变化对低收入国家的经济影响是显著的。全球气候变化是发展中国家所面临的主要问题，大多数发展中国家位于热带地区，主要依靠农业部门。实际上，所有经济部门都易受气候变化的影响，但农业部门是最为严重的。气候变化引起了人们的高度的重视，因为它可能引发社会经济灾难。因此，评估农业部门的经济脆弱性是政府应对气候变化的主要步骤。

脆弱性一词来源于拉丁语vulnus，意为伤害。因此，脆弱是指一种脆弱的状态，一种被伤害的倾向。这一概念在20世纪70年代开始被地理学家和社会科学家用于风险管理问题，以描述某些社区或国家面临的严重环境或社会经济风险的脆弱性问题，如地震[73]或食品交换危机[74]。2000年后，随着政府间气候变化专门委员会（IPCC）采用脆弱性概念来评估全球变暖在区域和全球层面的潜在影响，脆弱性概念的使用急剧增加[75-76]，目前，脆弱性成为全球变化科学研究界确定适应和缓解计划的一个非常核心的焦点。

现阶段，对于气候脆弱性的定义一般涉及三个方面的内容，即暴露程度、敏感性以及适应能力。然而，暴露程度、敏感性以及适应能力之间的区别可能是不明确的。巴里（Barry）等[73]认为，某些变量可以指示暴露和敏感性，并表明气候变化和农业脆弱性之间有明确的界限，而阿斯瓦尼（Aswani）等[74]指出，敏感性和适应能力可以结合起来，以表明“社会脆弱性”[79]。月桂（Lauric）[76]等通过社会生态学的视角，量化了复杂联系的人类和海洋系统的脆弱性，并以法属波利尼西亚Moorea的小型渔业社区为例，将生态脆弱性与人类社会脆弱性相结合，以便在空间上优先考虑保护工作。该研究使用原始数据来描述家庭特征，并根据多个指标分组制订社会和生态脆弱性指数，研究的重点不是变化的驱动因素（气候变化），而是评估如何通过相互关联的脆弱性来理解一个复杂和综合的系统[81]。因此，暴露、敏感度和适应能力的概念取决于研究问题的背景和预定义。

目前，有许多定义来试图解释脆弱性[73,83-84]：“在一定范围的地理条件中，承载体需要承受一定来自外部冲击的客观压力，依据承载体的特征以及社会自身属性所凸显的综合应对力和控制力进而降低灾害的损失程度”。基于此，本书引申出农业脆弱性的概念，“农业容易受到和无法应对气候变化的不利影响（包括气候变化和极端情况）的程度”。脆弱性是一个系统所面临的气候变化和变化的特征、程度和速率、敏感性和适应能力的函数。要更广泛地了解气候变化和变异性对社会和环境系统的影响，就必须确定和评价应对潜在影响的备选办法。目前，“脆弱性”已经成为气候和环境变化研究的中心概念。

农业脆弱性具体结构的主要表现形式为基于灾害周期管理理论构建抵抗力、适应力以及恢复力，主要是针对气候扰动，如温度变化、干旱或洪水。它还被用来描述农业系统对各种社会经济变化的反应，如市场波动或土地利用变化。自20世纪中期以来，已有大量关于气候变化脆弱性的实证研究，尤其是与小农农业系统相关的实证研究。其概念主要强调了社会维度下灾害综合应对和控制能力的作用机制。农业自然灾害应对能力的社会维度因素是农业自然灾害脆弱性强调的重点因素，具体包括以下内容：文化脆弱性、心理脆弱性、组织脆弱性、管理脆弱性以及经济脆弱性等。其中，经济因素是贯穿自然灾害周期的最重要维度，是评价农业自然灾害社会脆弱性、提高质量管理的最有效的路径和方式。这也是本文的重点（即“农业经济脆弱性”）。本篇的研究主要关注农业部门的经济脆弱性，农业的经济脆弱性与气候引起作物产量变化的研究密切相关。本篇以此为背景，对农业部门气候变化情景下引发的经济问题进行分析研究。

根据上述分析，本篇将农业气候经济脆弱性定义为短期气候变化直接冲击下农业部门的自我保护能力，减少瞬间伤害和损失的能力，以及在冲击后恢复正常需求的能力。由于经济系统各个维度之间的相互作用，如果单独研究农业部门的经济系统脆弱性，容易使经济系统内部子系统及其他维度被忽略，系统间的传递可能被简化，导致系统之间的相关性、层次性、传导性与作用机制归纳不明晰等缺陷。因此，在考虑农业部门气候变化的同时，也需要关注其他行业部门之间的脆弱性以及可恢复性。基于此，本篇的研究概念如图2－4所示。

实现农业可持续发展在全球层面是复杂的，其更大的挑战是采用适应战略在区域和各级地方更有效地缓解对气候变化的脆弱性，提高当地居民的生活质量[15]。然而，在农村地区进行的精细规模的研究很少强调当地农业的脆弱性。因此，这项研究是第一个尝试（据我们所知），从系统角度研究气候变化对农

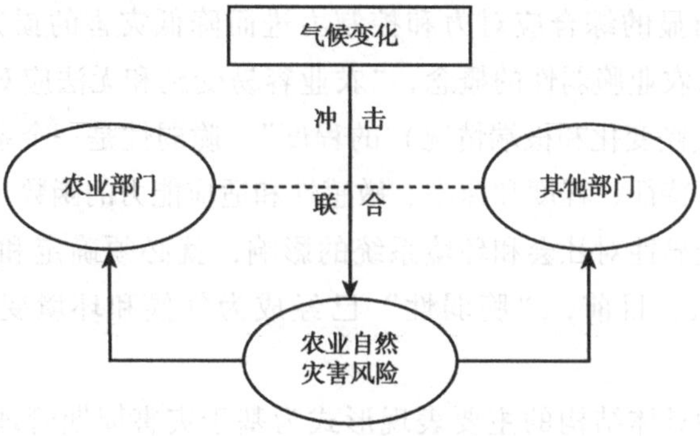

图 2-4 农业经济脆弱性概念

业部门的影响如何在经济部门之间传递，以期从地区经济系统角度提出提高农业部门适应气候变化能力的策略建议，促进地区社会效用最大化。

（二）农业经济系统脆弱性的测量

众所周知，脆弱性是难以测量的，因为脆弱性是一种理论现象，无法像可观察现象那样测量。脆弱性需要通过一系列不同的代理指标进行测量，这些因素构成了理论上的脆弱性。多数的研究是基于指标的方法对脆弱性进行评估。作为系统特征、质量或属性表征的变量[85]，指标可以使用理论概念对脆弱性进行可计量操作[86-88]。

脆弱性是通过跨多个尺度的生物、物理和社会维度之间的复杂相互作用而出现的，所有这些都随着时间、地点、生物物理应激源的性质和结果而变化。此外，具体措施必须加以解释、汇总为指标和指数，这使脆弱性的测量进一步复杂。气候变化脆弱性评价是近年来的研究热点之一，方法多种多样。目前，常用的方法是综合指数法。该方法的一般过程是选择反映各种因素的指标，采用加权平均法、主成分分析法、专家评分法和层次分析法确定各指标的权重，根据公式计算脆弱性。但该方法中主观因素较多，影响指标的选择和权重的确定[89-91]。此外，很难比较具有不同指标和权重的地区。另一种典型的方法是计算变量的系统向量值，并将自然状态之间的不同距离与每个变量的向量值进行比较。理论上说，随着距离的增大，系统将变得更脆弱，结构和功能也将更容易改变。然而，这种方法对于给出自然状态是不确定的，也没有明确的结构和功能变化程度的定量指标。目前，关于脆弱性的函数模型研究越来越频繁[92-93]。一些研究人员认为，脆弱性是一个函数，由系统面临干扰的某些变量的敏感性和这些变量接近损害阈值的程度组成，脆弱性可以通过对比两边的期望值来衡量[94]。然而，对于这种方法，定量表达脆弱性的组成部分存在一定的困难。

传统上脆弱性是通过指数来确定的，例如，侧重于旅游业[94]、卫生[95]和气候风险脆弱性指数[96-97]。这些指标中的大多数都是基于社会经济和生物物理变量确定的，这些变量被转化为暴露、敏感性和适应能力的指标。此外，这些评价涉及不同的空间尺度（国家、地区、社区等）。在建立综合指标时，指标的选择、权重的确定和综合方法的选择过程包括几个判断阶段。指标选择通常基于对关系的理论理解（演绎方法）或统计关系（归纳方法）[98]。然而，有人认为，许多脆弱性研究只是使用了预先存在的指标[99]，其研究强调了将指标置于上下文环境中的重要性[100-101]。武断地选择等权重可能过于主观，而使用专家判断则可能导致专家成员之间达成一致意见的复杂性[102-103]，这种复杂性可能会导致不同地区或群体的利益相关者之间的争议。除了这两种权重技术外，还可以使用主成分分析（PCA）等统计方法为指标分配权重[104-106]。除了指标的选择和权重之外，还有各种方法可以用数学方法将指标汇总成单个指标。定量漏洞评估通常映射或显示为地理视觉表示[107-109]。地理可视化有助于探索不断变化的多维现象的复杂空间和时间[110]，促进复杂性的交流，但降低脆弱性的关键维度[111]。尽管有其好处，但脆弱性仍面临对其概念和技术实践进行关键评价的挑战。普雷斯顿（Preston）等[107]强调，在脆弱性评估中存在忽视不确定性的倾向："由于构建指数的不同方法可以产生高度发散的脆弱性地图……对脆弱性分布的敏感性的一些评估是有必要的。"

目前，对于农业脆弱性的研究方法主要集中于定量的指标分析方法。为了勾画和比较世界不同地区的农业脆弱性，学者们对气候变化脆弱性进行了各种定量评估，基于一系列指标生成了综合指数[112]。这些指标通常跨越脆弱性概念的多个维度，捕获了一个系统的暴露程度、敏感性和适应能力[113]。尽管综合指数是在大多数的地理区域和系统中进行脆弱性评估，但也受到了批评，因为它们可能对环境差异和影响的时空分布不敏感，从而产生了过于简化的评估[114-115]。但是创建一个强健的农业生产系统的关键是理解该系统受气候变化影响的脆弱性。一个国家的经济由许多不同的部分组成，这些部分相互关联。由于产品（服务）在经济各部门之间的存在联系，有必要对各个部门和整个经济的投入和产出进行分析，因此，分析农业经济系统脆弱性就需要对受农业部门影响的整个经济体系的脆弱性进行评估。

综上所述，这些评价方法在不同地区或农业系统中的应用还存在诸多限制因素，如主观指标较多、定量手段较少、表述不清等。因此，本书将脆弱性视为一个经济概念，主要侧重于评估扰动的潜在影响以及减少扰动所需的目标措施。研究气候变化对农业的影响，评估其经济脆弱性，为日益增长的人口提供粮食安全对策具有重要意义。农业经济系统脆弱性已成为研究气候变化对农业影响的一个关键点。本书提出了一种定量评价气候变化对农业影响的方法。这对制订适应气候变化的措施、采取有效的应对措施、促进农业可持续发展具有重要意义。本书所描述的方法是客观的、定量的。它可以通过投入产出模型帮助定量评估更多部门的经济脆弱性。它不仅可以方便地比较同一地区不同部门的经济脆弱性，而且可以比较不同地区不同部门的脆弱性，同时本方法也有助于评价农业对不同地区气候变化的适应能力。

三、农民行为与气候变化研究

由于认识到气候变化对农业的相关威胁也是对全球范围内生活质量的威胁，人们越来越重视农业适应和缓解战略[116-117]，采取适应性行动的呼吁已经得到越来越多农户的认可。农民既是气候变化最脆弱的群体，也是适应气候变化和减轻农业对气候变化影响的主要参与者[118-119]。面临着日益变化的气候条件的风险和脆弱性，农民应对气候变化的意愿和能力是一个基于社会建设的过程。作为一个关键的决策者，农民要有效管理农业用地，以适应变化的气候条件。适应和缓解是两种截然不同的基本应对措施。如果政策制定者想要有效地支持农业方面的适应性和缓解性行动，就必须了解气候变化下农民对这两种行为策略的一般反应态度。

（一）价值信念规范理论与解释水平理论

在预测具有正外部性的环保行为时，一个被广泛应用的理论是规范行为模型（NAM）[120]。规范行为模型指出，环保行为是由个人规范决定的，这些规范代表了个人对履行某种行为的道德义务的看法。此外，一个主体的规范是由后果意识和责任归属驱动的。后果意识是指当一个人忽视了某一行为时，他对他人潜在的负面后果的认知程度；责任归属是指个人对不履行某一特定行为的不利后果的责任感[119]。特别是在环保行为和环境保护主义的背景下，斯特恩（Stern）等[116][117]提出了价值信念规范（VBN）理论，涉及个人价值取向的理论建构和新的环境范式，旨在衡量“关于生物圈的广泛信仰和人类行为对其的影响”。“价值观—信念—规范（VBN）”框架将价值理论、环境世界观与规范理论联系起来。价值理论涉及价值取向的两个维度，第一个维度是自我超越的价值取向，包括生物圈价值（强调环境和生物圈）和利他价值（反映对他人福利/结果的理解）；第二个维度是自我提升价值取向，涉及利己价值，强调个人的利益（如权力和成就）最大化。这两种不同的价值取向与环境信仰高度相关[122]。根据以往环境行为文献的研究，具有高自我超越价值取向的个体比具有低自我超越价值取向的个体能形成更强的环境信念，更积极地参与环境责任行为。此外，与那些自我提升价值取向较高的人相比，具有低自我提升价值取向的人更不可能拥有利于环境的信念，也更不愿意以环保的方式行事。这些研究表明，价值观通过信念和规范间接影响有利于环境意愿、行为，然而三者的直接关联较弱。目前，大多数行为研究是建立在“价值观—信念—规范（VBN）”框架上，用于分析环境问题与行为之间的关系[123-124]，关于农民对气候变化的理解和反应的文献很少。

气候变化风险的一个独特特征是，它们往往被视为一种遥远的心理风险。换言之，假设其会影响到其他人，这些人在地理上、时间上，甚至世代远离他们自己。这种对气候变化存在的否认减少了缓解和适应反应。从解释水平理论的角度的研究表明，心理距离（或接近度）往往与对象和事件的不同解释水平相关联。当一个物体被认为在心理上接近自我时，它往往被认为是更具体的；反之，当心理上远离自我时，物体往往被解释得更抽象。具体的解释侧重于细节，而抽象的解释更侧重于“大局”。为了支持普遍的观点，即心理距离在接受气候变化的现实中起着作用，越来越多的关于天气和气候变化相关事件的个人经历（例如，干旱经历）文献强调了与人类的直接接触，研究认为与气候变化有关的农户会增加对气候变化的关注并采取行动[125]。上述研究表明，与气候变化可感知的心理距离不可避免地减少（随着越来越多地感受到气候变化的影响）反过来将导致农户更多的“气候积极”态度和行为。在上述的背景下，本书研究了心理距离可用于帮助理解不同区域农户对气候变化的反应并鼓励支持气候行动的程度。

气候变化等问题的复杂性意味着心理距离以及众多其他因素（例如，对气候变化的意识形态、价值观和团体规范）可能会相互作用以影响行为。为了更好地理解农民的环保行为，本书基于价值“价值观—信念—规范（VBN）”以及“解释水平理论（CLT）”，研究探索并提供了对这种潜在的复杂交互作用的见解。基于 VBN 文献，特别是那些关注公众对气候变化反应的研究，作为本书的一个概念框架的参考和指南，针对影响因素中信任、对气候变化的信念、感知的风险之间的关系，提出了支持该模型在农业研究领域（适应性和缓解性行为）的应用。同时引入 CLT 理论，心理距离是一个对象被感知到在时间、空间、确定性或社会相似性上远离自我的程度[126]。据笔者所知，只有有限的研究在农业研究中使用了这个变量[127-128]，而这主要是在发达国家进行的。到目前为止，国内缺少分析农民心理距离行为研究的详细文献，也没有相关文献对心理距离的不同方面与对气候变化的关注或采取行动的意愿之间的联系进行调查。本书基于行为变化框架 VBN 和 CLT 理论，通过对比分析不同区域的农民特征，试图建立一个可以广泛使用的行为框架模型以便更加有效地解释农业生产中气候变化减缓和适应行为的预测能力，从而为农业生产环境下的环保行为提供知识体系。

（二）农民行为策略研究

气候变化适应行动是指在降低自然和人类系统对实际或预期气候变化影响的脆弱性或降低物体、个人或系统遭受负面影响的可能性的倡议和措施。不考虑气候变化会对适应能力产生负面影响，导致更脆弱的环境，不利于环境可持续农业[129]。脆弱性通常与区域内的贫穷程度有关，适应的目的是尽可能地减少目前和预计的气候变化造成的损害[130]。在适应气候变化方面，农业部门所面临的风险远远高于其他行业[131]。

农业中的气候变化适应和缓解是相关的行为概念，但具有重要的生物物理、经济和概念差异，可能影响农民对行动的态度。适应被定义为“减少自然和人类系统对实际或预期的气候变化影响的脆弱性的倡议和措施”[132]。适应一直是农业的核心，千百年来，农民普遍善于使农业适应不断变化的环境[133]。尽管农民在多个尺度上进行管理，但他们的适应决策主要由此时此地获取的私人利益驱动[134]。农业适应气候变化影响的例子可能包括调整种植日期、作物品种、排水系统和土地管理制度，以保持产量和土壤肥力。在采用改良的抗旱策略，同时避免单一栽培生产时，可以将传统农业实践视为适应工具[135-136]。在美国中西部，通常建议采取的适应措施包括增加使用实践，如尽量减少耕作和使用覆盖作物来保护土壤不受侵蚀并增加土壤有机质[136]。这种做法具有相对可观察的直接影响，对脆弱性影响在很大程度上会对采用这些做法的农民或土地所有者产生影响[137]。综上所述，适应策略被农户所熟知，并且在个人层面上能获取切实的好处。

适应长期以来一直是农业的组成部分，而减缓气候变化则是一个相对较新的态度对象。缓解被定义为“减少资源投入和单位产出排放量的技术变革和替代”。在农业方面，缓解主要侧重于减少温室气体排放/或增加碳的封存和储存[66]。与适应行动相比，减缓行动的潜在好处是不确定的，需要相当长的滞后时间，而且是在全球而不是在区域内积累的[129]。由于减缓行动的好处是分散的，与温室气体生产和减缓温室气体排放有关的公众讨论大多集中在民间社会、私营部门，特别是政府机构的集体反应上[75]。在农业领域，促使温室气体减排的主要拟议战略也将重点放在政府主导的集体对策上，包括减少排放的立法授权、排放税以及总量控制和贸易制度。

为了提高农民对气候变化的感知，增加农民对农业生产活动产生温室气体的意识，政策制定者和农民需要不断评估和考虑替代弹性农业实践来应对气候变化的影响（例如，适应策略：增加农药和化肥的使用；增加灌溉；更换品种；购买农业保险等），采用对环境的影响较小的技术（例如，减缓策略：免耕和轮作技术；改变种植结构；使用有机肥替代化肥等）[134,139-140]。以水稻生产为例，农民在水稻生产中可以采取下列手段以适应气候变化的影响，包括选择适当的种植日期、采用适合区域的高回弹性水稻品种、因地制宜的养分管理、通过水稻集约化制度，改变对植物、土壤、水和养分的管理来提高产量、轮作以及水稻和害虫综合治理[141-142]。水稻生产方面的缓解策略包括洪水灌溉、间歇灌溉或干湿交替灌溉、尿素深度位置、免耕和水土保持措施以及在稻田中加入水稻残留物作为“生物炭”[143]。

尽管适应行为和缓解行为是对气候变化威胁的回应，但它们从根本上是不同的。适应一般是由个人或社区在地方一级针对具体威胁发起的，而缓解行动往往是在国际或国家一级发起的，并由政府机构管理[144]。此外，农业减缓的基本原理是基于人类生产温室气体是气候变化的主要驱动因素的假设。尽管在农业中适应是相对常规的（农民不断适应变化的条件，而不考虑对气候变化的信念），但对减缓行动的态度和支持意愿在很大程度上受到对气候变化的信念和人类活动作用的影响。

因此，分析了解农民对气候变化的态度，以及其应对气候变化影响的有效行为至关重要。分析农民不同的缓解和适应行动偏好可以更好地发展可持续农业系统。这种偏好与农民对环境问题的看法以及他们（以生态为中心或以人类为中心）的信仰有关。当与农业活动相关时，环境、生态信念和观点是理解可持续概念的关键因素[145-148]。在这种背景下，本书的研究目标是确定应对缓解气候变化行动几个相对重要性农业活动，指导决策者通过优先解决方案。此外，本书还就农民对环境的看法、偏好和态度进行了评价，并分析了农户偏好结构与风险态度、社会经济特征的关系。

四、农业保险与气候变化研究

发达国家和发展中国家都认为农业生产在粮食供应和农村就业方面发挥着重要作用。在农业等高风险部门，保险是全世界最有效的风险缓解工具，并由政府提供大量补贴。目前，全球农业保险市场价值约 300 亿美元[149]。农业保险也是一个活跃的研究领域，特别是在发展新型保险机制，纳入新的作物、牲畜和其他自然资源产品，以及在制定新的政策支持农业保险的方面[149]。

由于气候变化，未来与气候有关灾害的频率和严重程度可能会增加。中国高度暴露于自然灾害以及气候变化的潜在影响[150]。在过去几十年中，自然灾害影响了 1/4 ~ 1/3 的农业。农业保险是我国农业和农村经济体系的重要组成部分，对农村社会的稳定发挥着重要作用。在取消农业税，增加粮食补贴、生产资料综合补贴、种子补贴、农机购置补贴等重要财政手段之后，促进和发展农业保险实际上已成为最新、最重要的农业惠民政策之一[151-153]。各级政府视农业保险为保障和改善民生、加强社会保障体系的重要措施，是我国农业产业振兴和农民生活富裕的重要保障。2004 年，中央一号文件中首次强调制订农业保险政策的重要性。2012 年以来，政府明确提出要扩大中国农村农业保险的产品种类和覆盖面[151]。特别是 2019 年，《关于加快农业保险高质量发展的指导意见》提出将农业保险的性质由“有政府补贴的商业保险”明确为“政策性农险”，进一步提高了农业保险的战略性地位，并首次赋予了农险保障国家粮食安全、增进农户收入稳定性、有效推进扶贫攻坚等重要职责。这使政策性农险成为转移农业生产风险和减少农民经济损失的最重要和最有用的风险缓解策略之一。

促进农业保险的有效率可以增加农业生产，如图 2-5 所示，当农业保险不实施时，农业保险产品的供给是 S_0 曲线，农业保险产品的需求是 D 曲线，此时保险公司的生产者剩余是 P_1AO，农户的消费者剩余是 P_1AP_0，在这种情况下社会福利（P_0AO）= 生产者剩余 + 消费者剩余；假设大多数的农民购买农业保险后，农业生产大幅度增加，供给曲线从 S_0 到 S_1，由于大多数农业生产需求缺乏弹性，因此可以认为价格变动从 P_0 到 P_1，需求曲线不变化，则生产者剩余是 P_1BO 和消费者剩余是 P_0BP_1，社会福利是 P_0BO，所以使用农业保险后，ABO 区域有一个增量社会福利，$S_{ABO}=0.5\times h_1\times OB$。如果在允许的弹性范围内，提供更多的农业保险，使农业生产增加，供给曲线向 S_2 移动，社会福利区域将为 ACO，$S_{ACO}=0.5\times h_2\times OC>S_{ABO}$，意味着社会福利再次增加。不难看出，农业保险广泛使用后，社会福利水平会提高，而且提高水平会与使用水平和完善程度成正比。因此，农业保险具有重要的正外部性，使用农业保险不仅可以降低风险，增加收入，而且可以使消费者获得利润。农产品的需求关系到基本民生，因此农业保险可以被视为公共产品或准公共产品，它的发展和推广具有重要意义。

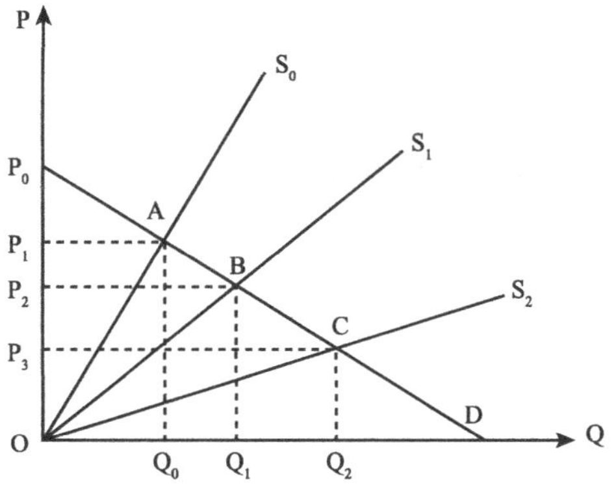

图 2－5 农业保险供求情况

我国自然灾害频发，对农业的影响较大，保险公司承受了为农作物和牲畜提供自然灾害保险的沉重负担，而且常年的高损失率导致农业保险经常出现严重亏损的状况，经营力不从心。自 2004 年开始推行农业政策保险后，我国农业保险市场取得了长足的发展。2004 年农业保险收入 3.77 亿元，2014 年达到 325.8 亿元，实现年复合增长率 56%。然而，总的来说，相对于农民的人均收入，保险投入较低。2014 年，我国农险保险深度（农业保险收入除以农业产出）是 0.56%，但保险业整体的保险深度是农业保险的 5.7 倍，约为 3.18%。2018 年中国农业保险密度（农业保险收入除以农村人口）为人均 282.7 元，保险深度为 0.88%。与发达国家相比，同期美国农业保险深度为 5.94%，是我国的 6.75 倍，美国保险密度是我国的 600 倍以上，我国农业保险的发展与发达国家相比仍存在较大的差距。中国农民的收入仍然相对较低，有限的负担能力阻碍了保险需求的增长，加之农业保险赔付与自然灾害造成的农业损失差距较大，农业保险发展相对缓慢，缺乏强大的动力。目前我国农业政策性保险仍面临以下问题：政府对参保主体补贴资金缺乏长效机制、对参保农户补贴不到位、农户投保意愿较低、保险公司承保不全面等问题[153]。农业保险的深度和密度低，制约了农业保险保障食品安全、无法保障农民收入。目前我国农业政策性保险仍然不能满足中国农村经济发展的需要和要求。农业保险深度和密度不足的原因多种多样，国内外学者从不同角度进行了研究。如何提高农业保险的有效需求是当前农业保险研究的热点。提高农业保险需求可能需要提高农民的农业风险认知、农业保险认知度和支付能力，并将这种潜在需求转化为真正的购买。因此，研究农民投保行为的影响因素、探索保险决策过程中的风险感知和保险认知机制，对于提高农民的投保行为具有重要的意义。

第三节

选择农业部门的目的及意义

一、研究目的

农业部门的碳排放量约占全球碳排放总量的1/4，已经超过运输业的碳排放量，甚至接近电力生产的碳排放量，对全球气候变化产生了不可忽视的影响。由于气候变化的影响，在全球前三大粮食作物中，水稻产量平均每年下降约0.3%，小麦产量平均每年下降约0.9%。因此，发展一个既能减少农业对环境影响又能保障粮食供应安全的农业系统，是我们这个时代重要的挑战之一。

中国是最大的发展中国家，拥有世界上最多的人口和较高的农业经济体量。在全球气候变暖大背景下，如何在保持农业绿色发展的同时，为不断增长的人口提供足够的粮食，是21世纪中国面临的严峻挑战之一。虽然已有研究强调了农业部门适应气候变化的重要性，但如何量化和评估两者之间的关系，并采取有效措施应对气候变化仍缺乏理论基础和实践经验。基于此，本篇详细分析了气候条件与农业生产之间的作用机制，并将提高农业部门的气候适应能力纳入气候政策体系，激励农民在农业生产中提高气候适应能力，以便提高农业部门的气候韧性。

综上所述，本篇立足提高我国农业部门适应气候能力的重大战略需求，基于空间计量、投入—产出、结构方程模型以及演化博弈等方法，从微观、宏观多角度深入挖掘农业生产响应气候变化的应对机制及策略。首先，对气候变化与农业生产之间的关系进行研究，基于气候变化对农业生产影响的视角，分析了气候变化导致的农业部门经济脆弱性及其传导机制；其次，基于农业生产对气候变化影响视角，分析如何从农业部门减少碳排放，减少气候变化；最后，对农业部门的应对行为进行研究，探究如何提高农业部门适应气候变化的能力。本篇的具体研究目的包括：

（1）基于 IIM 模型和 DIIM 模型，从系统角度研究气候变化对农业部门的影响及其如何在经济部门之间传递，以期从经济系统角度提出提高农业部门适应气候变化能力的策略建议，促进社会效用最大化。

（2）构建农业碳排放影响因素空间计量模型，了解不同地区农业碳排放的动态变化、农业碳排放的影响因素的空间溢出效应，分析不同地区的农业碳减排潜力，进而制订跨区域农业碳排放政策。

（3）基于有限理性假设构建了政府参与下，农民和保险公司之间的演化博弈模型，通过动态系统稳定性来寻找农业保险市场的均衡，揭示了不同状态下农户与保险公司的演化博弈行为。在此基础上通过 Matlab 模拟两者之间的博弈演化路径，以现实政策为背景分析影响系统最优均衡的关键因素，从理论和实践角度分析如何提高农户投保的积极性，以便避免气候变化带来的风险损失。

（4）以影响农民行为的因素为研究对象，构建信任、风险感知、心理距离和风险显著性与农户行为之间的结构方程模型，探讨不同类型地区农民应对气候变化行为的差异，确定影响或阻碍农民极端气候行为选择的关键因素，并评价其行为的有效性，鼓励农户积极采取行为。

二、研究意义

我国用全球 7% 的耕地养活世界 1/5 的人口[11]，耕地人口不匹配对我国的农业生产而言是一个极大的挑战。加之我国位于典型季风气候区，气候变化比较显著，环境变化速率较大导致气象灾害频发，使我国成为受气候变化影响最敏感的区域之一。气候变化可能使我国农业变得更加脆弱，进一步加剧了粮食生产面临的风险。因此，对此问题的研究具有较强的现实意义和理论意义。

（1）本篇的理论意义主要集中体现在以下方面。

第一，为识别我国农业碳排放绩效水平及变动规律提供了数据支撑。基于农业生产活动碳排放系数，计算了1999～2018年近20年的中国农业碳排放数据。从投入视角构建了中国农业碳排放影响因素空间计量模型，对社会发展、农业投入、农业生产等隐含的约束性条件进行探讨，深入分析了中国农业碳排放影响因素以及其空间溢出效应，本篇从全国、区域角度对影响农业碳排放因素进行差异分析，为全国乃至各个地区实施精细化的农业碳排放管控提供数据支撑。

第二，提出了一种系统方法来分析经济系统因气候变化造成农业部门需求扰动而产生的风险及其在经济系统的传导机制。非可操作性投入产出模型（IIM）及其动态扩展模型（DIIM）最适合用于被高度重视的需求驱动研究中，特别是在相互关联的经济系统为整体的分析框架中。考虑到整体经济系统中的相互依赖性，在分析农业部门的需求变动时，必须考虑部门之间的相互联系。基于IIM和DIIM模型，本篇计算了农业部门需求扰动下每个部门的不可操作性和动态恢复轨迹曲线，并对受农业部门影响的整个经济体系的经济脆弱性进行评估。

第三，将我国农区分为农业生产区和农牧业生产区，农民行为细分为适应行为和缓解行为。通过扩展信任、气候变化信念、风险感知和行为理论，引入风险显著性和心理距离变量，探索不同行为之间的关系对不同区域农民适应气候变化的影响。本篇深化了农民行为的相关研究，构建一个广泛应用的行为理论框架来解释不同区域农户缓解和适应行为的能力。研究有望为农民应对气候变化下各种农业风险提供有价值的依据，并进一步确定了农民对气候变化不利影响的主要因素。

（2）本篇的实践意义主要集中体现在以下方面。

第一，明确了农业生产与气候变化之间的关系，揭示了农业碳排放影响因素之间的空间溢出效应。研究分析了气候变化与粮食生产之间的关系，并确定两者之间的非线性关系，同时基于区域间的联合决策角度，帮助政策制定者从根本上解决了减缓农业碳排放目标及措施制定的问题。

第二，在Leontief投入产出模型基础上，引入非可操作性投入产出模型（IIM）以及动态非可操作性投入产出模型（DIIM）。通过对投入产出表的处理，基于中国的投入产出表中17个部门，构建了“气候变化—农业部门—经济系统”分析框架，计算了每个部门的不可操作性和动态恢复轨迹曲线，详细地分析了气候变化对农业产生的经济影响及其在经济系统的传导机制。通过分析部门间脆弱性和可恢复性来改善中国农业部门的供应系统。

第三，通过优化农业保险市场运行机制，构建了一套运转高效、具有较高保障能力的农业保险支持体系，以便协助政府顺利推进政策性农业保险工作，为完善农业保险制度提供了指导性的意见。

第四，通过分析不同类型地区农民应对气候变化行为的差异，以帮助决策者提高农民适应气候变化的能力，帮助农民克服气候变化带来的挑战。政府需要认识到农民的不同背景和他们的对气候变化不同反应，这会影响气候变化下农民调整应对行为的能力。此外，本篇的研究表明决策者还需要关注影响农民对气候变化适应的认知以及反应的各种因素。

第四节

农业部门篇研究思路与框架

一、研究思路

气候变化影响农业生产，越来越多的证据表明，持续的气候变暖趋势以及季节性降水强度的变化将增加农业系统的脆弱性。在我国，农业是一个复杂的系统。未来全球变暖将对中国农业造成相当大的负面影响。明确农业生产对气候变化的响应机理，提高农户的应对气候变化能力是提高农业部门应对气候变化的重要方面。本篇旨在探讨气候变化影响农业部门的机制和长期适应机制，基于此，本篇提供了一套详细的分析，以评估气候变化对农业部门的影响，并分析如何提高农业生产应对气候变化的能力，保障我国粮食供应安全。

提高农业部门适应气候变化的弹性，需要厘清气候变化对农业部门的潜在影响，合理分配各个部门可以利用的资源共同应对气候变化的不利影响，并将减缓气候变化和适应气候变化两类措施同时纳入农业部门应对气候变化策略框架。首先，基于经济视角，通过投入产出模型及其扩展模型详细地分析了受气候变化影响下农业部门的经济脆弱性及传导机制，揭示了气候变化对农业部门的影响，以及由此引起的相关部门的产出变动情况，研究有助于更全面地理解气候变化对农业部门的影响，以便从经济系统视角提出促进农业部门应对气候变化的策略。其次，基于减排的视角，分析了 31 个省区市农业碳排放动态变化趋势和影响因素，从而分析不同省区市的碳减排潜力，减缓农业生产对气候变化的影响。最后，基于行为视角，从市场经济、风险防控和微观角度，分析了农户应对气候变化的主要措施，这些适应战略涉及微观行为和市场经济两级行动的相互作用，市场经济研究农户如何利用市场经济防范气候变化带来的风险，微观行为以农户应对策略为研究基础，分析农民在气候变化下的行为偏好，探讨不同类型地区农民应对气候变化行为的差异，进而提高农户适应气候变化风险的能力。

二、研究内容

农业部分（第二章至第八章）主要结合宏观与微观经济分析，以气候变化为背景，对我国农业发展和粮食安全进行了深入的研究，研究内容如下。

第二章，绪论。从农业碳排放出发，介绍了农业温室气体排放对气候变化产生的影响，对比发展中国家和发达国家农业增加值和碳排放量，突出了发展中国家农业发展所面临的严峻形势。随后，分析了气候变化对农业发展和粮食安全的影响，强调了粮食不安全和收入不稳定风险对农户的不利影响。通过上述背景分析提出本篇研究的问题，并阐述了本篇研究的理论贡献和实践意义，最后明确了研究内容、技术路线以及主要创新点。

第三章，文献综述。围绕农业生产与气候变化研究、农业经济脆弱性、农民行为以及政策性农业保险四个方面对本篇的研究进行了系统的梳理，分析目前国内外研究的进展，为后续工作进行铺垫。

第四章，气候变化对农业经济脆弱性的影响及传导机制分析，考察和探讨全球气候变化对我国农业产出的影响以及整体经济系统的影响。在 Leontief 投入产出模型基础上，引入非可操作性投入产出模型（IIM）以及动态非可操作性投入产出模型（DIIM）。从中国的投入产出表中整合了 17 个部门并计算了受农业部门需求影响下每个部门的不可操作性和动态恢复轨迹曲线。通过分析其脆弱性和可恢复性来改善中国农业部门的供应系统。

第五章，我国农业碳排放影响因素及空间溢出效应研究。本章计算了我国 31 个省区市 1997～2018 年的农业碳排放数据，通过构建空间经济计量模型，探讨了农业碳排放的影响因素及空间溢出效应，从而为农业的发展与经济、环境有机结合提供政策建议。

第六章，气候变化风险防范：农户与保险公司博弈行为分析。在市场经济条件下，购买农业保险可以有效应对自然灾害风险。通过对我国的政策性农业保险现状进行分析，基于有限理性假设，本章构建了政府参与下农民和保险公司之间的演化博弈模型，通过动态系统稳定性计算来寻找农业保险市场的均衡，揭示不同状态下农户与保险公司的演化博弈行为。在此基础上，利用Matlab模拟两者之间的博弈演化路径，以现实政策为背景分析影响系统最优均衡的关键因素。本章从理论和实践角度分析如何了提高农户投保的积极性，以便避免气候变化带来的风险损失。

第七章，农民应对气候变化的行为策略：来自不同类型农业区的比较分析。本章研究农民在气候变化下的行为偏好，对于制订应对气候变化的政策，保障粮食安全至关重要。在这种背景下，本章调查了影响农民行为最突出的心理驱动因素和障碍，以及农民的应对行为。以影响农民行为的因素为研究对象，构建了信任、风险感知、心理距离和风险显著性与农户行为之间的结构方程模型，探讨不同类型地区农民应对气候变化行为的差异及作用路径。

第八章，结论与展望。总结整理研究发现和研究贡献，指出研究局限与不足，并对未来的研究进行展望。

第五节 农业部门篇研究方法与技术路线

一、研究方法

1. 空间计量模型。

研究通过揭示农业二氧化碳排放影响因素空间异质性的本质来进行空间分析，以了解不同的影响因素对区域农业二氧化碳排放的相对重要性。认识农业碳排影响因素的空间特征及演变趋势，可以更好地理解农业碳排放的来源以及有关环境问题的演变规律，同时对于制订科学的可持续发展农业政策以及农业碳排放控制措施具有重要的理论和现实意义。由于地理位置不相同，相邻省份的环境相互影响、相互制约、相互关联，因此，农业碳排放影响因素涉及空间格局的演变，空间集聚可以显著影响地方和邻近省份的农业碳减排。在目前研究中，空间位置的作用没有得到应有的重视，这导致了空间位置的偏差估计。传统模型无法为农业二氧化碳减排政策制订有效的依据和对策。关注农业二氧化碳排放影响因素的空间效应需要更多地关注于空间异质性。考虑空间相关性和集聚效应对邻近地区的影响，本篇运用空间计量模型对省级农业二氧化碳排放影响因素的空间相关性进行了研究。根据影响因素的空间特征，为邻近地区制订有效的农业二氧化碳减排政策提供重要依据。

2. 投入产出法扩展。

不可操作性投入产出模型（IIM）和动态不可操作性投入产出模型（DIIM）应用是基于投入产出模型中扩展的模型。IIM 是一个需求驱动的模型。在相互依赖的部门中，对于冲击，需求扰动是需求驱动部门的主要特征。由于不可操作性投入产出模型是一个静态模型，只能确定均衡值。考虑时间因素，学者还提出了一种动态投入产出不可操作性模型（DIIM）来补充经典的 IIM。本篇利用 IIM 模型是为了模拟农业需求扰动带来的整个经济系统的失衡，并描述为实现新的产出水平所需的部门调整。此外，利用 DIIM 方法讨论了系统内部的动态可恢复性情况。这两种方法都是基于投入产出扩展方法的应用。本篇以 RCP2.6、RCP4.5、RCP8.5 气候情景为例，运用 IIM 和 DIIM 方法分析了农业需求扰动导致的行业不可操作性和动态产值恢复情况。基于此，为气候变化下的农业生产进行风险评估，并为相互依赖的经济部门的管理提供有价值的见解。

3. 结构方程。

本篇采用结构方程建模方法，基于风险认知和风险偏好，研究农户的气候变化应对行为。结构方程模型（SEM）是一种较新的、综合的方法，可以处理多种原因和结果之间的关系，可用于确定农民风险认知、风险偏好与气候变化应对行为之间的关系。目前，利用结构方程（SEM）对农民气候变化情景下应对行为的研究比较有限。本篇让不同区域农民参与进来，以便更好地了解与气候变化相关的农户行为及其相关心理因素。具体而言，通过构建结构方程模型，本篇考察了不同的心理因素（信任、信念、心理距离、风险显著性、风险感知）对农民实施策略的影响及其关系，目前这些因素在中国尚未得到足够的关注。研究有望为农民直接应对气候变化下各种农业风险提供有价值的依据，进一步确定了农户使用的应对行为以及农民对气候变化风险感知的主要因素。

4. 演化博弈。

本篇从风险分散的角度，研究如何为参与者提供保险选择的产品博弈，并设想了多种策略的可能性以及农户与保险公司的各种行为。本篇通过提出一个产品博弈模型来研究保险公司与农户的演化博弈行为，并引入保险补偿机制来探讨风险控制问题。在同时存在风险和保险的情况下，如果合作者可以选择投保，他们在受到农业风险时，其损失可以（部分或全部）由保险覆盖，当农户的投保收益大于其成本时，就会激发更多农户的投保行为。本篇旨在建立普遍存在的利他行为与现行保险制度之间的因果关系，进而构建一个良好的保险市场，提高农户投保行为的积极性。

二、技术路线（见图2-6）

农业部门篇研究技术路线图如下，见图2-6。

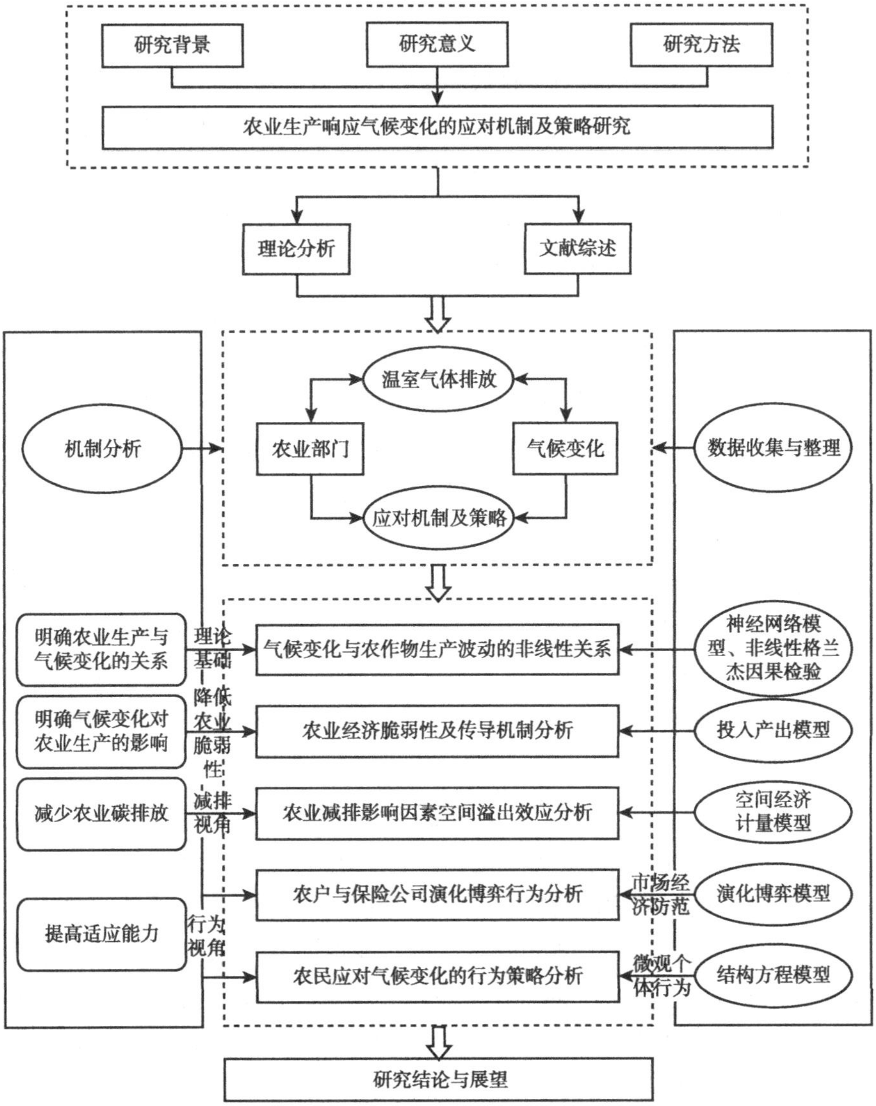

图2-6 本篇的技术路线

第六节

农业部门篇研究创新点

农业部门篇的主要创新点如下：

（1）系统地分析了农业生产与气候变化的关系，明确了城市间农业碳排放影响因素的空间溢出效应，为识别我国农业碳排放绩效水平及变动规律提供了数据支撑。从农业投入、社会经济和农业生产等视角对农业减排的约束性条件进行探讨。虽然影响因素对碳排放的空间互动效应尚未明确，但我国农业碳排放的影响因素也需要从区域比较的角度进一步研究。通过比较不同地理区域和省份间的空间互动效应，揭示了农业碳排放影响因素的区域异质性特征，该研究结果将有利于地区根据地理特征和周边环境制订农业碳减排目标，政府也可以根据不同的地理特征采取不同的政策有效推进农业碳减排工作。

（2）将气候变化因素纳入拓展的投入产出模型，构建了“气候变化—农业部门—经济系统”分析框架，从经济系统角度综合考察农业部门经济脆弱性，分析气候变化对农业部门的影响及其在经济系统的传导机制。由于经济系统各个维度之间存在相互作用，如果单独研究农业部门的经济系统脆弱性，容易使经济系统内部子系统及其他维度被忽略，使系统间的传递过于简化，导致系统之间的相关性、层次性、传导性与作用机制归纳不明晰。因此，在考虑农业部门的受气候变化的影响时，也需要关注行业部门之间的相互联系。基于此，本篇利用非可操作性投入产出模型（IIM）以及动态非可操作性投入产出模型（DIIM），从系统角度研究气候变化对农业部门的影响及其如何在经济部门之间传递，以期从地区经济系统角度提出提高农业部门适应气候变化能力的策略建议，促进地区社会效用最大化。

（3）基于农业保险公司经营效益视角，分析了农户投保惰性的形成及其影响机制。以实际政策背景，准确地描述了在有限理性假设下我国农业保险市场参与主体形成的博弈均衡的特征，通过演化博弈分析与实证检验完整论证了影响系统最优的均衡因素。本篇描述了我国保险市场“农户低参保、保险公司高供给、政府适度补贴”的特征，分析了我国农业保险市场在参与主体有限理性策略作用下所表现出的“供给大于需求”均衡状态特征。在分析农民与农险公司供需意愿的基础上，基于实证检验模拟了两者均衡的形成机制。同时，通过模拟仿真和稳定策略分析了模型均衡的存在以及农民投保惰性的原因。

（4）引入缓解和适应行为之间的协同效应和互补效应来研究不同农民群体的行为，构建了一个具有广泛适应性的农民行为理论研究框架。气候变化对发展中国家的农业生产造成了严重威胁。越来越多的经验证据表明，在农场层面上采取适应气候变化的策略可以显著降低气候变化的负面影响，将脆弱性降至最低。然而，针对我国的心理因素和不同区域农民的行为策略全面研究较少，即使相关文献对农民的适应行为进行了普遍调查研究，但并未区分适应行为与缓解行为之间的不同。鉴于此，本篇通过对比不同区域农户的不同应对策略（适应行为与缓解行为），考察了不同的心理因素（信任、信念、心理距离、风险显著性、风险感知）对农民实施策略的影响及其关系。本篇旨在构建一个能被广泛应用的行为理论框架，解释不同区域农户缓解和适应行为，为农民应对气候变化引起的各种农业风险决策提供理论依据，进一步确定农户的应对行为以及影响农民行为变化的主要因素。

第三章

气候变化与农业生产波动的非线性因果关系研究

第一节 引　言

联合国粮食及农业组织报告指出，目前很大一部分的碳排放来自农业部门[154-156]，农业碳排放成为第二大温室气体排放源。农业温室气体排放主要来自森林砍伐、牲畜排放、土壤、关于矿物燃料基础肥料的营养管理、农业机械和灌木燃烧作业以及生物质燃料的燃烧。农业作为中国国民经济的重要基础，农业温室气体排放分别占总碳排放的17%，总甲烷和总一氧化二氮的50%和92%。如果没有合理的措施有效地降低农业碳排放，到2050年我国农业碳排放将进一步增加30%[157]。在农业生产过程中，土地和水的不合理利用、化肥的过度使用和能源的利用，导致温室气体的高排放加剧了农业生产对环境质量的影响。

农业部门对气候变化的依赖也是我国经济发展中相当重要的问题。农业的活动直接取决于气候条件，因此，国内学者越来越多地关注气候变化对农业生产的影响。气候变化将通过降水量、温度、二氧化碳施肥和地表水径流的变化对农业生产产生重大影响[158-159]。此外，人口急剧增长，加上生产土地面积和水资源减少，会对我国的农业部门造成额外的压力。基于此，人们担心气候变化可能会破坏我国农民的生计，阻碍我国实现可持续农业发展。

目前针对上述问题，以往的研究大多以年度气候变化为基础，主要基于宏观层面分析气候变化与农业生产之间的关系，没有精确区分不同农作物生长季度与气候变化之间的关系，也忽略了地理形态差异与区域气候差异对农业生产的影响。基于此，本章以秋粮和夏粮两类作物为例，分生长季探索识别月度气候要素对作物产量的影响，该方法不仅更接近作物生长发育机理，而且随着未来气候变化模拟时间尺度的细化，气候变化影响的综合评估工作也可以做到更加细致和深入。

本章的研究重点在于通过衡量环境质量和农业生产之间的关系，为现有的农业经济学文献提供一个新的视角。本章回答以下两个问题：农业生产是否导致中国的环境恶化加剧；未来，中国的气候变化是否可能会给农业生产力带来更多的不确定性。本章的研究目的是评估农业与气候变化之间潜在的复杂关系，为后续研究提供一定的理论基础。

第二节

研究假设

气候变化、二氧化碳排放与农业生产具有动态联系，任何由气候引起的不利影响也会对农业生产力产生影响。近几十年来，在区域和全球层面上，气候变化是对农作物生产产生重大影响的主要研究领域。气候在农业生产力中发挥着关键作用，此外，它还对牲畜生产、水文平衡、投入供应和其他几个农业相关机制产生影响。然而，气候变化对农业产量的影响因国家和作物而异[160-163]。一些地区可能受益于气候变化（例如，气温上升的寒冷国家或“碳施肥效应”），其他国家可能遭受严重的不利影响（例如，缺水、产量变异性增加、作物产量减少等）[164-167]。

农业是温室气体的主要排放源，在过去的半个世纪里，随着对粮食需求的不断增长，农业系统不得不增加其产量。虽然各国采取的措施有所不同，但总的趋势是作物系统的集约化和工业化生产，以此来提高单位公顷产量。这主要是通过增加农业面积、转基因作物、低作物轮作率、强化灌溉、集约化单一栽培，同时尽量减少劳动投入，尽量增加技术投入（如化肥和人工杀虫剂）[158]实现产量增加。化肥和农药的不当使用以及灌溉用水和农业机械用地的增长导致了相当大的环境危害（如气候变化）[106,134]。与此同时，农业生产具有一定的碳汇功能，农业还可以利用植物光合作用吸收大气中的二氧化碳，从而减少温室气体在大气中的浓度。农业对气候变化影响的利弊取决于农业实践的类型。农业的双重属性使农业具有显著的气候变化减缓潜力，这些不同类型的影响结合在一起可能抵消农业对气候变化的影响。

气候变化对农业产量有正负两个方面的影响，影响的方向取决于一个国家的气候特点[183]。农业生产会产生大量的碳排放，然而也有研究表明，我国的农田土壤具有明显的固碳减排潜力，从而影响整个大气中的温室气体总量。由于农业生产的双向作用，农业生产是否会对气候变化产生影响一直以来也是一个颇具争议的问题[134]。在气温总体上升、降水总体减少的情况下，气候变化是否对我国不同季节粮食作物产生影响，是否有必要根据有气候条件调整不同季节作物种植的布局也是当前需要解决的问题。本章的研究目的是检验气候变化与农业生产之间的相关性。评估气候变化与其粮食生产之间的关系，从而提出应对措施，这对于保障我国的粮食安全意义重大。

基于此，本章以秋粮和夏粮两类作物为例，分生长季探索识别月度气候要素对作物产量的影响，该方法不仅更接近作物生长发育机理，而且随着未来气候变化模拟时间尺度的细化，气候变化影响的综合评估工作也可以做到更加细致和深入。据此，本章提出了以下两个假设：

假设 H3－1：气候变化（温度和降水变动）会对夏粮与秋粮生产产生影响。

假设 H3－2：不同季节粮食生产会影响气候变化（温度和降水变动）。

最后，我们同时假设农业生产和气候变化之间存在双向因果关系。

本章的研究目的是检验这些研究假设，以便为决策者提供促进农业可持续发展和环境保护的适当措施，进一步为后续的研究作理论基础。本章通过面板数据的（非）线性格兰杰因果检验，验证了气候变化（代表生长期内平均气温）和与农业生产（代表夏粮产量、秋粮产量）之间的因果关系。

第三节 实证分析

一、数据选择

由于气候变化的数据获取的空间地理性特征，目前大多数研究结果主要以国家为尺度对气候数据与农业生产之间的关系进行分析[178,205－207]，忽略了跨地区地理差异以及不同区域的气候变化差异。考虑到气候数据的可获得性与精准性，参考联合国粮食及农业生产组织对我国开展农业人口普查，在《统计发展丛书》中公布其调查结果（2020 年全球气候变化论坛已经确保所收集数据在国际层面上的可比性，同时也满足新出现的信息需求）。研究报告中选取了河南省作为中国粮食生产的普查对象之一，对我国农业生产情况进行概述。本章参考联合国粮食及农业生产组织对我国粮食产区的选择，以中国粮食主产区（河南省）为研究对象，探索气候变化与农业生产不同时期的因果关系。

由于气候条件的变化，我国农作物主产区逐渐向东北平原和中部转移，农作物生产中心也随之发生变化。河南省作为第二大粮食产区，2019 年河南粮食总产量超过全国的十分之一，其中河南夏粮总产量为 3745.40 万吨（749.08 亿斤），占全国的总产量的 30% 左右，秋粮总产量为 2950.00 万吨（590.00 亿斤）。因此，选取河南省的农业产量为研究实例对我国大多数粮食产区的研究具有一定的代表性及借鉴意义。

许多研究从降水以及温度变化两个角度证实了极端气候变化对农业产量造成的损失[159-160]。本章首先对降水变化与农业生产之间的关系进行了统计分析，研究发现降水与农业生产之间不存在因果关系（$P<0.1$ 显著性水平）。上述结论表明，对河南而言，温度变化对农业生产的影响要高于降水变化的影响，本章的研究与许多研究的结论一致[161-165]。基于上述分析结果，剔除了气候变化中降水因素对农业生产的影响。

在数据选取上，实证分析以 2000 ~ 2018 年为基础，温度和降水数据来自河南省气象数据站，月度数据利用每日平均气温计算获得。粮食产量数据来自《河南省农业统计年鉴》，研究分别选择夏季粮食产量与秋季粮食产量为农业生产的代表。并选取夏粮生长作物时间月份（10 ~ 12 月、1 ~ 5 月），秋粮作物生长月份的数据（7 ~ 9 月），以每天的数据为基础，进行均值化处理求得了每月的平均气温。通过统计分析可以看出，各月份温度变动差异较大，平均气温存在较大的年际波动，且有异常波动的温度点。研究区域中升温速度 0.18℃/10 年大于全球升温速率 0.13℃/10 年，说明河南省受到全球气温变化的影响，气温出现一定的上涨，见图 3 - 1。

二、非线性格兰杰因果检验模型

格兰杰因果关系是研究两个或多个变量之间因果关系的一种方法。也就是说，因果关系是两个变量之间的关系，一个是原因变量，另一个是结果变量。这些变量之间存在两种因果关系，即双向因果关系和单向因果关系。在单向因果关系中，原因变量引起结果变量，在双向因果关系中，原因变量导致结果变量，但与此同时，效应变量也会引起变量变动。与以往大多数研究主要关注线

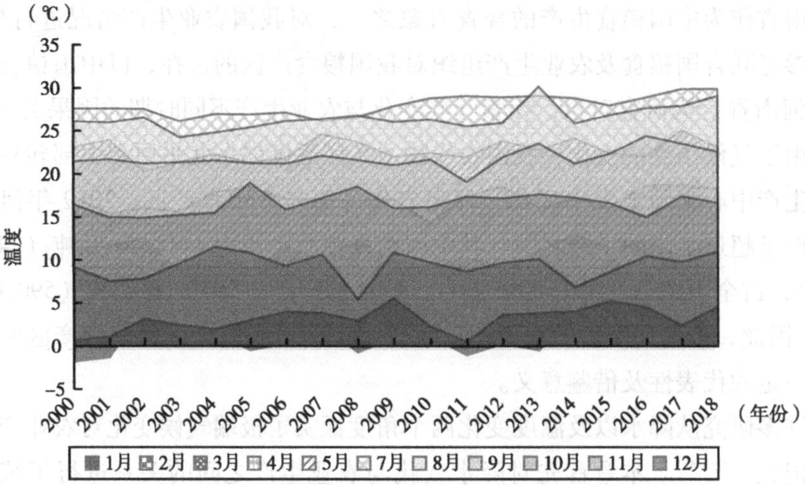

图 3-1　农作物生长期间平均温度变化情况

性因果关系不同，本章采用了齐利（Zilli）等（2020）[164]提出的非参数检验来分析气候变化与农业生产之间的非线性格兰杰因果关系。

直观地说，将非线性 Granger 因果关系检验应用于线性 VAR 模型的残差，相对于线性因果关系检验，可以提供更多关于变量之间因果关系的信息。本章试图从 VAR 模型的残差中找到额外的信息，以帮助预测线性因果检验中找不到的相关变量的总分布。根据格兰杰因果关系定义，齐利等（2020）[164]认为，如果 $S \geqslant 1$，则 X_t格兰杰导致 Y_t，公式如下：

$$(Y_{t+1},\cdots,Y_{t+s})\,|\,(I_{X_t},I_{Y_t}) \sim (Y_{t+1},\cdots,Y_{t+s})\,|\,(I_{Y_t}) \tag{3-1}$$

其中，I_{X_t}、I_{Y_t}分别包含 X_t、Y_t过去和现在观测的信息，而“~”表示分布的等价性。

假设变量 X_t和 r_t是静止的，非线性格兰杰因果检验的绝对零假设为：H_0：$\{X_t\}$ 不是引起 $\{r_t\}$ 的格兰杰因果检验的原因。检验条件独立性的原假设，如下：

$$H_0: Y_{t+1}\,|\,(Y_t;Y_t) \sim Y_{t+1}\,|\,Y_t \tag{3-2}$$

假设 $Z_t = Y_{t+1}$，那么我们有一个不变的分布向量 $K_t = (X_t^{l_x},\ X_t^{l_y},\ Z_t)$。假设 $l_x = l_y = 1$，为简单起见去掉时间指标，在零假设下，联合概率密度函数和边际概率密度函数应满足：

$$\frac{f_{X,Y,Z}(x,y,z)}{f_Y(y)} = \frac{f_{X,Y}(x,y)}{f_Y(y)}\frac{f_{Y,Z}(y,z)}{f_Y(y)} \tag{3-3}$$

因此，假设 H_0可以如下：

$$E[f_{X,Y,Z}(x,y,z)f_Y(y)-f_{X,Y}(x,y)f_{Y,Z}(y,z)]=0 \tag{3-4}$$

它指出，对于 y 的每个固定值，在 Y = y 下，X 和 Z 有条件地独立。当 $d_{W-variate}$ 变量随机向量 W 在 W_i 的局部密度估计由 $\hat{f}_W(W_i)=(2\varepsilon)^{-dw}/(n-1)\sum_{j,j\neq i} I_{ij}^W$ 计算，基于 $I_{ij}^W=I(\|W_i-W_i\|<\varepsilon)$ 如下建立检验模型：

$$T_n^s(\varepsilon)=\frac{n-1}{n(n-2)}\sum_{t=1}^{n}[\hat{f}_{X,Y,Z}(X_i,Y_i,Z_i)\hat{f}_Y(Y_i)-\hat{f}_{X,Y}(X_i,Y_i)\hat{f}_{Y,Z}(Y_i,Z_i)] \tag{3-5}$$

其中，I(·) 是指标函数，宽带表达式为：$\varepsilon_n=Cn^{-\beta}\left(C>0,\ \frac{1}{2p}<\beta<\frac{1}{dW}\right)$，$\varepsilon_n$与 C 和 β 成正比，$\beta\in\left(\frac{1}{4},\ \frac{1}{3}\right)$，统计变量 $T_n(\varepsilon_n)$ 需要满足以下条件：

$$\sqrt{n}\frac{T_n(\varepsilon_n)-Q}{S_n}\xrightarrow{d}N(0,1) \tag{3-6}$$

其中，$\xrightarrow{d}$表示分布收敛性，ε_n是与样本大小 n 相关联的合适带宽序列，$Q=E[f_{X,Y,Z}(x,y,z)f_Y(y)-f_{X,Y}(x,y)f_{Y,Z}(y,z)]$，$S_n$表示 $T_n(\cdot)$ 渐近方差的稳健估计。

三、结果分析

格兰杰因果关系检验是寻找分析变量之间协整关系的重要检验。本章首先对农业生产与气候变化之间的线性格兰杰因果关系进行了分析，通过向量误差修正模型得到的格兰杰因果关系检验结果见表 3－1。结果表明，农业生产不是温度变化的原因，这表明农业生产不能解释气候波动。同时，本结论也没有证明从气候变化到农业生产之间的因果关系，说明气候变动并不会影响农业生产。线性格兰杰因果检验的结论并没有表明气候与农业之间显著的线性关系。

表 3－1　　　　温度与产量之间的线性格兰杰因果检验

H_0：产量不是温度线性格兰杰因果原因					
1	2	3	4	5	6
0.5	0.5564	0.3	0.287	0.344	0.25
H_0：温度不是农业产量线性格兰杰因果原因					
1.844	0.1668	1.132	1.25	1.2	0.3419

非线性格兰杰因果检验的结果如表 3 -2 与表 3 -3 所示。非线性格兰杰因果检验证明，农业生产与气候变化之间存在双向的非线性格兰杰因果关系。这意味着，农业产量变动会引起气候的变化，气候的变化也会导致农业产量的变动。本章的研究表明，温度变动可以导致农业产量的变动，然而降水不会对农业产生影响，该结论在许多研究都得到了证实[161-164,167]，过多的阳光会导致干旱时期的增加，从而破坏作物生长。一般而言，人们发现温度升高会降低许多作物的产量和质量，如玉米、小麦，此外，异常炎热夜晚频率的增加也会对大多数作物造成损害，特别是水稻产量。

表 3 -2　　温度与产量之间的非线性格兰杰因果检验

变量	H_0：产量不是温度非线性格兰杰因果原因					
	$l_x = l_y$					
	1	2	3	4	5	6
宽 =0.5	0.865	1.056 (*)	0.662	0.679	1.107 (*)	1.164 (*)
宽 =0.7	0.449	0.278	1.303 (**)	1.375 (**)	1.233 (*)	1.182 (*)
宽 =0.8	0.619	0.459	1.425 (**)	1.41 (**)	1.225 (*)	1.236 (*)

注：* 表示在 10% 显著性水平上存在趋势，** 表示在 5% 显著性水平上存在趋势。

表 3 -3　　温度与产量之间的非线性格兰杰因果检验

变量	H_0：温度不是农业产量非线性格兰杰因果原因					
	$l_x = l_y$					
	1	2	3	4	5	6
宽 =0.5	0.492	0.736	0.159	0.859	1.013 (*)	1.042 (*)
宽 =0.7	0.718	0.718	1 (*)	1.104 (*)	1 (*)	0.873
宽 =0.8	0.765	0.629	0.655	0.8	0.775	0.645

注：* 表示在 10% 显著性水平上存在趋势。

通过对比线性分析结果，在两者存在非线性关系的情况下，农业生产更容易受到气候条件的限制，本章进一步证明了农业生产与气候变化产生之间的复杂关系。因此，在大力发展农业生产时也应该警惕农业生产导致的温室气体排放，同时也要避免气候变化对农业生产带来的风险。传统的线性格兰杰因果关系模型并未探究到农业生产与气候变化之间的因果关系，与之相比，非线性格兰杰因果分析更能深入分析两者的关系，进而避免由于变量之间可能存在非线性关系，导致估计偏差。

上述结论显示，我国的农业发展已经开始受到气候变化的影响。基于此，研究农业生产适应性与农业可持续性问题就显得尤为重要。短期气候变化对农业的影响，虽然可以通过适应行为抵消部分，但是长期来看，气候变化对农业发展的影响是不容忽视的。尽管农业碳排放对气候变化短期内不会产生影响，但是粗放的发展方式最终会导致农业碳排放的增加，最终影响气候变化。最后，我们必须强调，在处理气候变化与农业生产之间的因果关系时，政策制定者必须意识到标准线性格兰杰因果关系检验的弱点。因此，为了提高检验的准确性，必须准确地检验两者之间可能存在的非线性格兰杰因果关系。

第四节

发展趋势分析

为了详细分析气候变化与农业生产的变动趋势，随后对农业生产与温度的数据预测，旨在分析随着未来气候变化模拟时间尺度的细化，气候变化是否可能会给农业生产力带来更多的不确定性。

由于气候变化与农业生产的数据在每一阶段的增长幅度和时期相差很大，在实际环境中随机变化，利用线性模型不能精确地进行数据拟合。因此，引入 NAR 神经网络来解决这个问题。NAR 神经网络是一种以自身为回归对象的非线性自回归模型，可以用从同一序列的过去值，预测一个时间序列。该网络模型是一个具有反馈的动态网络，可以在开环和闭环之间转换。本章仅取单元格的历史负载作为模型输入。

$$y(t)=f[y(t-1),y(t-2),y(t-3),\cdots,y(t-n)]+\varepsilon(t) \tag{3-7}$$

其中，y 是农业产量与温度时间数据序列，n 是数据序列的输入延迟，f 表示传递函数。神经网的训练旨在通过网络权重和神经元偏差的优化估计功能。y 序列的数据已通过近似表示误差容限的 $\varepsilon(t)$ 来确定。非线性自回归神经网络的内生输入可以表示为：

$$\tilde{y}(t)=f[y(t-1),y(t-2),y(t-3),\cdots,y(t-70)]+\varepsilon(t) \tag{3-8}$$

输入的延迟 n=70，神经网络由一个输入层、一个或多个隐层和一个输出层组成。由于反馈的联系，非线性自回归神经网络是动态的、周期性的。本章利用 MATLAB 的内建函数 narnet 实现了双曲函数 tangent（tansig）[169]和 sigmoid（logsig）[170]，用于非线性自回归神经网络比较数据预报的网络精度。这些函数是用[186]MATLAB 中给出的默认设置实现的。

$$O_{tansig}=\frac{e^{u}-e^{-u}}{e^{u}+e^{-u}} \tag{3-9}$$

$$O_{logsig}=\frac{1}{1+e^{-u}} \tag{3-10}$$

隐层神经元数目的选择是由多种因素决定的，目前，还没有成熟的理论基础。因此，为了获得更好的网络性能，本章采用试错法对神经网络的拓扑结构进行优化。对于负载曲线 $X_1=\{x_{1.1},\ x_{1.2},\ \cdots,\ x_{1.1}\}$，通过以下方法得到隐藏神经元 $H=\{h_1,\ h_2,\ \cdots,\ h_k\}$，应该注意的是，随着神经元数量的增加，系统将变得更加复杂[166]。实验结果表明，具有 10 个隐层神经元的单层隐层具有较高的准确率：

$$h_j=f\left(\sum_{i=1}^{l}w_{i,j}x_{1,i}+a_j\right),j=1,2,\cdots,k \tag{3-11}$$

其中，i 表示时间，k 表示隐含层神经元的数量，f(＊）表示隐含层的激活函数（逻辑函数），w_{ij}表示隐含层第 i 个输入和第 j 个神经元之间的连接权值，a_j表示隐含层中第 j 个神经元的偏置。

然后根据隐含层的输出 h_j计算输出 O：

$$O=g\left(\sum_{i=1}^{l}w_jh_j+b\right) \tag{3-12}$$

其中，w_j为隐含层第 j 个神经元与输出连接的权值，b 表示输出层的偏置，g(＊）是一个线性激活函数。

由于输入变量和输出变量均为农业产量或温度，因此输入层数和输出层数均为 1。根据农业产量、温度的变化率和稳定性，将神经网络的输出时延设为 10，本章的神经网络结构如图 3-2 所示。权值和阈值影响神经网络的性能变化，因此每个模型训练 5 次，分别记录训练结果的均方误差（MSE）。MSE 是指测量误差平方和的平均值的平方根，反映了整个预测周期的预测精度[171]。

$$MSE=\frac{1}{n}\sum_{i=1}^{n}(y_i-y_i')^2 \tag{3-13}$$

其中，n 为预测点，y_i为真正的价值，y_i'为预测值结果。

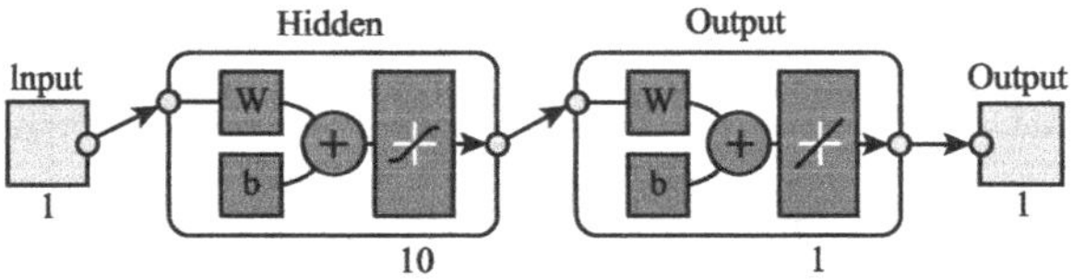

图 3-2　NAR 神经网络结构

R^2表示对训练样本的拟合程度[172]，范围为 0～1，如下：

$$R^2 = 1 - \frac{RSS}{TSS} = 1 - \frac{\sum_{i=1}^{m}(y_i - \hat{y}_i)^2}{\sum_{i=1}^{m}(y_i - \bar{y})^2} \tag{3-14}$$

其中，y_i为观测值，$\bar{y}$ 为观测值的平均值，$\hat{y}_i$为预测价值。

本章利用 MSE 和 R^2来评价神经网络的训练效果。从图 3-3 至图 3-6 中预测的 R^2值可以看出，NAR 预测给出了统计上可靠的结果。

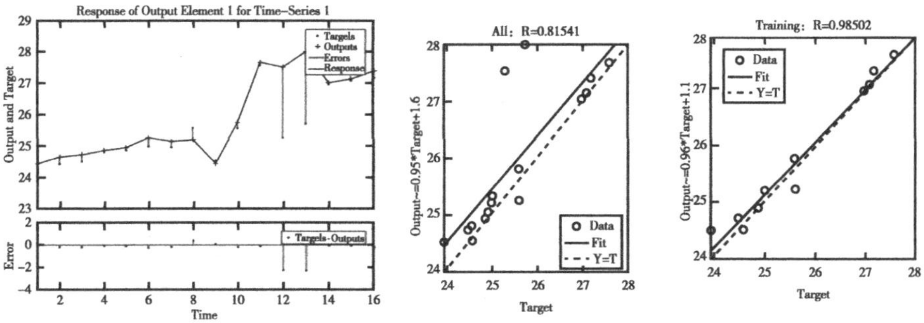

图 3-3　夏收季节温度预测

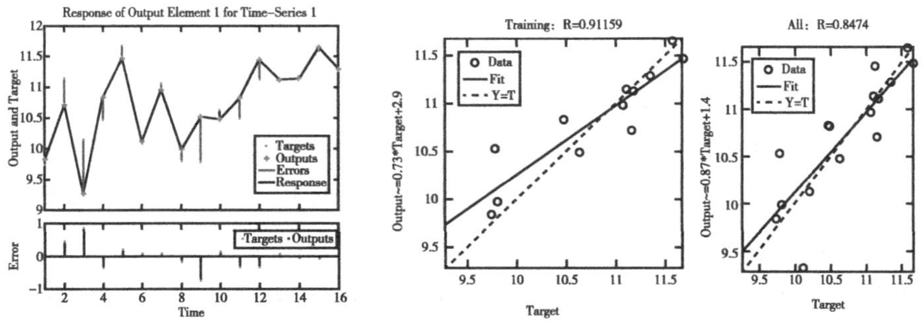

图 3-4　秋收季节温度预测

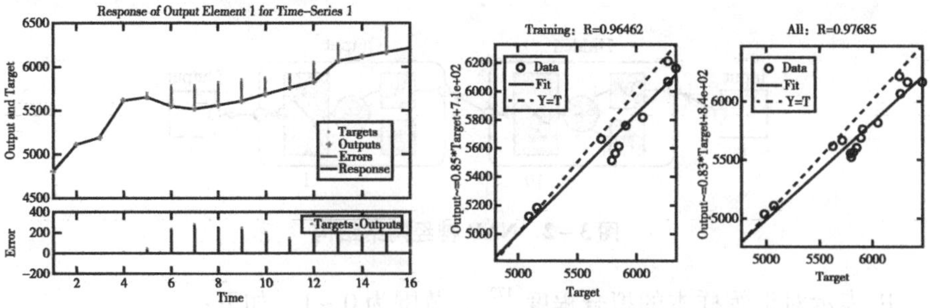

图 3-5　夏粮产量预测

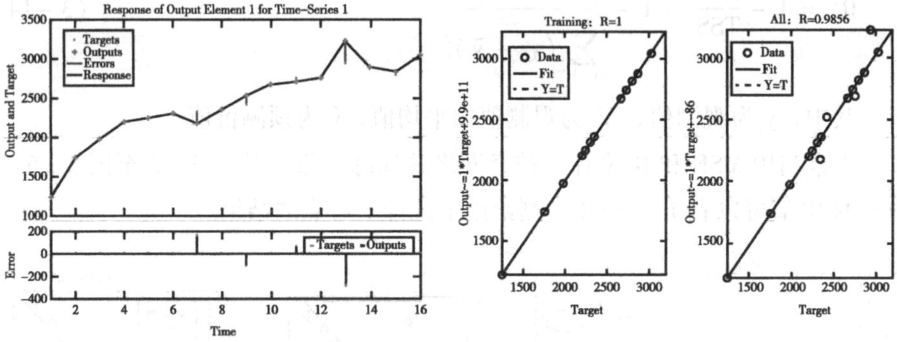

图 3-6　秋粮产量预测

在使用 MATLAB 进行 NAR 时间序列预测时，数据集自动细分为训练集（75%）、验证集（15%）和测试集（15%）。基于此，本章分别对未来 15 年的夏、秋粮食产量以及相应的气候变化进行了预测。温度与产量的时间序列预测结果如图 3-7 和图 3-8 所示，结果以实际月平均值与预测月平均值的对比图给出。

2000～2033 年，河南省夏收季节气温在 37.35℃～23℃波动，最低气温出现在 2023 年，最高气温出现在 2022 年，平均值为 27.66℃。河南夏收季节年平均气温整体呈现出小幅度波动上升的趋势。气温变化倾向率达到了 1.54℃/10 年（见图 3-7），且拟合方程回归系数通过了 80% 的显著水平检验，这说明在包含预测的时间内，30 年中河南夏季气温存在明显的上升趋势。2000～2033 年河南省秋收季节温度波动同样呈现明显的上升趋势，气温变化倾向率达到了 0.616℃/10 年（见图 3-8），拟合方程回归系数通过了 80% 的显著水平检验。直观观察两者的趋势线，夏收季节平均气温升高趋势比秋收季节平均气温升高明显。秋收季节气温波动较小，同时存在明显的升温倾向。总体而言，气温升高已经成为河南目前及未来 30 年内气候变化的主要特征，同时存在一定的年际波动以及季节差异。

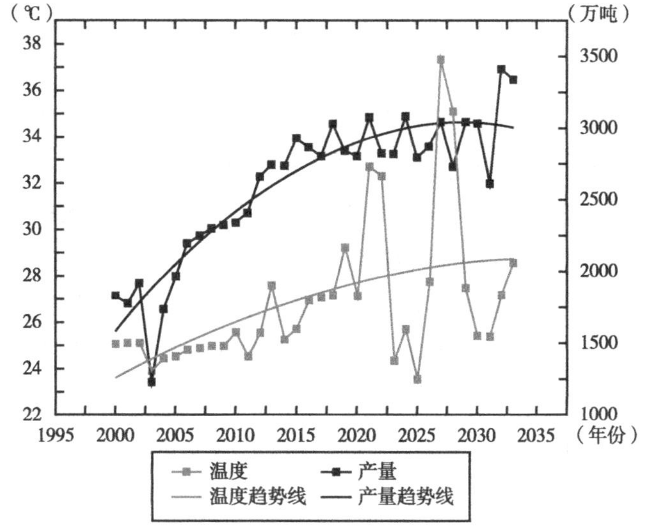

图 3－7　夏粮产量与温度变动

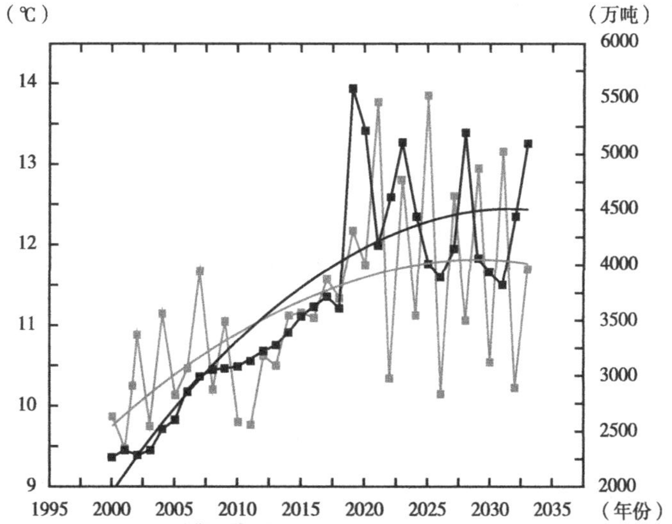

图 3－8　秋粮产量与温度变动

图 3－7 研究结果表明，2000～2033 年，夏粮随温度的增加首先有一个上升的趋势，随着温度的增加上升趋势逐渐变缓，随后随着温度的上升，粮食产量出现下降的趋势，夏粮随着温度的升高呈倒“U”形趋势。图 3－8 研究结果表明：随着秋收季节温度增加，秋粮呈现上升的趋势，随着温度增加的逐渐变缓，秋粮增加速度变缓。上述研究结果表明，温度的上升在一定程度上有利于农业产量的增加，但温度过高则不利于农业生产，甚至会对农业生产产生负面影响，许多研究也证明了温度与农业生产之间的倒“U”形关系，北京大学徐晋涛、中国社科院张海鹏等[217]的研究发现，气温对中国水稻和小麦单产的影响都存在“先增后减”的非线性关系、倒“U”形关系，且存在最优拐点。预计到 21 世纪中期，气候条件将越过最优拐点，气候因素将开始对中国水稻和小麦生产产生明确的负面影响。Wen 等（2019）[169]和韩等（2008）[174]采用模拟模型预测了气候变化对欧洲冬小麦的影响，研究表明一定温度的上升有利于农业的生产，但随着温度的逐渐升高将会造成更多的干旱等极端天气事件，最终导致农业的减产。[169,174]

第五节 结论及政策建议

气候变化会对一个经济体的农业产出和农村收入造成不利影响。因此，人们希望通过合理的措施来减少农业生产力受到的潜在损害。本章的主要研究目的是评估气候变化与中国农业产出之间的关系。研究结果表明，气候变化与农业生产之间的关系已经开始显现，农业生产与气候变化之间存在双向的非线性格兰杰因果关系。温度的上升在一定程度上有利于农业产量的增加，但温度过高则不利于农业生产，甚至会对农业生产产生负面影响。农业生产与气候变化之间存在某种倒“U”形关系。

基于此，我国应该进行有针对性的政策改革，以增强可持续性的生产力，同时警惕影响农业部门生产的环境制约因素。本章建议，首先，政府应该采取合理的措施提高农业生产，在减少二氧化碳排放同时要维持农业经济增长。其次，政府还应尽可能地主动采取行为，除为未来设计有针对性的农业适应政策和减少气候变化对农作物产量的不利影响外，还应考虑在不同层面上的政策实施。

经济层面：农业部门通常会对其他部门产生特定影响，包括对相关产业的影响。基于此，我国需要大力发展农业可持续生产力，并提高其可恢复性。可持续生产力的增长可以确保农业经济上的生存能力，从而有助于使农业更不易受到投入价格波动的影响，并提高其抗灾能力。

行为层面：政府必须制订一套包括适应（例如，通过提升对洪水、干旱等冲击和抗灾能力，进而提高农户抵御气候变化风险的能力）、缓解（具有减少气候变化影响的潜力）和技术发展在内的战略组合，以及适应计划等政治变革的技术解决方案，但是也要警惕错误的政策发展方向，例如，政府过度参与导致的“市场失灵”。

社会层面：政府激励措施应侧重于可持续性成果，而不是实践。农业实践经常受到必须纳入政府环境目标政策的限制（例如，对氮肥使用量施加限制）。这些政策往往会限制农民的适应性和灵活性。因此，政府需要将重点放在与气候变化有关的成果上（如害虫控制技术），使农民能够权衡取舍，采用更有效、更合理的工具，促进和实现农业可持续性、环境保护可持续性和生产力增长。

第六节

本章小结

农业部门产生了大量影响气候变化的气体。大气中温室气体浓度的增加、温度的升高以及降水的变化都对农业生产的数量、质量和稳定性产生影响，同时也对农业生产的自然环境产生了影响。本章以河南夏粮、秋粮生产为例，基于2000～2018年面板数据采用非线性格兰杰因果检验明确了农业生产与气候变化之间的因果关系。利用非线性自回归神经网络预测模型对2018～2033年农业生产与温度变化数据进行预测，并对两者的潜在的发展趋势进行了分析。研究结果表明，气候变化与农业生产之间不存在线性因果关系。但农业生产与气候变化之间存在双向的非线性格兰杰因果关系。温度的上升在一定程度上有利于农业产量的增加，但温度过高则不利于农业生产，甚至会对农业生产产生负面影响。农业生产与气候变化之间存在某种倒“U”形关系。本章的研究进一步说明农业既是气候变化的受害者，也是气候变化的原因之一，同时也是解决气候变化的有效途径。在未来的农业发展治理中，应充分考虑两者之间的相互影响，使农业系统在不稳定的天气条件下变得富有弹性。

第四章

我国农业部门的气候脆弱性及传导机制分析

由于产品（服务）在经济各部门之间存在联系，有必要对各个部门和整个经济的投入和产出进行分析。基于此，结合气候模型和拓展的投入产出模型，本章构建了气候变化—农业部门—经济系统分析框架，以农业部门为切入点详细地分析了气候变化对农业产生的经济影响及其在经济系统的传导机制，并从资源限制的角度，探索了应对气候变化对农业部门影响的关键部门路径和制约因素，进而明确关键部门或高度敏感部门相对于农业部门的依赖性。

第一节 引言

农业在一个国家的经济发展中扮演着中心角色。以农作物为基础的产品占全球人均能源需求的78%，而牛奶、鸡蛋和肉类等其他食物来源占20%[153-154]。因此，人口日益增长的饮食需求，只有通过增加农业生产才能实现。“靠天吃饭”的特性决定了农业是最易受气候变化影响领域[154]。因此，许多关于农业和气候变化的文献一般都强调该部门的脆弱性及其适应气候变化的各种能力(或是否缺乏这种能力)[155]。如何使农村地区更好地适应气候变化，减少气候变化带来的不可预测性，减轻气候变化的潜在损害，帮助农户应对不利后果，从而降低农业生产对气候变化的脆弱性是当前迫切需要解决的难题。

气候变化对中国农业的负面影响已经证实，预计未来还将增加，农业生产在我国国民经济中占有相当大的比重，由此产生的经济后果不容忽视[156]。目前，越来越多的研究人员关注由此产生的经济影响[157-158]。然而，研究主要集中于农业部门的经济系统，忽略了经济系统内部子系统及其他维度。由于经济系统整体的关联性，可以通过区域间和部门间的贸易网络重新分配生产和消费，进一步改变气候变化在中国农业部门的经济后果，因此，在考虑气候变化对农业造成影响的同时，也需要考虑到整个经济系统的变动情况。

综上所述，由于产品（服务）在经济各部门之间存在联系，有必要对各个部门和整个经济的投入和产出进行分析。基于此，本章引入不可操作性投入产出模型（IIM）以及其动态扩展模型（DIIM）对我国农业经济系统脆弱性及传导机制进行了深入的分析，进而明确关键部门或高度敏感部门相对于农业部门的依赖性。在进行政策制定时，决策者有必要对行业进行优先排序，将关键部门列为优先需要实施预防措施、政策和发展投资的部门，以降低受农业需求扰动带来的风险影响。

第二节　模型分析

一、投入产出模型

投入产出（IO）模型是一个定量的工具，由 Leontief 开发，通常描绘一个系统内组成部分之间的相互关系。该模型详细描述了地区产业部门的经济活动，这些部门在生产产品的过程中，既生产商品（产出），也消费其他部门（投入）的商品。投入产出模型展示了经济系统各部门之间的经济流动，反映了部门的生产和需求之间的相互依赖关系。一般来说，Leontief 开发的模型是一种需求驱动的方法，基于投入产出模型可以分析整个系统如何受到来自某个经济部门的需求变化的影响。IO 模型通过一个简单的线性方程来表达经济部门之间的关系，也称为 Leontief 平衡方程，计算公式如下：

$$X = AX + Y \tag{4-1}$$

其中，X 是一个 $n \times 1$ 向量，包含 n 个部门的生产产出，商品流量矩阵为 $X = (x_{ij})_{n \times n}$，变量 x_{ij} 代表从部门 i 到部门 j 的商品流动的货币价值的投入。A 表示 $n \times n$ 部门之间的相互依赖关系，也称为 IO 系数向量，表示为部门输入值相对于其输出的比例。Y 是最终需求的 $n \times 1$ 向量，以货币单位表示的货物流动记录在 IO 表中。

A 是技术系数矩阵，a_{ij} 是比例系数也称为技术系数，指的是 j 部门生产单位产品所需要消耗的i部门产品或服务的数量，计算公式如下：

$$a_{ij} = \frac{x_{ij}}{x_i} \tag{4-2}$$

二、不可操作性投入产出模型与动态不可操作性投入产出模型

由需求异常引起的连锁效应，导致了整个经济系统的崩溃。例如，气候变化会导致农业需求的增加，从而引起的农业需求增长对其他经济部门的影响。从经济系统整体进行需求分析，是探索在生产资源约束下如何适应气候变化的一种潜在方法。当气候变化引起农业需求增加时，经济体的需求侧投入产出模型如下：

$$x_k^d = \sum_{j=1}^{n} x_{kj} + y_k \tag{4-3}$$

其中，x_k^d是地区对农业部门产品的总需求，为了直观呈现各部门之间的相互依赖联系，将公式表示为：

$$\begin{cases} x_{11} + x_{12} + \cdots + x_{1k} + \cdots + x_{1n} + y_1 = x_1^d \\ x_{21} + x_{22} + \cdots + x_{2k} + \cdots + x_{2n} + y_2 = x_2^d \\ \qquad\qquad\qquad \vdots \\ x_{k1} + x_{k2} + \cdots + x_{kk} + \cdots + x_{kn} + y_k = x_k^d \\ \qquad\qquad\qquad \vdots \\ x_{n1} + x_{n2} + \cdots + x_{nk} + \cdots + x_{nn} + y_n = x_n^d \end{cases} \tag{4-4}$$

式（4-4）中的每个具体等式描述了经济系统中对应部门的需求分布，式（4-4）可以表示为：

$$X^d = (I - A)^{-1} Y \tag{4-5}$$

要确保经济系统各部门供需平衡需要满足以下等式：

$$X^d = X^{(s)} \tag{4-6}$$

由式（4-6）可以直观看出，最终需求（Y）的增加将导致更高的部门总需求（X^d），需要每个部门提供更多的供给，遗憾的是，地区初始供给通常不是无限的，因此在应对气候变化导致的日益增长的地区粮食需求时，需要考虑社会生产资源的限制问题。

为了量化气候变化引起的农业需求增长对其他经济部门的影响，此处引入了一个新的变量：部门不可操作性。Xu 等[159]认为一个部门的内部或外部冲击

可能会使部门无法执行其预期功能。由于各部门之间固有的相互联系，这种影响可能会传播到整个系统，从而触发系统功能障碍，并将此现象称为“不可操作性”，从而带来了风险分析的新观点。

不可操作性投入产出模型（IIM）是基于投入产出模型的基础上，通过定量和可验证的数据描述了扰动对部门间的关联效应，主要用于评估一个部门或系统扰动可能导致的影响。不可操作性 I－O 模型是由 Leontief I－O 模型衍生而来的。该模型的主要驱动力是更好地洞察复杂性对这些系统在冲击下持续的影响。桑托斯（Santos）和徐（Xu）等提出了 IIM[159]，如下：

$$q = A^* q + x^* \Rightarrow q = [I - A^*]^{-1} \times x^* \quad (4-7)$$

其中，q 表示损失的不可操作性矢量，它衡量了按计划生产与未实现生产的比例，如果需求减少，x^* 表示需求扰动，并将减少的最终需求作为计划产出总量的比例进行量化。同样，如果供应减少，则 x^* 表示供应扰动。A^* 表示各部门之间相互依存的程度。

基于上述分析，本章将部门不可操作性的定义为：部门所需要增加的生产资源相对于当前所拥有的生产资源（初始供给投入）的比例。各部门需求的不可操作性 q 计算如下：

$$q = \mathrm{diag}(\hat{x}^s)^{-1}(\hat{x}^s - \tilde{x}^s) \quad (4-8)$$

其中，$q = [q_1, q_2, \cdots, q_n]^T$是经济系统不可操作性向量；$\hat{x}^s$ 是为满足农业需求增加所需要的各部门初始供给投入；$\tilde{x}^s$是当前经济系统各部门拥有供给投入；$\mathrm{diag}(\hat{x})^{-1}$是由给定向量 $\hat{x}$ 构造的对角矩阵：

$$q = \mathrm{diag}(\hat{x}^s)^{-1}(\hat{x}^s - \tilde{x}^s) \Leftrightarrow \begin{bmatrix} q_1 \\ \vdots \\ q_l \\ q_n \end{bmatrix} = \begin{bmatrix} \frac{1}{\hat{x}_1^s} & 0 & \cdots & 0 \\ 0 & \ddots & \ddots & \vdots \\ \vdots & \ddots & \frac{1}{\hat{x}_l^s} & 0 \\ 0 & \cdots & \cdots & \frac{1}{\hat{x}_n^s} \end{bmatrix} \begin{bmatrix} \hat{x}_1^s & \cdots & \tilde{x}_1^s \\ \vdots & \vdots & \vdots \\ \hat{x}_l^s & \cdots & \tilde{x}_l^s \\ \vdots & \vdots & \vdots \\ \hat{x}_n^s & \cdots & \tilde{x}_n^s \end{bmatrix} \quad (4-9)$$

当一个行业由于受到农业供给不足而无法正常运营时，它就会遭受经济损失，这实际上是该行业产出的减少。因此，利用式（4－9）可以估计某一特定行业的经济损失。考虑各部门不可操作性的值，经济损失可计算为：

$$E = q\hat{x} \quad (4-10)$$

其中，变量 E 表示各个部门的经济损失，$\hat{x}$ 表示计划总投入。

考虑时间因素的动态模型，引入动态投入产出模型（DIIM），描述了行业在中断之后的复苏情况，并在方程式中以离散时间形式给出：

$$\dot{q}(t)=K[A^{*}q(t)+x^{*}(t)-q(t)] \tag{4-11}$$

其中，变量 $q(t)$、A^{*} 和 $x^{*}(t)$ 的定义与减少需求 IIM 中的定义相同，不同之处在于 $q(t)$ 和 $x^{*}(t)$ 描述了在特定时间（t）内的值。K 是弹性系数矩阵，其对角线的元素分别为 k_1，k_2，…，k_n，其他矩阵元素为 0。

弹性系数 k_i 表示部门 i 在中断后恢复的能力，假设部门 i 在已知时间 T_i 从某个初始不可操作性 $q_i(0)>0$ 恢复到某个不可操作性 $q_i(T_i)>0$。其中 a_{ii} 是 A^{*} 的对角元素，并且 k_i 的值越大，表示部门对扰动的响应越快，式（4-12）[159] 定义了不可操作性的弹性系数 k_i：

$$k_i=\frac{\ln\left[\frac{q_i(0)}{q_i(T_i)}\right]}{T_i}\left(\frac{1}{1-a_{ii}^{*}}\right) \tag{4-12}$$

三、农业损失函数定义

如果不能改变应对气候变化的农业生产模式，到 2030 年气候变化可能导致全球作物产量损失达 5%，由于粮食减产撒哈拉以南非洲地区的食品价格会上涨 12%，到 2080 年粮食损失上涨高达 70%。全球 1 亿人将因气候变化陷入极端贫困。气候变化会增加社会对农业部门产出的需求，其微观基础是气候变化导致粮食减产、人口的增长，使人类粮食需求增加。本章将农业部门“适应气候函数”引入不可操作投入产出模型中。农业部门适应气候变化函数衡量未来气候变化将如何影响农业需求，它是农业部门需求变化对未来气候变化的函数。这里引入适应气候变化函数的目的是识别气候变化对农业部门的影响，并阐明农业部门的适应气候变化函数的形式。

本章以经济损失和不可操作性为基础对受农业影响的产业进行排序。对关键行业的认识和排名有助于将有限的政府预算分配给正确的行业。在这方面，确定农业部门适应气候变化函数的挑战在于从短期经验证据过渡到气候变化与农业需求之间的长期定量关系。虽然这种定量关系难以评估，但我们参考当前主流气候—经济模型中使用的函数形式以及广泛的经验文献，确定了农业部门适应气候变化函数。广泛的经验文献认为，21 世纪气候变化的净效应可能表现为大幅增加粮食需求[12,153-155,160]。考虑到气候变化对粮食需求的非线性影响，参考诺德豪斯（Nordhaus）[156]在 DICE 模型中气候影响函数的形式，定义了农业部门的气候适应函数的形式和参数，本章假设温度上升对农业需求的影响定义为：

$$Agricultural_t = (1 + 0.06T + 0.01T^2)\overline{Agricultural_t} \quad (4-13)$$

其中，$Agricultural_t$ 表示在 t 时期的我国农业需求；T 表示温度变动幅度，$\overline{Agricultural_t}$ 表示在没有气候变化影响下 t 时期的农业需求。

农业生产对气候条件十分敏感，为了厘清气候变化对农业活动的影响，首先需要分析未来中国气候的发展情况。本章使用了 IPCC 第五次评估报告中 21 世纪末对气候变化的未来预测数据。IPCC 第五次评估报告提出了四种具有代表性的碳浓度路径（RCP2. 6、RCP4. 5、RCP6. 0 和 RCP8. 5），东亚地区预计的温度变化如图 4 – 1 所示。

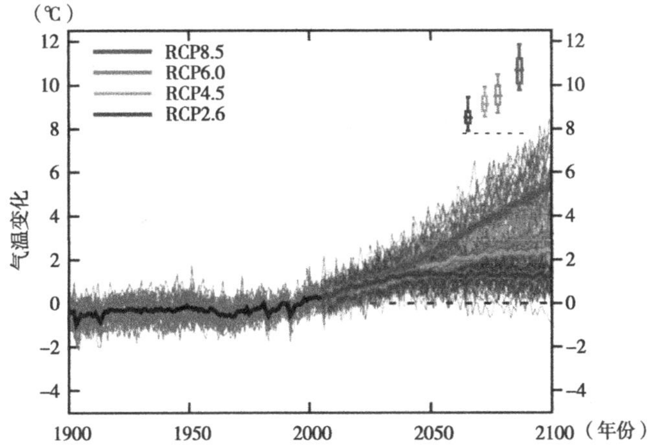

图 4 – 1　东亚气温变化

注：东亚地区（20°N ~ 50°N，100°E ~ 145°E）地表气温变化的时间序列模拟。细线代表每个气候模型的预测数据，粗线表示所有气候模型预测数据的平均值。图形右侧标注了四个 RCP 情景下的第 5、第 25、第 50（中位数）、第 75 和第 95 百分位数。

本章选取 RCP 2. 6、RCP 4. 5 和 RCP 8. 5 分别代表低气候变化情景、中气候变化情景和高气候变化情景对中国农业部门进行研究。基于 RCP 情景下对东亚地区的温度变化预测，利用多模式集合平均预估的结果显示，当全球升温 1. 5℃时，在低、中、高三种排放情景下，中国年平均温度将分别增加 1. 75℃、1. 83℃和 1. 88℃（见表 4 – 1）[13]。除华南和西南地区外，中国大部地区年平均降水量增加，增幅分别为 5. 03%、2. 82% 和 3. 27%。

表 4-1 三种气候情景下中国气温变化的未来预测

情景	全球升温 1.5℃阈值
RCP 2.6	+1.75℃
RCP 4.5	+1.83℃
RCP 8.5	+1.88℃

四、数据来源及处理

需要指出的是，本章旨在分析在一切照旧的环境下气候变化引起的农业需求增加对经济系统的综合影响及适应气候变化所需要的额外生产资源成本。换句话说，本章基于构建的不可操作投入产出模型所估计的结果是保持农业部门适应气候变化函数、经济增长和技术水平不变条件下的结果，该假设已在许多建模环境中被认可和使用[156]。如果上述假设变动可能会对本章的研究结果产生影响。气候变化会造成农业需求的增加，但由于气候影响函数的形式可能存在不确定性和地区异质性，虽然在上述章节中参考前人的研究对其函数形式进行了明确的定义，但是未明确区域之间气候变化的差异。该问题极具挑战性，目前也未有详细的文献对此进行深入的研究，这也是未来气候变化领域研究的重点。经济稳定假设是指经济系统在当前稳定的环境下，能够保证经济系统中各部门保持供需平衡。然而更高的经济增长意味着资本积累水平的变化，这可能会提高农业部门应对气候变化的能力。技术变化可以通过提高资本利用效率，能源使用等增加农业部门的供给，但由于技术进步可能会增加农业产生的环境问题，加剧气候变化的影响，这样反而会促进农业供给的减少，由于技术因素的不确定性，本章暂不作考虑。

本章以中国 2017 年投入产出表数据为基础，对我国投入产出表中的 17 个部门进行分析。由于本章仅涉及国内生产力的衡量，考虑的是国内生产力的变动，因此，在投入产出表处理中剔除了进口量对国内生产力的影响，对 17 个部门的原始数据进行处理，具体部门如表 4-2 所示。

表 4-2 投入产出表 17 部门详细划分情况

行业	描述
部门 1	农林牧渔产品
部门 2	采掘产品

续表

行业	描述
部门3	食品和烟草
部门4	纺织、服装、鞋及皮革羽绒制品
部门5	木材加工、家具、造纸印刷和文教工美用品
部门6	炼油、炼焦和化学产品
部门7	非金属矿物制品
部门8	金属冶炼、加工及制品
部门9	机械设备、交通运输设备、电子电气及其他设备
部门10	其他各类制造产品
部门11	电力、热力、燃气和水的生产和供应
部门12	建筑
部门13	批发零售、运输仓储邮政
部门14	信息传输、软件和信息技术服务
部门15	金融和房地产
部门16	科学研究和技术服务
部门17	其他服务

第三节 结果分析与讨论

一、不可操作性投入产出结果分析

假设农业系统遭受破坏，利用IIM计算各部门的不可操作性，可以直观地观察各部门经济脆弱程度。在IPCC的第五次评估报告中，RCP 2.6情景是一个低气候变化情景，我国温度增加1.75℃。在中国2017年投入产出表的基础上，运用第二节中阐述的IIM模型，探究气候变化适应对农业部门需求增长的影响以及由此导致对其他部门的影响。为了直观显示IIM模型的计算结果，在图4－2中说明了受影响最大的关键性部门的不可操作性情况。

如图4－2所示，在低气候变化情景（RCP 2.6）中，通过计算17个部门的不可操作性情况，各部门的不可操作行排名如下：第3部门（食品和烟草）、第6部门（炼油、炼焦和化学产品）、第11部门（电力、热力、燃气和水的生产和供应)、第2部门(采掘业)以及第13部门(批发零售、运输仓储邮政)。农业部门的需求扰动对第3、第6、第11、第2、第13部门的影响更大。农业部门需求扰动使这些部门更加脆弱,其功能下降的程度也更高。政府应该保护它们,并增强它们对农业部门需求扰动的抵抗力。但是总体上看,在RCP 2.6情景下,适应气候变化引起的社会对农业部门需求的增加对经济体系的影响相对较小。但这绝对不能忽略不计,因为部门不可操作性是一个相对变量,如果用对部门影响的绝对数值来表示,这将会是一个非常巨大的数字。

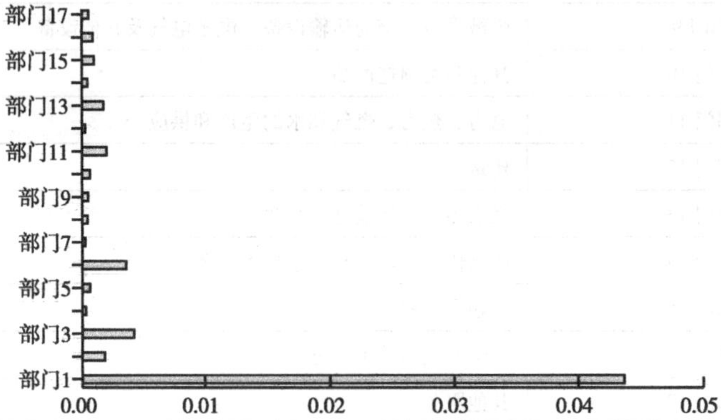

图4-2 各部门的不可操作性

如图4-3所示,在气候变化情景(RCP 4.5)中,气候变化引起农业需求增加时,受影响最大的5个部门依次为:第3部门(食品和烟草)、第6部门(炼油、炼焦和化学产品)、第11部门(电力、热力、燃气和水的生产和供应)、第2部门(采掘业)以及第13部门(批发零售、运输仓储邮政)。其中,农业部门的不可操作性为0.046,这表明在满足气候变化引起粮食需求日益增长时,农业部门的初始投入将面临4.6%的缺口。研究发现,随着温度的增加,对比图4-2,所有部门的不可操作性都出现明显的增长趋势,这说明农业部门需求扰动的增加对经济体系产生了显著影响,经济系统的稳定性出现明显的下降。

如图4-4所示,在中气候变化情景(RCP 8.5)中,农业部门不可操作性出现明显增加(0.048),这意味着要满足气候变化引起日益增长的粮食需求,农业部门的初始投入要增加4.8%。受农业部门需求扰动变动最大的部门为:第3部门(食品和烟草)和第6部门(炼油、炼焦和化学产品),其次是第11部门(电力、热力、燃气和水的生产和供应)、第2部门(采掘业)以

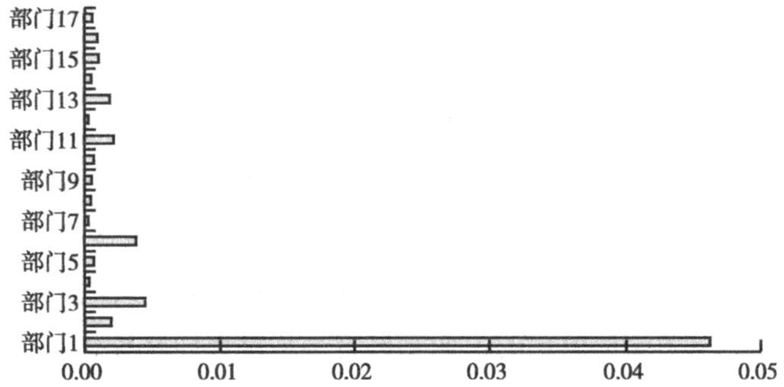

图4-3 各部门的不可操作性

及第13部门（批发零售、运输仓储邮政）。第3部门、第6部门和第2部门是农业产品的下游产业，代表农业部门的开发和利用。第11部门代表能源的利用。这说明资源的开发和利用与农业生产密切相关，更加凸显了农业的基础性地位。第13部门（批发零售、运输仓储邮政）是农业和农村经济发展的重要基础设施之一，具有广泛的辐射和强大的带动作用，对社会发展具有重要意义。作为国家基础设施建设，农业的发展对第13部门的发展具有重要的推动作用，由于受到农业生产和分布的限制，一旦运输系统短缺或中断，将会影响农业供应系统正常运作。上述研究结果表明，受农业需要扰动的影响，32%的部门将会遭受到严重影响，这些部门涉及基础设施部门、战略能源部门以及粮食供应部门，这些部门对国家经济的发展有着举足轻重的作用。因此，加强农业适应气候变化能力建设已迫在眉睫。

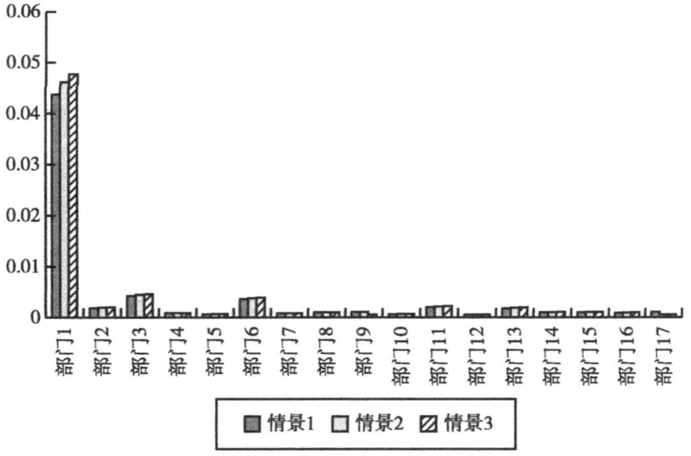

图4-4 三种情景下各部门的不可操作性对比

为了更直观地对比分析适应气候变化情景下，农业部门需求增加对其他经济部门的影响，图4－4展示了在RCP 2.6、RCP 4.5和RCP 8.5情景下，经济系统中17个部门的不可操作性。如图4－4所示，17个部门之间的行业不可操作性差异较大，影响主要集中在第3部门、第6部门、第11部门、第2部门、第13部门。一个有趣的现象是，在RCP 2.6、RCP 4.5和RCP 8.5情景下，各经济部门的不可操作性排名是相同的。这意味着适应气候变化对经济体系影响的关键部门路径是稳定的，而掌握这一关键部门路径，对于经济体系适应气候变化至关重要。

二、整体经济损失分析

为了详细分析气候变化导致农业部门需求增加对整个经济系统的影响，基于不可操作性投入产出模型，计算了各个部门的经济损失以及整体的经济系统不可操作性情况（见表4－3）。

表4－3　RCP 2.6、RCP 4.5和RCP 8.5情景的综合结果

气候情景	总体不可操作性
RCP 2.6	0.003
RCP 4.5	0.0034
RCP 8.5	0.0036

在RCP 2.6、RCP 4.5和RCP 8.5气候变化情景下，经济总体不可操作性值分别为0.003、0.0034和0.0036。与受影响较大的5个部门相比，整体经济不可操作性较低，研究表明掌握每个部门的影响程度对于制订高效率适应气候变化政策尤为关键。同时需要强调的是，虽然总体不可操作性的值看起来不大，但是对整个经济系统而言要引起足够重视。因为用绝对值表示的话，RCP 8.5气候变化情景下整体经济初始投入的缺口将高达280.79445亿元人民币。

图4－5计算了三种情景下，受农业部门影响的各个部门的经济损失，结果显示了食品和烟草的经济损失最大，其次是炼油、炼焦和化学产品和运输、仓储、邮政，以情景3为例，受农业部门需求扰动的影响，所有部门的联合经济损失为2807.9445万元，其中上述关键部门的经济损失为1904.0435万元，这些关键部门的损失占经济损失总额的70%左右。

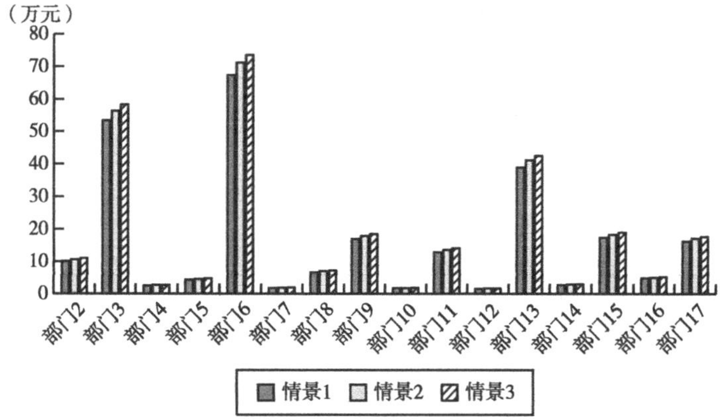

图4－5　三种情景下个部门的经济损失比较

与不同气候情景下各部门的不可操作性相比，气候变化适应导致整个经济系统的总体不可操作性相对较小，整个经济体系综合的不可操作性处于较低水平，但值得注意的是，由于不可操作性导致的经济缺口是无法忽视的。忽略上述研究结果，会导致政府政策制定的偏差，因为整体经济体系综合的结果掩盖了部门不可操作性的巨大差距。由于各经济部门之间的相互联系，各部门的高度不可操作性可能会导致整个经济体系的崩溃，这就需要我们采取一系列措施来防止这种悲剧的发生。

三、动态不可操作性投入产出结果分析

利用 DIIM，选取我国投入产出表中的 16 个部门进行可恢复性分析。由于计算量较大，本章省略了计算过程。通过 Matlab 计算得到 16 个部门的动态恢复轨迹曲线。

其中，X 轴表示周期，Y 轴表示不可操作性。假设每个时段每个板块都能恢复到初始不操作性的 0.1% 水平。研究结果表明，16 个部门的不可操作性随着时间的增加逐渐增加（增加率逐渐减少），达到峰值后逐渐减小（减少率逐渐降低），并趋近于零。如图 4－6 所示，在气候变化引起农业部门需求扰动后，即使其他 16 个部门没有受到气候变化的影响，它们也会因为与农业部门的相互依赖而产生不可操作性。从动态分析中可以看出，当每个周期的恢复能力为初始不可操作性的 0.1% 时，经济系统可能需要近 70 个周期才能恢复到初始状态。此时，经济系统达到平衡，经济恢复到原来的平衡状态。由此可

见，16 个部门之间的部门不可操作性差异较大。决策者可将研究结果应用于在保护方面优先考虑的部门，并了解减缓气候风险战略的效率。当 T≤12 时，曲线处于增长状态，众所周知，此时也是采取措施减少损失的最佳时间段。

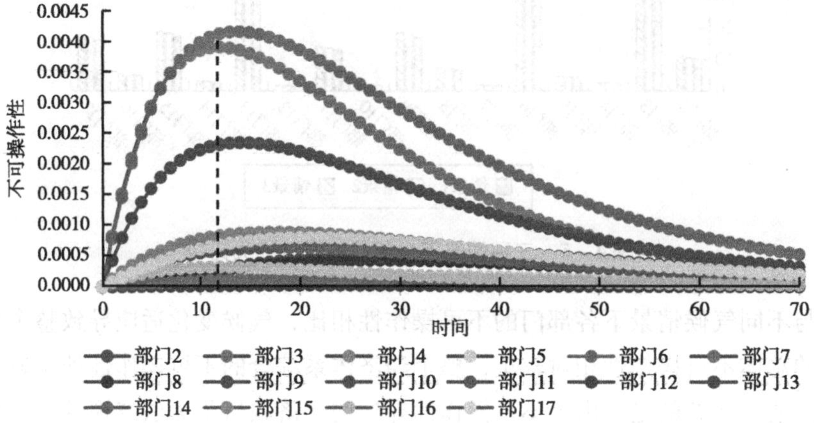

图 4－6　16 部门动态恢复轨迹曲线

如图 4－6 所示，处于动态恢复曲线排名前 5 部门为：第 6 部门（炼油、炼焦和化学产品）、第 3 部门（食品和烟草）、第 13 部门（批发零售、运输仓储邮政）、第 15 部门（金融和房地产）、第 17 部门（其他服务）。其中，第 6 部门具有最高的不可操作性极限，需要较长的时间恢复正常运行。研究表明，受农业需求扰动的影响，第 6 部门的脆弱性和可恢复性都是比较糟糕的。更重要的是，本章的研究发现最高的不可操作性极限部门与不同情景下的不可操作部门排名并不完全一致。因此，我们除了要关注特定情景下的关键部门之外，还要考虑各个部门的最高不可操作性极限。本章的研究有助于了解采取措施减少损失的最佳时间和期限，进而帮助决策者在最佳的时间点介入，及时对部门的供求进行调整。

四、讨论

通过上述分析研究发现，在 RCP 2.6、RCP 4.5 和 RCP 8.5 情景下，受农业需求扰动的经济系统整体的总影响并不是特别明显，但可以造成严重的经济损失。其中，第 3 部门（食品和烟草）、第 6 部门（炼油、炼焦和化学产品）、

第 11 部门（电力、热力、燃气和水的生产和供应）、第 2 部门（采掘业）以及第 13 部门（批发零售、运输仓储邮政）受气候变化适应性的影响要远大于其他部门。因此，可以认为这些部门是受农业变动影响经济系统适应气候变化最关键的部门。这些结果意味着，迄今为止，在研究发现的文献中经济系统总体影响可能小于其实际影响，因为经济系统的总体不可操作性已经被那些几乎没有受到影响的部门消除了。

在情景 3（RCP 4.5）的情景下，我国在 2017 年经济系统总体不可操作性为 0.0033，其中，第 1 部门（农业）的不可操作性为 0.044、第 3 部门（食品和烟草）的不可操作性为 0.0042、第 6 部门（炼油、炼焦和化学产品）的不可操作性为 0.0036、第 11 部门（电力、热力、燃气和水的生产和供应）的不可操作性为 0.002、第 2 部门（采掘业）的不可操作性为 0.0018 以及第 13 部门（批发零售、运输仓储邮政）的不可操作性为 0.00178。在情景 3 的条件下，经济整体存在 280.79445 亿元的经济损失需求缺口，这些关键部门的损失占经济损失总额的 70% 左右。这意味着，农业适应气候变化带来的需求波动不容小觑，特别是在受影响的关键部门中，它决定了在面对气候变化时，农业部门对整体经济体系安全性的影响。

最后，基于 DIIM 模型，本章计算了 16 个部门的动态恢复轨迹曲线，研究发现，恢复时间较长的前 5 大部门为：第 6 部门（炼油、炼焦和化学产品）、第 3 部门（食品和烟草）、第 13 部门（批发零售、运输仓储邮政）、第 15 部门（金融和房地产）和第 17 部门（其他服务）。其中，第 6 部门具有最高的不可操作性极限，需要较长的时间恢复正常运行。这与特定情景下的研究结果并不一致，我们需要更加关注各个部门的动态恢复轨迹曲线，进而决定采取措施减少损失的最佳时间和期限。

第四节

结论及政策建议

本章提出了一种系统方法来分析经济系统因气候变化造成农业需求扰动而产生的风险。由于整体经济系统中有着相互依赖性，必须考虑部门之间的相互联系。为了验证上述分析方法，本章基于三种气候变化情景（RCP 2.5、RCP 4.5 和 RCP 8.5）对中国农业需求侧变动进行了 IIM 分析。结果表明，适应气候变化可能对农业部门产出造成压力，进而对整体经济系统产生影响。随着气候的变化，农业部门的不可操作性增加。在情景（RCP 8.5）中，农业部门不可操作性为0.048，这意味着要满足气候变化引起日益增长的粮食需求，农业部门的初始投入要增加4.8%。更重要的是，在三种情景下，17个部门的经济系统的非可操作性排名相同，说明气候变化下农业部门需求影响的路径是稳定的。此外，研究发现，对经济体系的影响主要集中于个别的关键性部门，这些关键部门承受损失占总损失的70%，这说明农业需求变动带来的经济影响不可小觑，能否在这些部门调整供求关系是保持经济系统稳定的关键所在，也是制订适应气候变化战略的基础。为进一步分析16个部门的动态恢复情况，本章引入DIIM模型以离散时间的形式建立一个考虑时间因素的动态模型。研究结果表明，部门的动态恢复曲线排名与不同情景下的不可操作部门排名并不完全一致。因此，政策制定者不能仅仅依据某一个时间点对经济进行宏观调控，更需要依靠对整体的时间动态进行把控，以便制订适当的气候适应政策以确保经济体系的平衡。

综上所述，我们可以设想几种策略来减轻估计关键部门的不可操作性。根据部门不可操作性适时调整经济系统各部门之间的资源配置是所有其他方案的基础，同时也应该考虑到不同部门受到农业需求扰动后的一个动态平衡状态。政府可以成立应对气候变化基金或制订相应的机制，为这些不可操作性较高的部门获取和分配生产资源提供资金，以提高其供给能力，降低其因供需不平衡对整个经济体系的影响。同时，值得注意的是，根据DIIM模型的结果，政府可以把握市场介入的最佳时间，短时间内使整个经济部门迅速恢复正常运行，避免过晚介入市场而导致资源浪费。本章的研究目的是以相对清晰和结构化的方式推进农业部门应对气候变化这一重要而复杂问题的研究。如何更全面地了解气候变化对农业部门的影响机制仍是一个值得发掘的领域。

第五节

本章小结

气候变化对世界不同地区农业产生影响，农业部门通过气候变化影响了全球，也损害了整体经济系统的发展。本章旨在考察和探讨全球气候变化对中国农业部门的影响以及整体经济系统的影响。在Leontief投入产出模型基础上，引入非可操作性投入产出模型（IIM）以及动态非可操作性投入产出模型（DIIM）。从中国的投入产出表中整合了全部的17个部门，并计算了气候变化影响下每个部门的不可操作性和动态恢复轨迹曲线。通过分析其脆弱性和可恢复性来改善我国农业部门的经济脆弱性。结果表明，随着气候的变化，农业部门的不可操作性增加，在情景（RCP 8.5）中，农业部门不可操作性为0.048，这意味着要满足气候变化引起日益增长的粮食需求，农业部门的初始投入要增加4.8%。同时研究结果表明，气候变化对农业部门的影响会传递到其他经济部门。在不同浓度路径（RCP 2.6，RCP 4.5，RCP 8.5）情景下，所有部门的不可操作性排序是相同的，这意味着气候变化通过农业部门对经济系统影响的传导路径是稳定的，其中受影响最大的5个部门依次为第3部门（食品和烟草）、第6部门（炼油、炼焦和化学产品）、第11部门（电力、热力、燃气和水的生产和供应）、第2部门（采掘业）以及第13部门（批发零售、运输仓储邮政），这些关键部门承受影响占总影响的70%，这说明农业需求变动带来的经济影响不可小觑。DIIM模型研究结果表明，如果农业部门由于气候变动而突然出现需求变动，则第6部门具有最高的不可操作性极限，需要较长的时间恢复正常运行。

第五章

我国农业碳排放影响因素及空间溢出效应研究

上述章节明确了气候变化对农业产生的影响，以及其影响在经济系统中的传导路径。为了减缓农业生产对气候变化的影响，实现农业的可持续发展，需要了解不同省份农业碳排放的动态变化、农业碳排放的影响因素，从而分析不同地区的农业碳减排潜力，减少对气候变化的影响，进而降低气候变化对农业生产的影响。本章基于减排的视角，分析农业生产如何避免高碳排放，进而降低气候变化带来的不利影响。

第一节

引　言

农业减排是纳入国民经济、社会发展和长远规划的约束性目标[161-162]，是提高农业应对气候变化能力的重要途径，是实现农业可持续发展的重要环节[162]。如何控制农业部门的碳排放是一个复杂而重要的问题。

目前，对农业碳排放的研究主要集中在农业碳排放量及其驱动因素的计算上[163-164]。农业碳排放主要来自农田利用、稻田、畜禽肠道发酵和粪便管理。其中，农业用地碳排放量（农田生态系统碳排放量）占农业碳排放总量的34.29%[165]。为了探索农业可持续发展的路径，学者们对农业碳排放的影响因素做了大量的研究，涉及不同的国家和地区。但是，研究主要集中在平面数据上，侧重于对整体影响因素的分析，忽略了区域农业生产经营地理条件的趋同、人口流动，生产方式、技术推广与扩散和区域农业生产经营活动的相互影响、相互作用[161,166-167]。目前，采用短期面板数据定量分析我国农业碳排放的空间特征和驱动因素的研究较少，主要集中在省级层面的影响因素分析，或针对某一特定行业的研究，如蔬菜种植、果树种植等[161-162]。

常用的碳排放因子分解模型有 LMDI 分解法、Kaya 恒等式和 STRIPAT 模型[165-167,173]。多数研究发现，种植业增加值、农业增加值、地区生产总值、区域总人口和农村总人口、农业生产效率、农业产业结构、产业结构、区域经济发展水平、城市化等因素都会对农业碳排放产生影响[160-174]。目前文献对农业碳排放影响因素的分析主要集中在经济和人口的角度[163-164,171-174]。很少有学者从投入的角度探讨农业经济社会发展的隐性制约因素，忽视了技术进步、气候变化以及过度追求农业产出而导致农业碳排放增加的现象。通过对文献分析梳理，本章结合研究背景及其统计情况，从农业投入、农业生产、经济发展三个维度选取了合适的变量，以此为基础对我国农业碳排放影响因素及其空间溢出效应进行分析研究。

本章基于1999~2018年31个省区市的面板数据，通过构建空间经济模型探讨我国农业碳排放的影响因素及其空间溢出效应。研究主要解决以下几个问题：首先，微观层面上解决了农业碳排放数据获取的问题；其次，从空间角度分析了农业碳排放的空间分布情况，以及变量之间的空间自相性；最后，进一步研究了农业碳排放影响因素对农业碳排放的空间溢出效应。解决上述问题，对于减少跨区域农业碳排放、促进经济合作具有重要的理论和现实意义。

第二节 数据来源与计算

一、中国农业碳排放来源

讨论农业碳排放，首先要明确农业碳排放的来源以及主要排放源，农业活动向大气中排放大量的氮氧化物（N_2O）和甲烷（CH_4）气体[165]。从文献分析（见图5-1）可知，我国农业碳排放涉及农业活动、种植业以及养殖业。二氧化碳可以从农业活动中排放出来，尤其是工厂化农业生产方式。在农业生产过程中，土地和水的不合理利用、化肥的过度使用和能源利用，导致温室气体的高碳排放，这加重了农业生产对环境质量的影响。因此，本章的研究一部分聚焦于农业活动碳减排，重点分析了农业活动中农业投入对碳排放的影响。与以往研究不同，笔者认为尽管农作物的碳排放是不可避免的，但自然灾害导致农作物数量的减少、投入成本的增加，加剧了农业碳排放。因此，本章引入自然灾害面积作为影响碳排放的一个因素。

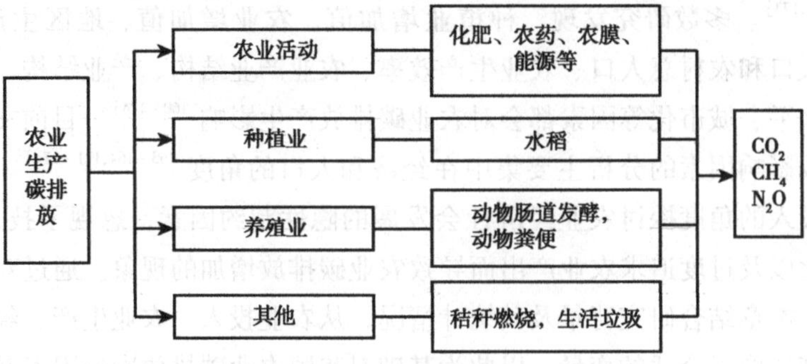

图 5－1　农业生产碳排放途径示意图

二、农业碳排放计算

根据 IPCC（2006），农业碳排放可以通过式（5－1）计算[173]：

$$C = \sum_{i=1}^{n} C_i = \sum_{i=1}^{n} T_i \delta_i \tag{5-1}$$

其中，C 代表农业碳排放量，C_i是不同的碳排放来源省份，T_i是不同碳排放来源，δ_i是不同碳排放来源的系数。

本章将农业碳排放来源划分为 3 个部分：农业生产活动碳排放、以水稻为例的农作物生产中 CH_4排放量以及畜禽 CH_4排放量。

通过式（5－2）估算农业生产活动的碳排放量：

$$C_a = \sum_{i=1}^{n} W_i \varepsilon_i \tag{5-2}$$

其中，C_a为农业生产活动产生的碳排放，W_i为化肥、农药、农用塑料薄膜、农用柴油的消耗量和灌溉面积，ε_i为相应系数，如表 5－1 所示。

表 5－1　　主要农业生产活动碳排放系数

碳排放来源	碳排放因子	文献来源
化肥	0.8956 kg c/kg	West 和 Marland（2002）[173]
农药	4.9341 kg c/kg	Yun 等（2014）[52]
农业灌溉	266.48 kg c/hm^2	段华平等（2011）[171]
农业柴油	0.5927 kg c/kg	Han 等（2018）[176]
农业塑料薄膜使用	0.8956 kg c/kg	Wen 等（2019）[173]

水稻种植产生的甲烷是种植业的主要碳排放来源。水稻主要涉及早稻、中

稻和晚稻。本章选择水稻作为研究对象，水稻排放系数参考文献 Han[176]等，通过式（5-3）可计算不同水稻生长中产生的碳排放：

$$C_r = \sum_{i=1}^{n} N_i \mu_i \qquad (5-3)$$

畜牧业的 CH_4 排放主要来自动物粪便形成后经肠胃发酵而成。在中国主要的畜牧业包括牛、骡子、马、骆驼、驴、猪、羊和家禽。本章根据 IPCC（2006）和雯等（2019）[173]研究的不同畜牧业排放系数，利用式（5-4）对 8 个畜牧业的 CH_4 排放进行了估算（系数见表 5-2）。

$$C_r = \sum_{i=1}^{n} S_i \gamma_i \qquad (5-4)$$

其中，S_i 为不同牲畜的量，γ_i 为相应家畜的排放系数。

最后，根据质量平衡法，通过式（5-5）对排放的甲烷进行了碳转化。

$$CO_2 = C \times \frac{44}{12} \qquad (5-5)$$

表 5-2　各种家畜 CH_4 排放系数　单位：kg/head

来源	家禽	羊	猪	驴	骆驼	马	骡子	牛
肠道发酵	0	5	1	10	46	18	10	59.7
粪便发酵	0.02	0.16	3.5	0.9	1.92	1.64	0.9	8.75

资料来源：IPCC（2006）和 Wen 等[177-178]。

考虑到数据的可获得性以及数据的质量，本章计算了我国 31 个省区市 1999~2018 年的平面数据。原始数据主要来自《中国统计年鉴》《中国农业年鉴》《中国农业资料汇编》《中国农村年鉴》以及各省区市的农业统计年鉴。通过计算可得出 1999~2018 年我国农业活动、农作物生产以及牲畜所产生的碳排放，计算结果如图 5-2 所示。

由图 5-2 可以看出，我国碳排放演变特征呈现出“平稳—波动—稳定”的变化轨迹。首先，目前来看，我国的农业碳排放还未达到峰值，2008 年以后碳排放平稳增长。上述统计结果显示：从 2008 年美国的次贷危机发生以来，美国的需求锐减已经导致了珠三角大批企业破产，我国大量的农民工失业并返乡从事农业生产。人口流动导致农业生产活动增加引起 2008 年碳排放增加[32]，因此，以下把城镇化水平作为影响农业碳排的影响因素之一。其次，研究发现中国农业碳排放的变动趋势主要有水稻生长碳排放和牲畜活动碳排放决定。统计结果显示，目前中国农业碳排放出现两个拐点：第一拐点在 2003

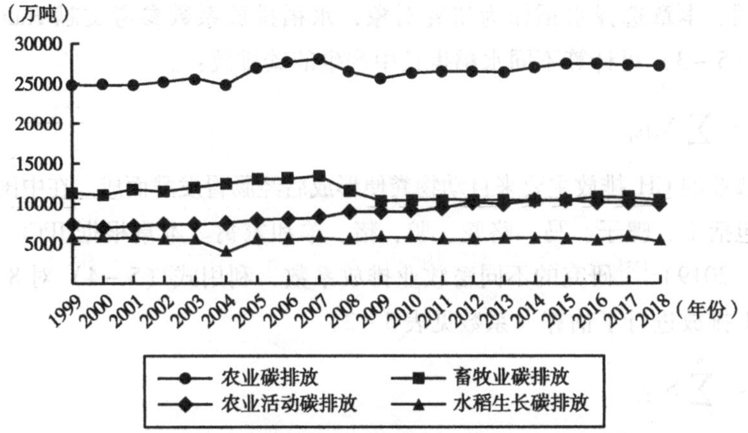

图 5-2 我国农业碳排放

年，由水稻碳排放减少造成了总体碳排放的减少，2003 年由于气候异常导致稻纵卷叶螟在我国爆发，给我国的水稻生产造成了严重的损失，导致了水稻的大幅度减产以及碳排放量的突变，基于此，本章引入自然灾害程度衡量农业变动情况[24]。第二个拐点是 2007 年，由于畜牧业碳排放降低导致我国农业碳排放的减少。2003 年末以来，高致病性 H5N1 禽流感呈现前所未有的暴发，席卷整个亚洲、部分欧洲国家，2005 年禽流感在我国大面积传播，导致我国 2006 年家禽养殖的大幅度下降，我国 2006 年农业碳排放大量减少[29-30]。2006 年以后，中国农业活动和水稻生长的碳排放逐渐增加，牲畜业逐年减少，这主要与中国饮食结构变动有关[31-33]。饮食结构的变动使我国农业碳排放结构发生了改变，主要以农作物和农业活动增长、牲畜碳排放减少为主[31-36]。因此，本章引入种植业占农业产值的比重衡量农业碳排放的变动。

建立完善合理农业减排目标体系，才能有效保障农业减排目标的实现。综上所述，城镇化率、农业自然灾害面积、农业结构变动都会导致我国农业碳排放的变动，上述统计结果再次证明了本章影响因素选择的合理性。

最后，本章进一步对碳排放的来源进行了细分，由图 5-3 可以看出，我国农业碳排放主要来源是畜牧业以及农业活动碳排放，占总体碳排放的 80% 左右。畜牧业碳排放主要来源是肠道发酵和粪便发酵，两部分随着畜牧业规模的增加而增加，农业活动碳排放的主要集中于化肥和柴油利用两个部分。研究结果表明，我国的农业粗放型发展的特征依然明显，如果无法转变农业生产方式，中国农业碳排放仍会持续增长。

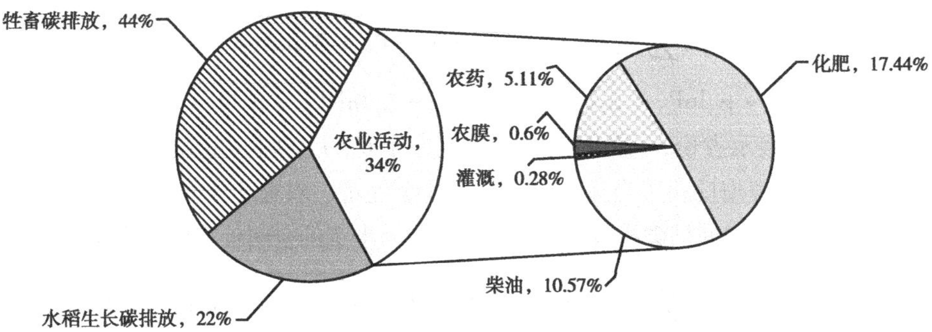

图5－3　1999～2018年各碳源排放量平均占比

第三节

空间模型构建

一般来说，空间数据具有空间相关性和空间自相关特性。在碳减排政策制定过程中，如果忽视碳排放转移的空间特征及其潜在影响，将降低研究的可靠性。为了反映空间对象的关联属性，本章利用 Paas 和 Schlitte 提出的空间距离权重矩阵 W_{ij}来反映空间对象的关联属性[179]，采用简单的二进制 0～1 为空间权重矩阵 W_{ij}，建立了研究范围的空间权重模型。

$$W_{ij}=\begin{cases}1，当区域\ i\ 与区域\ j\ 相邻时\\0，当区域\ i\ 与区域\ j\ 不相邻时\end{cases} \tag{5-6}$$

如果两个区域相邻，则对应的权重元素值为 1；如果这两个区域不相邻，则对应的元素值为 0[177]。最终将数据标准化，使其元素的和为 1。

农业碳排放受经济发展、能源消费结构、农业产业结构、城乡结构、技术进步等多种因素的影响。参考已有的研究文献，考虑到每个省区市之间土地与人口规模之间的差异，本章从农业投入、社会经济和农业生产情况三个维度选取影响因素作为解释变量。其中，农业投入包含农村用电情况（E）、人均机械化作业水平（DL）、施肥总量（F）；社会经济涉及人均农业生产总值（AGDP）、农业产值比重（P）、城镇化水平（U）；最后利用受灾面积（A）衡量农业生产情况。上述分析中我们计算出了各省区市的农业碳排放（CO_2），并以此为因变量。考虑到偏态分布，所有变量在输入模型前都进行了对数变换，随后采用空间面板数据模型，对影响中国农业碳排放的因素及其空间溢出效应进行了估计，这些变量的描述性统计分析见表 5－3。

$$\ln CO_{2it} = \alpha + \beta_0 \sum_{j=1}^{n} W_{ij} \ln CO_{2it} + \beta_1 \ln AGDP_{it} + \beta_1 \ln AGDP_{it} + \beta_2 \ln E_{it} + \beta_3 \ln P_{it} + \beta_4 \ln U_{it} + \beta_5 \ln A_{it} + \beta_6 \ln DL_{it} + \beta_7 \ln F_{it} + \varphi_{it} \quad (5-7)$$

其中，i 表示省份，t 表示时间。W_{ij}是一个 0 ~ 1 空间权重矩阵。

空间杜宾模型反映了当地农业投入、社会经济、农业生产情况对碳排放的影响，以及变量间区域碳排放的空间溢出效应。本章的空间杜宾模型构建如下：

$$\begin{aligned} \ln CO_{2it} = {} & \alpha + \beta_0 \sum_{j=1}^{n} W_{ij} \ln CO_{2it} + \beta_1 \ln AGDP_{it} + \beta_2 \ln E_{it} + \beta_3 \ln P_{it} + \beta_4 \ln U_{it} \\ & + \beta_5 \ln A_{it} + \beta_6 \ln DL_{it} + \beta_7 \ln F_{it} + \varphi_{it} + \sigma_1 \sum_{j=1}^{n} W_{ij} \ln CO_{2it} \\ & + \sigma_2 \sum_{j=1}^{n} W_{ij} \ln AGDP_{it} + \sigma_3 \sum_{j=1}^{n} W_{ij} \ln E_{it} + \sigma_4 \sum_{j=1}^{n} W_{ij} \ln P_{it} + \sigma_5 \sum_{j=1}^{n} W_{ij} \ln U_{it} \\ & + \sigma_6 \sum_{j=1}^{n} W_{ij} \ln A_{it} + \sigma_7 \sum_{j=1}^{n} W_{ij} \ln DL_{it} + \sigma_8 \sum_{j=1}^{n} W_{ij} \ln F_{it} + if_{it} + tf_{it} + \varepsilon_{it} \end{aligned} \quad (5-8)$$

其中，W_{ij}为空间权重矩阵，β_0为自变量的待估参数向量，β_1，…，β_6为因变量的空间滞后系数，σ_1，…，σ_6为自变量的空间回归系数，if_{it}和 tf_{it}分别代表空间效应和时间效应，ε_{it}为服从独立同分布的随机误差项。当$\sigma_1 = \sigma_6 = 0$、$\beta_0 \neq 0$ 时，式（5－8）为空间面板误差模型（SPLM 模型）；当 $\sigma_4 + \beta_0\beta_i = 0$ 时，式（5－8）为空间面板滞后模型（SPEM 模型）。

表 5－3　　　　变量描述性分析

类别	变量	单位	观测数量	最小值	最大值	1999 ~ 2018 年均值	标准差
因变量	农业碳排放量（CO_2）	万吨	589	42.1	2238.42	846.86	534.35
农业投入	人均机械总动力（DL）	万千瓦/人	589	91.5	13353	2507.653	2577
	施肥总量（F）	万吨	589	2.5	716	163.78	135.287
	用电量（E）	亿千瓦时	589	0.2	1869.3	175.19	293.4661
社会经济	人均农业生产总值（AGDP）	万元/人	589	0.0371	1.0342	0.246	0.165
	农业产值比重（P）	%	589	0.003885	0.379108	0.13516	0.072145
	城镇化水平（U）	%	589	0.1683	0.896	0.46785	0.162074
农业生产状况	受灾面积（A）	千公顷	589	0	7394	1302.926	1127.39

第四节

模型检验

为了控制因变量的空间自相关效应，准确检验影响因素及其空间溢出效应，本章采用空间面板数据模型。与一般面板数据模型相比，空间面板数据模型考虑了空间依赖和空间溢出等空间效应。相比于横截面的计量模型，空间面板数据可以捕捉空间单元的个体的一致性，进而有效地避免变量的丢失和估计错误。

在进行分析之前，首先对解释变量进行了多重线性检验，结果如表5-4所示，所有变量之间的方差膨胀因子（VIF）值均小于10，说明变量之间不存在共线性的问题。此外，由于面板数据的回归，可以降低多重共线性的问题，使参数估计更加有效。

表5-4　变量共线性检验

变量	VIF
人均机械总动力（lnDL）	4.36
农业生产总值（lnAGDP）	1.45
施肥总量（lnF）	4.94
农村用电量（lnE）	1.45
受灾面积（lnA）	1.45
农业产值比重（lnP）	2.72
城镇化水平（lnU）	2.79
平均 VIF	2.73

在利用空间模型之前，为了验证在普通面板数据模型中引入空间效应的合理性，本章采用空间拉格朗日检验方法对模型的可操作性进行验证。本章考虑1999~2018年农业碳排放影响空间因素的模型，分析检验结果表明（见表5-5），采用无固定效应模型、空间固定效应模型和时间固定效应模型计算结果显著，说明数据样本中存在空间效应。因此，研究选择空间面板模型优于不存在空间效应的传统面板数据模型，应该使用空间计量模型来捕捉影响省级农业碳排放因素的空间相关性。

表 5-5　　非空间面板模型估计结果及 LM 检验

变量	混合估计模型	个体固定效应模型	时刻固定效应模型	随机效应模型
lnAGDP	0.33 (***)	0.2 (***)	0.36 (***)	0.19 (***)
lnF	0.27 (***)	0.05 (***)	0.26 (***)	0.077 (***)
lnE	0.13 (***)	-0.06 (***)	0.13 (***)	-0.02
lnP	0.23 (***)	0.048 (***)	0.18 (***)	0.085 (***)
lnU	-0.93 (***)	-0.07 (***)	-1.08 (***)	-0.09 (***)
lnA	0.03 (***)	0.00	0.03 (*)	0.004
lnDL	-0.01	0.11 (***)	-0.04 (*)	0.1 (***)
_cons	4.75 (***)	6.7 (***)	4.6 (***)	6.5 (***)
R^2	0.80	0.88	0.92	0.65
Adj-R^2	0.80	0.88	0.90	0.62
LM spatial lag	40.2 (***)	16.8 (***)	38.6 (***)	0.30
Robust LM spatial lag	38.6 (***)	0.09	39.65 (***)	0.40
LM spatial error	3 (***)	0.08	39 (***)	1.00
Robust LM spatial error	50 (***)	0.09	42 (***)	1.00

注：* 表示在 10% 显著性水平上存在趋势，*** 表示在 1% 显著性水平上存在趋势。

第五节

空间相关性和空间权重度量

空间相关性的概念是指变量值在地理空间上的相关性，表示观测值在空间上的相互依赖性。空间自相关分析用于验证所选样本是否存在空间自相关。本节使用全局 Moran's I 检验农业碳排放及其影响因素的空间相关性。全局 Moran's I 计算公式如（5-9）所示，全局 Moran's I 取值范围在 -1 和 1 之间。计算结果越接近 1 表明空间聚类区是越明显的，越接近 -1，说明空间内存在较多离散分布趋势。

$$\text{GlobalMoran's I} = \frac{n\sum_{i=1}^{n}\sum_{j=1}^{n}W_{ij}(x_i-\bar{x})(x_j-\bar{x})}{\sum_{i=1}^{n}\sum_{j=1}^{n}W_{ij}\sum_{i=1}^{n}(x_i-\bar{x})^2} \quad (5-9)$$

其中，n 为空间数量，W_{ij} 表示标准化的空间连接矩阵，x_i 和 x_j 分别代表空间 i 和 j 指数。

作为一个单一的值，全局 Moran's I 可以反映空间邻接或空间邻近的区域单元观测值整体的相关性和差异程度，代表了所有城市的空间依赖性。空间依赖性可能因地理位置不同而不同，特别是在中国，因为中国有很大的区域差异。

如图 5-4 所示，1999~2018 年我国省级农业碳排放的 Moran's I 值均大于 0 且显著，表明我国省级农业碳排放存在自相关关系，且显著空间正自相关。全局 Moran's I 的值大于零，表明农业碳排放高的地区（高—高组的省份）倾

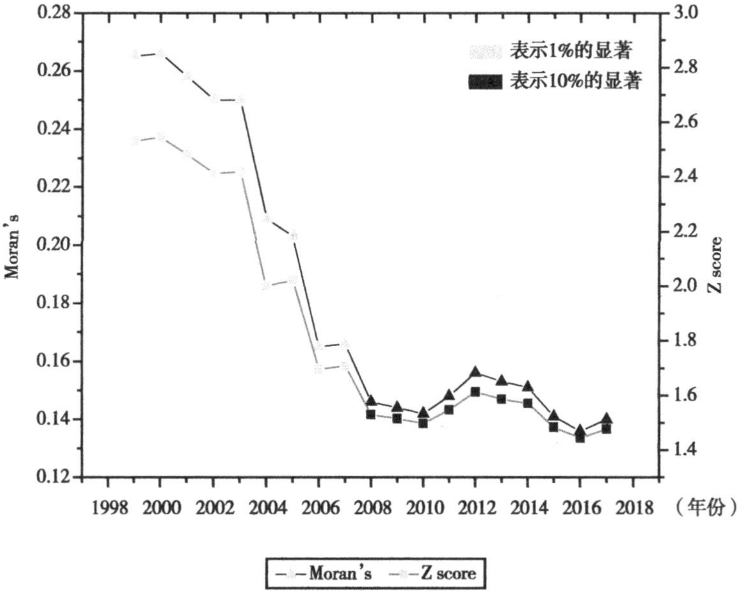

图 5-4　我国农业碳排放全局 Moran's I 指数

向于分布在一起，与低排放地区（低—低组的省份）分布相似。1999～2018年，全局 Moran's I 下降，表明中国农业碳排放的凝聚趋势减弱。总体而言，空间自相关检验结果表明，有必要构建空间面板数据模型来测度影响因素及其空间溢出效应。

2018 年所选变量的 Moran's I 散点分布，表示不同单元的自相关性，如图 5－5 所示。每个象限代表不同的聚类类型：第一象限 HH 表示被相似点包围的高值点；第二象限 LH 表示被高值点包围的低值点；第三象限 LL 表示被相似点包围的低值点；第四象限 HL 表示被低值点包围的高值点。Moran's I 散点图表明，空间自相关性影响因素高低排序为 U > E > P > DL > F > A > AGDP，其中省级农业碳排放的 Moran's I 值为 0.1304。上述结果表明，城市发展水平空间溢出效应最高，其次为农业发展现状空间溢出效应，农业经济发展空间溢出效应最低，且大多数点集中在 HH 和 LL 簇中，说明我国农业碳排放影响因素在空间上呈现两级聚集的现状。

Moran's I 的第二种形式为局部 Moran's I（也称为空间关联的局部指标），是研究区域内此类变化的局部指标：

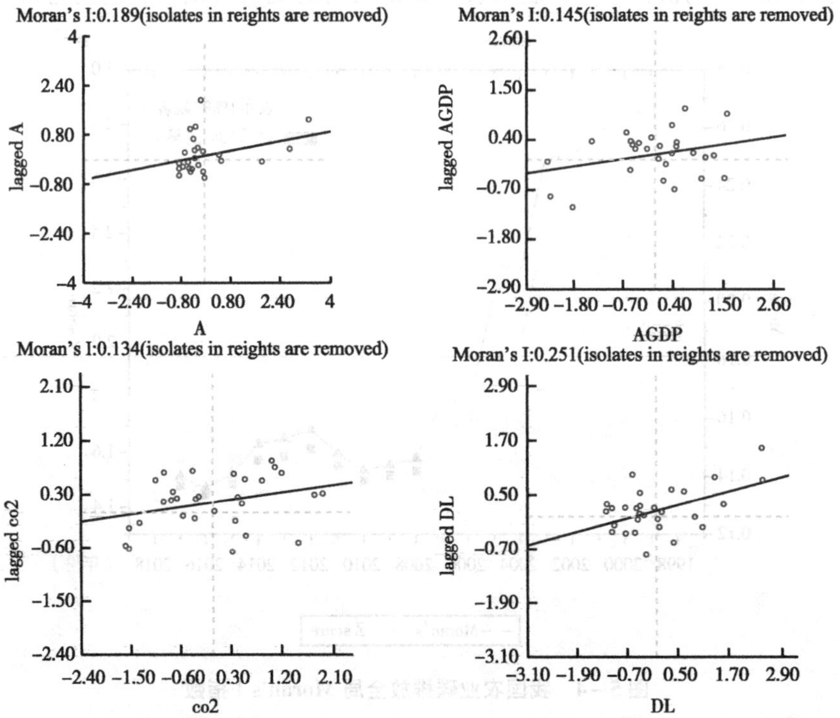

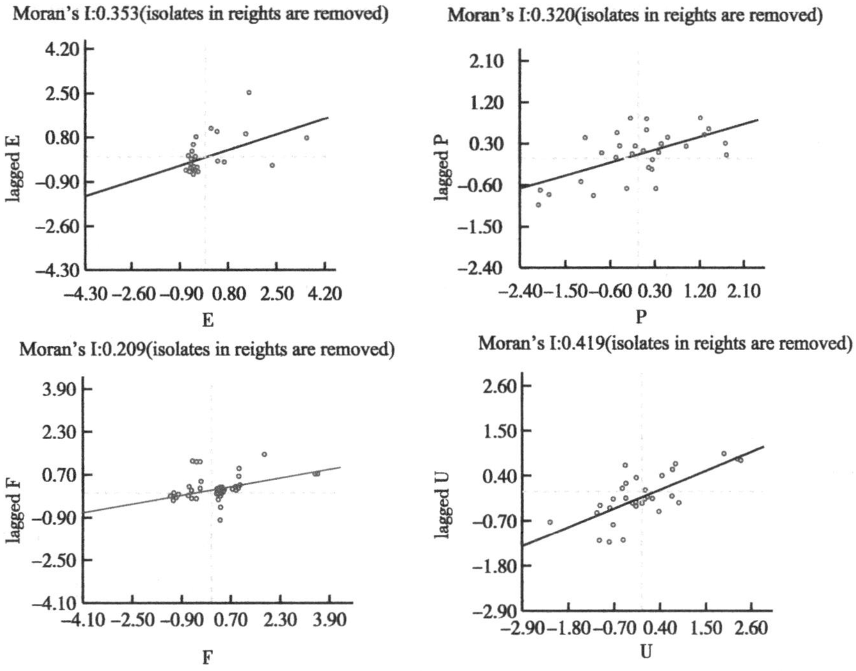

图 5－5　中国省级农业碳排放及影响因素全局莫兰指数散点

$$LISA_i = \frac{(x_i - \bar{x})}{m_0}\sum_j W_{ij}(x_j - \bar{x}), m_0 = \sum_j W_{ij}(x_i - \bar{x})/n \qquad (5-10)$$

其中，变量含义与式（5－9）相同，求和 j 的运算仅限于 i 的周围区域，局部 Moran's I 将全局 Moran's I 分解为每个位置的贡献，其意义与全局 Moran's I 相似。

为了更直观地刻画各变量的空间聚类格局，根据 LISA 地图，对于省级农业碳排放而言，2018 年中国 0.75% 的省区市处于 H－H 的簇中，分别为江苏、安徽、湖北。此时，省级农业碳排放高，相邻区域的碳排也较高。贵州处于 L－H 的簇中，尽管贵州农业碳排较低，但其相邻省区市农业碳排放较高，由于贵州是一个没有平原支撑的山区农业省份，由于地理位置的特殊性，周围高排放的省区市并不会影响贵州农业碳排放。上述结果证明了我国农业碳排放之间存在的空间溢出效应。

根据 LISA 聚类图，自变量中 H－H 地区有 39 个数据点（占总数据的 49%）（自变量对这些区域及邻近区域的影响都比较高）。位于 H－H 地区的数据点主要集中于黄淮海农业区、长江中下游农业区、东北农业区和西南农业区，这些农业产区以平原为主，对我国粮食产量贡献率高达80%左右。其次26%的地区处于L-L象限，主要集中在新疆以及西北各省区市，这些区域现代化水平与经济发展较为落后，因此这些点和邻近地区的数据都较低。这意味着中国各省区市农业碳排放影响因素呈现出“双赢”或“弱—弱”联盟的区域关联模式，互补的区域关联模式较少出现。第二和第四象限分别为L-H和H-L。数据分布点中有15%的省区市处于L-H象限，主要集中于贵州、山西、安徽、吉林、青海以及河北。这些区域的邻近区域主要为沿海各省市以及北京等发达城市，处于L-H各区域省区市影响因素呈现明显的带动效应。

第六节

空间计量效应分析

通过豪斯曼统计值（Hausman）检验为每个模型选择随机效应模型或固定效应模型。为了进一步验证模型选择的结果，分别对GPM、SAR、SAC、SEM、和动态SDM五种模型的显著性进行了比较。其空间面板数据模型的估计结果，如表5-6所示。试验结果表明，对于GPM模型、SAR模型和SAC模型，固定效应模型比随机效应模型更适用，而对于SEM模型，随机效应模型比固定效应模型更有效。经检验SDM模型中豪斯曼统计值为-7.81小于0，故可以接受随机效应的原假设。同时，由于SDM模型总体上R^2 within估计值高于其他模型，可以认为是一个相对拟合较好的回归模型。因此，在接下来的分析中，主要根据SDM随机效应模型的估计结果来解释影响因素。

表5-6　　空间面板数据模型的估计结果

Variable	GPM（FE）	SAR(FE)	SEM（RE）	SAC（FE）	SDM（RE）
lnAGDP	0.15 （***）	0.118 （***）	0.16 （***）	0.16 （***）	0.15 （***）
lnF	0.05 （***）	0.045 （***）	0.05 （***）	0.038 （***）	0.041 （***）
lnE	-0.011	-0.06	-0.0164	-0.017 （*）	-0.012
lnDL	0.1 （***）	0.08 （***）	0.1 （***）	0.1 （***）	0.086 （***）
lnA	-0.005	-0.0041	-0.005	-0.0046 （*）	-0.004

续表

Variable	GPM（FE）	SAR(FE)	SEM（RE）	SAC（FE）	SDM（RE）
lnP	0.08 （***）	0.058 （***）	0.076 （***）	0.06 （***）	0.03 （*）
lnU	-0.024	-0.02	-0.024	-0.008	-0.04 （*）
constant	6.8 （***）		6.63 （***）		3.6 （***）
lag lnA					0.011
lag lnP					-0.18 （***）
lag lnE					-0.18 （***）
Statistics					
R^2 between	0.6	0.32	0.6	0.52	0.13
R^2 overall	0.6	0.3	0.52	0.5	0.13
R^2 within	0.31	0.3	0.3	0.3	0.4

注：*表示在10%显著性水平上存在趋势，***表示在1%显著性水平上存在趋势。

一、直接影响分析

表5-7计算了影响中国省级农业碳排放的影响因素，结果表明，AGDP、F、E、U、DL的直接平均效应系数分别为0.16、0.043、-0.04、-0.041以及0.1。结果表明，当AGDP、F、DL增加1%时会使农业碳排放增加0.16%、0.044%、0.1%。从弹性的大小可以推断，AGDP增长是农业碳排放的直接驱动因素，其次是DL。尽管农业化肥使用量对农业碳排放有一定的促进作用，但是与前两者相比作用较小。

与前述变量效用相反，农村用电量以及城镇化水平在1%的显著水平上对农业碳排放的直接效应为-0.04。数据表明，当电力水平和城镇化水平增加1%时，农业碳排放将会减少0.04%，农业电力使用的增加和人口向城市聚集程度增加可能会直接抑制我国农业碳排放。模型结果表明，增加农村电力供给，加速乡村社会到城市社会的转型是有效降低农业碳排放的途径。

表 5 - 7　　解释变量的直接、间接和总效应

变量		SDM（RE）	SAC（FE）	SAR(FE）
lnAGDP	平均直接效应	0.16 （***）	0.16 （***）	0.13 （***）
	平均间接效应	0.14 （***）	-0.05 （***）	0.114 （***）
	平均总效应	0.32 （***）	0.12 （***）	0.24 （***）
lnF	平均直接效应	0.043 （***）	0.04 （***）	0.047 （***）
	平均间接效应	0.04 （***）	-0.01 （***）	0.042 （***）
	平均总效应	0.083 （***）	0.03 （***）	0.09 （***）
lnE	平均直接效应	-0.04 （***）	-0.016	-0.033 （***）
	平均间接效应	-0.33 （***）	0.0046	-0.03 （***）
	平均总效应	-0.37 （***）	-0.012	-0.066 （***）
lnDL	平均直接效应	0.1 （***）	0.1 （***）	0.088 （***）
	平均间接效应	0.08 （***）	-0.03 （***）	0.078 （***）
	平均总效应	0.18 （***）	0.07 （***）	0.166 （***）
lnA	平均直接效应	-0.003	-0.0046	-0.0044
	平均间接效应	0.017	0.0013	-0.0041
	平均总效应	0.014	-0.0033	-0.0085
lnP	平均直接效应	0.008	0.063 （***）	0.065 （***）
	平均间接效应	-0.3 （***）	-0.02 （***）	0.06 （***）
	平均总效应	-0.29 （***）	0.043 （***）	0.125 （***）

续表

变量		SDM（RE）	SAC（FE）	SAR(FE)
lnU	平均直接效应	-0.041 （*）	-0.01	-0.0225
	平均间接效应	-0.34	0.0029 （***）	-0.02
	平均总效应	-0.075 （*）	-0.0071	-0.04

注：* 表示在10%显著性水平上存在趋势，*** 表示在1%显著性水平上存在趋势。

解释变量的系数估计值和平均直接效应估计值之间的差异表示了通过邻近省份并返回到原省份本身的效应所产生的反馈效应。由于反馈效应的存在，解释变量的直接影响与其系数估计有所不同。其中，E 的反馈效应为 -0.14，这意味着，E 的增加不仅会降低其所在省份的农业碳排放，与其相邻的省份之间产生互动，对原省份产生负的反馈效应。U 的反馈效应为0.001，说明城镇化率的增加会降低其所在省份的农业碳排放，但与其相邻的省份之间产生互动会对原省份产生正反馈效应。

二、总效应和空间溢出效应分析

与平均直接效应和估计系数相比，平均总效应能更全面地反映影响因素的实际效应。AGDP、F、DL 分别对农业碳排放的正向总影响为0.32、0.0083、0.18。与之相反，变量 P、E、U 对农业碳排放具有抑制作用，其系数分别为 -0.29、-0.37、-0.075。其中，P 的平均总效应主要来源于空间溢出效应，U 的平均总效应主要来自平均间接效应。由于计算结果受空间溢出效应的影响，因此，直接利用表5-5 的估计系数进行分析，很可能会导致影响因素计算结果出现偏差。基于此，需要进一步计算变量之间的总效应、直接影响和间接影响。在我们所探究的影响因素中，人均农业生产总值是农业碳排放的主要驱动因素。考虑到人口因素，随着社会经济的持续增长，人均农业生产总值的增加，中国的农业碳排放将不可避免地继续增长。AGDP、F、DL 的空间溢出效应为正（在1%的显著水平上），说明该省份的 AGDP、F、DL 的增加不仅会促进本省份的农业碳排放的增长，还会促进邻近省份农业碳排放的增加。

在两个总效应为负的因素中，农村用电量的系数最大（-0.37），通过数据调查可知，中国新能源发电量占比由2000年的17.8%增加到2017年的30%左右，中国农业活动主要以电力和能源为主，因此，可再生能源发电量的增加，可以间接降低农业碳排放，同时研究表明，农村用电量的总效应主要来源于空间溢出效应，说明该省份农村用电量的增加对本省的碳排放减少效用低于对相邻省份的碳排放减少的效用。其次为农业产值比重（-0.29），这表明虽然农业经济发展会促进农业碳排放，但增加调整农业产值比重有助于降低碳排放，其影响通过溢出效应表现。该研究再次证实了农业经济结构的碳减排效应。因此，我们应该充分发挥农业经济结构的减排效用，对于东部发达地区而言，农业占比较低，应进一步减少传统农业比重，将农业发展集中于更具有比较优势的中西部地区，同时加强各省区市农业发展的分工协作和农业产业基础设施的配套，因地制宜地发展优势特色农业产业。城镇化水平的增加可以降低农业碳排放，主要通过直接效应对农业碳排放产生影响。由于农村人口的流动造成了农业务农人员的减少，化肥、农药等农业生产物质投入使用量增长放慢或者出现负增长，因此，导致了农业碳排放的减少。研究表明，提高城市化水平是减少当地农业碳排放最有效的途径。

第七节

结论以及政策建议

作为二氧化碳排放量较多的部门之一，农业部门有责任减少农业碳排放，实现农业可持续发展。对二氧化碳排放的影响识别是实现农业减排的重要途径。一些研究证明了经济因素对农业排放的影响，特别是在发展中国家。然而这个研究并未充分考虑不同因素在空间和时间上的影响。对农业投入、经济发展、农业生产等因素的识别是寻找减少二氧化碳排放、实现可持续发展目标的第一步。为了准确估计农业投入、经济发展、农业生产三个方面因素对农业碳排放影响的显著性，本章基于GPM、SAR、SEM、SAC和SDM五种模型，以1999~2018年中国31个省区市的空间面板数据为基础，严格按照模型规范，计算了影响中国农业碳排放的空间因素。研究结果表明，中国各省区市农业碳排放影响因素呈现出“双赢”或“弱—弱”联盟的区域关联模式，互补的区域关联模式较少出现。空间计量结果表明，人均农业生产总值、施肥总量、人均机械总动力均对农业碳排放有正向影响，其系数分别为0.32、0.0083、

0.18。从弹性的大小可以推断，人均农业生产总值增长是农业碳排放的主要驱动因素，虽然施肥总量在一定程度上能促进碳排放，但与前两者相比，作用相对较小。与之相反，农业产值比重、农村用电量、城镇化水平均对农业碳排放具有抑制作用，其系数分别为 -0.29、-0.37、-0.075。其中，农村用电量、农业经济结构的减排效用显著，且存在明显空间溢出效应，人口流动也可以直接影响农业减排。从短期看，加强环境保护可能给一些地方的经济发展带来一定压力，但为了实现高质量发展，必须从根本上解决环境污染问题。因此，农业的发展应该把经济和环境结合起来。

基于以上结论，给出以下政策建议：

农业碳排放空间自相关的显著性意味着减排决策单元应由区域内扩展到区域间，区域间的联合决策是实现区域整体减排目标的有效途径。从理论的角度来看，在评价碳排放水平时，跨区域的影响不容忽视。此外，辐射空间自相关的存在表明，在评价区域或邻近区域农业碳减排水平时也应考虑序列滞后的影响。

根据所有模型的计算结果，除经济因素外，农业投入因素对碳排放具有显著的正向溢出效应。其中农业机械总动力比农业化肥使用因素对碳排放增加更为明显，在我国低碳农业的政策指导下，农业化肥的效用对降低农业碳排放取得了一定的成果。但农业机械总动力与人口、经济和技术因素结合产生的综合影响，不仅是农业综合生产能力的一个重要体现，也是农业现代化的重要标志。根据《关于加快推进农业机械化和农机装备产业转型升级的指导意见》，到 2020 年，全国农作物生产活动综合机械化率达到 70%，同时全国的农机总动力超过 10 亿千瓦。中国的农业机械化水平得到了空前的提升，但在大力发展农业机械化的同时也应该提防农业机械化带来的负面影响，警惕农业机械化引起的农业碳排放的增加。基于此，建议我国农业机械化应向大型复式、节能高效、智能精准的方向发展，并应提升我国农业生产规模化水平。

农村用电量、城镇化水平以及农业结构变动都会降低碳排放，其中城镇化水平主要通过直接效应影响碳排放。值得注意的是，城镇化可以通过人口迁移直接影响碳排放，这直接导致了中国务农人口的减少，对中国农业发展造成隐患。农业结构主要通过空间溢出效应影响农业碳排放。农业用电量和农业产业产值比重减排作用是建立在新能源发展与技术发展的基础之上的。因此，国家可以通过推广节能技术和新能源发电技术等措施，开发粮食生产节能减排固碳技术和强化农机农艺深度融合等途径，加强技术发展对农业碳排放的抑制作用。并积极拓展“气候智慧型农业项目”的实施范围，实现中国粮食生产的增产和减排。

第八节

本章小结

农业碳排放已成为制约中国农业低碳循环经济的发展的“瓶颈”。中国的农业生产面临严峻的农业碳减排压力和挑战。基于此，本章对 1997 ~ 2018 年中国 31 个省区市进行了观测，探讨农业碳排放的影响因素及空间溢出效应。结果表明，我国农业碳排放量处于较高水平，由于人均国内生产总值的增长，未来的排放量还会继续增加。经济增长是我国农业碳排放增加的主要驱动力，但农业投入因素将有助于减少碳排放的增长。除了农业生产因素外，经济因素、农业投入要素对农业碳排放具有直接影响和空间溢出效应。短期内，加强环境保护可能给一些地方的农业发展带来一定压力，但要实现高质量发展，必须从根本上解决环境污染的问题。因此，农业的发展应该把经济和环境结合起来。这些结论提供了制订有效农业碳排放遏制政策的重要启示和科学依据。

第六章

气候变化风险防范：农户与保险公司博弈行为分析

前述章节详细地分析了气候变化与农业生产之间的联系，以及如何从农业生产角度出发减少气候变化的影响。目前，人们已经认识到气候变化对农业的相关威胁，越来越重视农业的适应能力提升。农民既是气候变化最脆弱的群体，也是适应气候变化和减轻农业对气候变化贡献的主要参与者。作为自然灾害风险转移的一种手段，农作物保险可以用来转移各种与天气有关的风险。基于此，本章从气候变化风险防范和市场经济的角度研究农户如何防范气候变化带来的经济风险，积极应对气候变化，进而探索一条以农业保险为农业生产保驾护航之路。

第一节 引言

由于气候变化，与气候有关的灾害在未来的发生频率提升，严重程度增加[180-184]。在过去的几十年里，自然灾害影响了我国1/4~1/3的耕地[186-187]，近年来农业灾害频发，迫使农民承受农业生产经营过程中存在的各种风险。农业生产经营比较优势低，积累能力有限，农民抗灾能力弱，灾害面积大，这些原因都可能导致农民陷入再贫困[188-189]。农业保险政策被认为是转移农业生产风险，减少农民的经济损失的最重要和最有用的风险缓解策略之一[190]。作为农村金融体系的重点和惠农政策的创新举措，农业保险越来越受到政府和国内学术界的关注。

在市场经济中，国家扶持农业比较通行的做法是通过农业保险降低农业的脆弱性。农业保险是我国解决“三农”问题的重要手段之一。通过政策性农业保险可以代替直接补贴，在世界贸易组织规定的范围内对我国农业进行合理有效的保护，从而降低气候变化对农业生产的影响，稳定农户的收入，促进农业和农村经济的发展。自2004年以来，每年的中央一号文件中就一直强调制定农业保险政策的重要性。特别是2012年，政府明确提出要扩大农业保险的产品种类和覆盖范围。基于我国农业大国的国情，持续强化农业的基础地位，持续加大支农惠农力度，仍是国家今后的一个长期国策，农业保险作为农业发展的重要组成部分，将迎来发展的持续发展的良好机遇。我国与发达国家相比，农业保险市场发展仍存在较大差距，以2014年为例，我国主要农作物保险覆盖面积约为55%，美国同期参保率高达80%。面对国内外农业保险发展的新形势，如何开展政策性农业保险工作并建立一套具有较高保障能力和运转效率的农业保险支持体系，是摆在政府面前的一项重要的任务。

通过文献梳理发现，国内关于我国农业保险市场研究的相关理论体系不够完善，缺乏定量的分析，尽管部分研究从调研数据中考察了农业保险的影响因素[187-188]，但仍不具有代表性，缺乏说服力。目前我国政府对农业保险发展的影响机制仍存在争议，政府对农业保险市场的补贴效用尚未达成共识，如何调整政府补贴促进农业保险市场发展是本章研究的一个核心问题。此外，关于农业保险市场研究的另一个热点问题是如何有效提高农户的参保率和政策性农业保险的覆盖率，目前大多数学者主要从农户角度进行分析[185-187]，忽略了保险公司的利益诉求。因此，本章从保险公司和政府视角出发探讨如何有效提高农户的参保率，提高保险公司的运作效率实现两者双赢。通过对上述问题的研究，本章提出了构建农业风险防范体系的对策建议。

第二节

农业保险参与主体演化博弈模型构建

为综合考虑保险公司、农户以及政府三者的联动效应对我国农业保险市场的影响，本章以保险公司的实际行为选择为基础，基于对我国多地的保险公司调查，考虑政府补贴下保险公司与农户合作策略选择的演化博弈模型，从理论层面对系统稳定性进行分析，并借助系统仿真探究如何遏制农户的“搭便车”行为，合理分配政府补贴，提高农户的投保积极性，促进保险公司与农户合作向互惠主义行为演化，以求达到两者的双赢。

农业保险市场由大量农户和开展农业保险业务的保险公司组成，保险公司为农户开展养殖业和种植业的经营风险提供保障。我国农业保险市场的利益主体涉及政府、保险公司以及农户。政府主要通过以下两种方式参与市场：第一，对农户的保险保费补贴；第二，对保险公司的运营补贴。保险公司作为农业保险的经营主体，在自然灾害发生前，为农户提供防灾减灾措施，将农户经营风险降至最小；在自然灾害发生后，通过核算投保农户的风险损失向农户提供保险补偿。与以往研究不同，通过调查发现，如果已经采取承保策略的保险公司为了争夺市场份额，一般不会轻易放弃现有市场，因此不会利用传统的策略选择。基于此，本章设定保险公司的两种行为策略：[提高保费，不提高保费]。农户作为保险市场的另一个参与主体，可以通过投保行为分散风险，也可以自己承担风险损失。其行为选择可以分为［投保，不投保]。基于上述分析，本章以保险公司与农户的博弈互动作为研究视角，以演化博弈、数据仿真作为研究工具，探索影响农业保险市场均衡的路径、机制及因素，寻找实现两者双赢的合作方式。

一、演化模型求解

农业保险市场的发展离不开政府、保险公司和农民良性互动。政府如何“补足”双方利益，刺激农民的保险需求和保险市场的发展是本章研究的核心问题。基于以上保险参与主体的行为分析，以博弈双方有限理性假设为前提，使用复制动态机制分析保险公司与农户行为的互动过程。根据动态演化博弈模型，做出如下基本假设：

假设 H6－1：参与双方都是有限理性的博弈主体，博弈是在比较稳定的环境中对长期稳定的经济关系趋势的分析。一定数量的农户和一定数量的保险公司是游戏的参与者，他们从多重博弈中不断学习，寻求演化博弈均衡点（ESS）以达到最优均衡。

假设 H6－2：农户有参保和不参保两种策略，保险公司有不提高保费和提高保费两种策略。当风险损失较大时，如果政府补贴不足，保险公司的成本小于收益时，保险公司就可能会选择提高保费。

假设 H6－3：假设保险公司不提高保费时，保费为 P，此时政府的补贴为 g，保费提高的比例为 γ，此时政府的补贴为 g^*，且 $g^* > g$；实际中政府会对保险公司农业保费制定一个最高限价，一般低于当年的通货膨胀水平，在此范围内政府会对保险公司的行为承担相应责任。

假设 H6－4：根据实际调研发现，政府补贴农业保险的方式分为两种：农户的保费补贴以及保险公司的运营费用补贴，但在实际中保险公司运行费用补贴仅仅是概念定义，并未真正施行，本章引入运营费用补贴旨在考虑该政策运行之后的博弈均衡状态。假设当保险公司不提高保费时，政府的补贴为 g。此时，农业保险保费为 P：$P = aP + gP$，$a + g = 1$，g 为政府补贴率，a 为农户自费比例；若保费提高的比例为 γ，此时政府的补贴为 g^*，且 $g^* > g$。本章假设政府对保险公司的运营补贴在保险公司决策之前，当保险公司不提高保费时，政府的补贴为 S_1；当保险公司提高保费时，政府的补贴为 S_2，并且 $S_1 > S_2$。其中，$S_1 - S_2 < g^* - g - \gamma$ 保证政府给予保险公司的补贴小于给农民的补贴。

假设 H6－5：农户选择购买保险，当发生自然灾害时保险公司会弥补农户的损失。假设农户灾后的保险补偿与自然灾害发生概率成正比，与保险公司赔付率成正比，则参保后农户能够获得灾后风险保障为 $\rho\alpha C_f$。其中，C_f 为未发生自然灾害时农户的成本，α 为发生自然灾害的概率，ρ 为保险公司的赔付率。

假设 H6－6：考虑到保险公司针对投保农户提供一定程度的防灾减灾技术服务，因此不参保农户会存在"搭便车"收益。其中，φ 为"搭便车"的减灾收益系数，"搭便车"收益为 $\varphi\alpha C_f$，$\varphi < \rho$。

通过以上模型假设，构建出农户—保险公司演化博弈的收益矩阵，如表 6－1 所示。其中，x 为农户选择投保的概率，（1－x）为农户选择不投保的概率，y 为保险公司提高保费的概率，（1－y）为保险公司不提高保费的概率。

表 6－1 农户—保险公司演化博弈收益矩阵

农户 \ 保险公司	提高保费（y）	不提高保费（1－y）
投保（x）	$C_f + \alpha\rho C_f - \alpha C_f + (g^* - 1 - \gamma)P$； $(1+\gamma)P - \alpha\rho C_f - S_2$	$C_f + \alpha\rho C_f - \alpha C_f + (g-1)P$； $P - \alpha\rho C_f + S_1$
不投保（1－x）	$C_f - \alpha C_f + \varphi\alpha C_f$； $S_2 - \varphi\alpha C_f$	$C_f - \alpha C_f + \varphi\alpha C_f$； $S_1 - \varphi\alpha C_f$

当农户选择［投保］时的期望效用为：

$$U_{11} = y[C_f + \alpha\rho C_f - \alpha C_f + (g^* - 1 - \gamma)P] + (1-y)[C_f + \alpha\rho C_f - \alpha C_f + (g-1)P] \tag{6-1}$$

$$U_{11} = y(g^* - g - \gamma)P + (1 + \alpha\rho - \alpha)C_f + (g-1)P \tag{6-2}$$

当农户选择［不投保］时，农户的期望效用为：

$$U_{12}=y(C_f-\alpha C_f+\varphi\alpha C_f)+(1-y)(C_f-\alpha C_f+\varphi\alpha C_f) \tag{6-3}$$

$$U_{12}=C_f-\alpha C_f+\varphi\alpha C_f \tag{6-4}$$

此时，农户不同策略的平均期望效用为：

$$\bar{U}=xU_{11}+(1-x)U_{12}=x[y(g^*-g-\gamma)P+(1+\alpha\rho-\alpha)C_f+(g-1)P]+(1-x)(C_f-\alpha C_f+\varphi\alpha C_f) \tag{6-5}$$

$$\bar{U}=(g^*-g-\gamma)Pyx+(g-1)Px+C_f(1-\alpha+\varphi\alpha)+(\rho-\varphi)\alpha C_f x \tag{6-6}$$

而保险公司不同策略下的期望效用可表示如下：

保险公司选择［提高保费］策略的期望效用为：

$$U_{21}=x[(1+\gamma)P-\alpha\rho C_f-S_2]+(1-x)(S_2-\varphi\alpha C_f) \tag{6-7}$$

$$U_{21}=x[(1+\gamma)P]+(\varphi-\rho)x\alpha C_f-\varphi\alpha C_f+S_2 \tag{6-8}$$

保险公司选择［不提高保费］策略的期望效用为：

$$U_{22}=x(P-\alpha\rho C_f+S_1)+(1-x)(S_1-\varphi\alpha C_f) \tag{6-9}$$

$$U_{22}=xP+(\varphi-\rho)\alpha C_f x-\varphi\alpha C_f+S_1 \tag{6-10}$$

此时，保险公司不同策略的平均期望效用为：

$$\bar{U}=yU_{21}+(1-y)U_{22}=(1-y)[xP+(\varphi-\rho)x\alpha C_f-\alpha\varphi C_f+S_1]+y[x(1+\gamma)P+(\varphi-\rho)x\alpha C_f-\varphi\alpha C_f+S_2] \tag{6-11}$$

$$\bar{U}=xP+(S_1-S_2)y+xy\gamma P+S_1+(\varphi-\rho)\alpha C_f x-\varphi\alpha C_f \tag{6-12}$$

在演化博弈框架下，一个非连续策略下农户主体的复制动态方程就可如下：

(6-13)

$$F(x)=x(1-x)[(g^*-g-\gamma)Py+(\rho-\varphi)\alpha C_f+(g-1)P] \tag{6-14}$$

令 $F(x)=0$ 可得均衡点如下：$x=0$；$x=1$；$y^*=\dfrac{(1-g)P+(\varphi-\rho)\alpha C_f}{(g^*-g-\gamma)P}$。

在演化博弈框架下，一个非连续策略下保险公司主体的复制动态方程如下：

$$G(y)=\frac{dy}{dt}=y(U_{21}-\bar{U})=y\{x[(1+\gamma)P]+(\varphi-\rho)\alpha C_f x-\varphi\alpha C_f+S_2-xP-(S_2-S_1)y-xy\gamma P-S_1-(\varphi-\rho)\alpha C_f x+\varphi\alpha C_f\} \tag{6-15}$$

$$G(y)=\frac{dy}{dt}=y(1-y)(x\gamma P-S_1+S_2) \tag{6-16}$$

令 $G(x)=0$，可得均衡点：$y=0$；$y=1$；$x^*=\dfrac{S_1-S_2}{\gamma P}$。

本章利用 Jacobim 矩阵确定演化博弈均衡点的局部稳定性，根据上述计算结果，农户—保险公司行为Jacobim矩阵如下：

$$J=\begin{bmatrix}\frac{\partial F'(x,y)}{\partial x} & \frac{\partial F'(x,y)}{\partial y}\\ \frac{\partial G'(x,y)}{\partial x} & \frac{\partial G'(x,y)}{\partial y}\end{bmatrix}=\begin{bmatrix}a_{11} & a_{12}\\ a_{21} & a_{22}\end{bmatrix} \tag{6-17}$$

其中，$a_{11}=(1-2x)[(g^*-g-\gamma)Py+(\rho-\varphi)\alpha C_f+(g-1)P]$；

$a_{12}=x(1-x)(g^*-g-\gamma)P$；

$a_{21}=x(1-x)\gamma P$；

$a_{22}=(1-2y)(\gamma xP-S_1+S_2)$。

其中，矩阵的行列式的值（DetJ）为，DetJ：$(1-2y)(1-2x)[(1-g^*+\gamma)P+(\rho-\varphi)\alpha C_f+(g^*-g-\gamma)Py]\times(S_1-S_2-xP\gamma)-x(1-x)(g^*-g-\gamma)P\times x(1-x)\gamma P$。矩阵的迹（TrJ）为，TrJ：$(1-2x)[(1-g^*+\gamma)P+(\rho-\varphi)\alpha C_f+(g^*-g-\gamma)Py]-(1-2y)(S_1-S_2+x\gamma P)$。

根据Friedman的观点[190]，当雅克比矩阵的行列式的值大于0且迹的值小于0时，该点为系统演化的稳定点（ESS）。当均衡点的雅克比矩阵行列式大于0且迹大于0时，该点为系统的不稳定点。当均衡点的雅克比矩阵行列式为负值，迹为任意值时，局部均衡点为鞍点。每个稳定点的TrJ和DetJ的值如表6-2所示，同时根据上述判定规则得出表6-3至表6-6的结果，并得到相应条件下的系统演化博弈相位图（见图6-1）。

表6-2　　　　每个稳定点的TrJ以及DetJ

均衡点	TrJ	DetJ
(0，0)	$(S_2-S_1)+(g-1)P+(\rho-\varphi)\alpha C_f$	$(S_2-S_1)[(g-1)P+(\rho-\varphi)\alpha C_f]$
(0，1)	$(S_1-S_2)+(g^*-\gamma-1)P+(\rho-\varphi)\alpha C_f$	$[(g^*-\gamma-1)P+(\rho-\varphi)\alpha C_f](S_1-S_2)$
(1，0)	$(\varphi-\rho)\alpha C_f+(1-g)P+(\gamma P+S_2-S_1)$	$[(\varphi-\rho)\alpha C_f+(1-g)P](\gamma P+S_2-S_1)$
(1，1)	$(1-g^*+\gamma)P+(\varphi-\rho)\alpha C_f+(S_1-S_2-\gamma P)$	$[(g^*-\gamma-1)P+(\rho-\varphi)\alpha C_f](\gamma P+S_2-S_1)$
(x，y)	0	$\frac{(S_2-S_1+\gamma P)[(1-g)P+(\varphi-\rho)\alpha C_f]}{(g-g^*+\gamma)P}$ $(S_2-S_1)[(1-g^*+\gamma)P+(\varphi-\rho)\alpha C_f]$

二、演化主体均衡分析

根据演化博弈的收益矩阵分析系统均衡策略时可得出4个条件，即在各参数综合作用下不同演化均衡状态，借助三种不同条件所对应的相位图，全面考察利润和成本大小不同时所对应的策略选择演化状况。另外，因情形 2 不存在 ESS 点，因此忽略此条件的影响。

情景 1：当 $(\rho-\varphi)\alpha C_f > S_1 - S_2 + (1-g)$ 且 $P(\rho-\varphi)\alpha C_f > (1+\gamma-g^*)P$ 时，系统的稳定均衡解在（1，1）中，如表 6－3 所示。稳定策略的系统相位图如图 6－1 中 A 图所示。这时农民与保险公司通过反复学习改变策略博弈，最终形成［投保，提高保费］的局面。对于农民而言，即便保险公司提高保费，发生自然灾害时，农民从保险公司得到的保险补偿仍然大于其投保成本。此时，无论保险公司是否提高保费，农民均会选择投保策略。对于保险公司而言，假设保险公司不提高保费，发生自然灾害时，农户的投保利润大于提高保费后减少的政府的运营补贴，此时保险公司会选择提高保费。简而言之，情景 1 对应的情形是：如果农户参保所带来的利润可以弥补其投保成本，政府的运营补贴之差小于农户参保利润（未提高保费时），此时农户在保险公司博弈过程中会选择投保行为，从而避免自身的损失增加，但由于提高保费后，政府补贴减少小于未提高保费的农户收益，保险公司将会提高保费从而达到降低投入成本的目的。目前，这种情况也是满足系统演化的理想状态。

表 6－3　　演化博弈稳定结果分析

	TrJ	DetJ	结果
（0，0）	+	−	不稳定点
（0，1）	+	+	鞍点
（1，0）	−	−	鞍点
（1，1）	−	+	ESS
（x，y）	0	?	鞍点

情景 2：当 $(\rho-\varphi)\alpha C_f < (1-g)P$ 且 $(\rho-\varphi)\alpha C_f < S_2 - S_1 + (1+\gamma-g^*)P$ 时，系统不存在稳定均衡点，计算结果如表 6－4 所示。

表 6－4　　演化博弈稳定结果分析

	TrJ	DetJ	结果
（0，0）	−	−	鞍点
（0，1）	−	−	鞍点
（1，0）	+	+	鞍点
（1，1）	+	−	不稳定点
（x，y）	0	?	鞍点

情景3：当 $(1-g)P<(\rho-\varphi)\alpha C_f<S_1-S_2+(1-g)P$ 且 $S_2-S_1+(1+\gamma-g^*)P<(\rho-\varphi)\alpha C_f<(1+\gamma-g^*)P$ 时，系统的稳定均衡解在（0，0）中，如表6－5所示。稳定策略的系统相位图如图6－1中B图所示，演化博弈均衡时农民选择不投保，保险公司选择不提高保费。保险公司提高保费时，发生自然灾害时农民的收益小于其成本；而保险公司不提高保费时，发生自然灾害时，农民可以得到一定的补偿，但仍不够弥补其投保成本，最终系统均衡稳定于（0，0）点。此时该稳定状态处于劣均衡状态，虽然短期内保险公司不提高保费可以促进农民的投保行为，但是长期内如果农户的投保收益小于其投保成本，将会影响农户投保的积极性。如果政府不介入，最终导致农户的投保惰性增加。研究结果表明，当其他变量不变时，保险公司的补贴与保费提高带来的收益偏离越大，农民投保收益与成本偏离越大，则系统选择稳定策略（0，0）的概率越高。

表6－5　　演化博弈稳定结果分析

	TrJ	DetJ	结果
（0，0）	－	＋	ESS
（0，1）	＋	－	不稳定点
（1，0）	＋	－	不稳定点
（1，1）	－	－	鞍点
（x，y）	0	？	鞍点

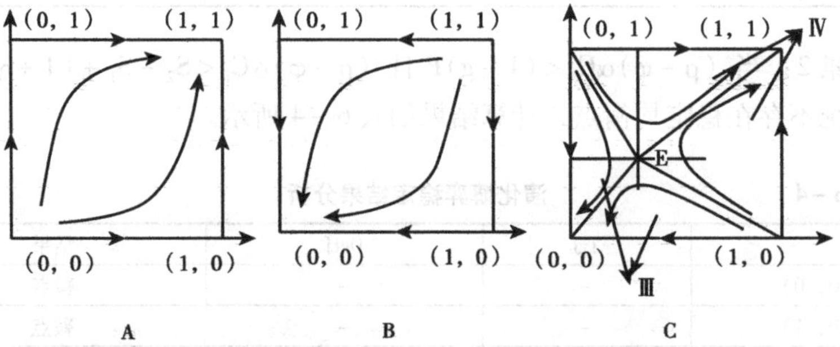

图6－1　农户—保险公司行为演化稳定策略系统相位

情景4：当农户与保险公司的关系满足 $(1+\gamma-g^*)P<(\rho-\varphi)\alpha C_f<S_1-$

$S_2+(1-g)P$ 且 $S_1-S_2+(1-g)P>(1+\gamma-g^*)P$ 时，演化博弈存在两个均衡点（0，0）或者（1，1），如表 6-6 所示。农户与保险公司在策略空间中的系统相位图如图 6-1 中 C 图所示。情景 4 对应的情形是：当初始状态在区域 $S_{Ⅳ}$ 时，保险公司提高保费，农户投保；当初始状态位于区域 $S_{Ⅲ}$ 时双方均消极策略，即博弈主体的最终稳定策略取决于保险公司与农户选择概率。假设边长为 1 的正方形区域被点（x，y）分为四个三角形。系统最终收敛状态的概率可以由Ⅲ和Ⅳ两个区域所占的比例来确定，假设 $S_{Ⅲ}=S_{Ⅳ}$，则系统采用（0，0）与（1，1）的策略的概率相同。

表 6-6　演化博弈稳定结果分析

	TrJ	DetJ	结果
(0，0)	-	+	ESS
(0，1)	+	+	鞍点
(1，0)	+	-	不稳定点
(1，1)	-	+	ESS
(x，y)	0	?	鞍点

下面，我们将在情景 4 的条件下，分析影响其博弈稳定均衡的变量。

以公式 $S_{Ⅳ}$ 为例，共有 5 个参数影响其面积的大小 S_1，γ，ρ，α，φ。计算结果如下：

$$S_{Ⅳ}=1-\frac{1}{2}(x^*+y^*)=1-\frac{1}{2}\left[\frac{(1-g)P+(\varphi-\rho)\alpha C_f}{(g^*-g-\gamma)P}+\frac{S_1-S_2}{\gamma P}\right] \quad (6-18)$$

$$\frac{\partial S_{Ⅳ}}{\partial\alpha}=\frac{\partial\left[1-\frac{1}{2}(x^*+y^*)\right]}{\partial\alpha}=-\frac{1}{2}\left(\frac{\partial x^*}{\partial\alpha}+\frac{\partial y^*}{\partial\alpha}\right)>0 \quad (6-19)$$

$$\frac{\partial S_{Ⅳ}}{\partial\rho}=\frac{\partial\left[1-\frac{1}{2}(x^*+y^*)\right]}{\partial\rho}=-\frac{1}{2}\left(\frac{\partial x^*}{\partial\rho}+\frac{\partial y^*}{\partial\rho}\right)>0 \quad (6-20)$$

$$\frac{\partial S_{Ⅳ}}{\partial\varphi}=\frac{\partial\left[1-\frac{1}{2}(x^*+y^*)\right]}{\partial\varphi}=-\frac{1}{2}\left(\frac{\partial x^*}{\partial\varphi}+\frac{\partial y^*}{\partial\varphi}\right)<0 \quad (6-21)$$

$$\frac{\partial S_{Ⅳ}}{\partial\gamma}=\frac{\partial\left[1-\frac{1}{2}(x^*+y^*)\right]}{\partial\gamma}=-\frac{1}{2}\left(\frac{\partial x^*}{\partial\gamma}+\frac{\partial y^*}{\partial\gamma}\right)<0 \quad (6-22)$$

$$\frac{\partial S_{IV}}{\partial S_1}=\frac{\partial\left[1-\frac{1}{2}(x^*+y^*)\right]}{\partial S_1}-\frac{1}{2}\left(\frac{\partial x^*}{\partial S_1}+\frac{\partial y^*}{\partial S_1}\right)<0 \tag{6-23}$$

其中，x^*、y^*为演化博弈模型的均衡解。

通过分析，我们可以得到以下结论：

命题1：随着系数ρ、α的增加，S_{IV}的面积逐渐增大，系统趋于（投保，提高保费）的稳定策略概率增加。

命题2：随着系数S_1、φ、γ的增大，S_{IV}的面积减少，系统稳定于（不投保，不提高保费）的概率增加。

综上所述，系数ρ、α与投保策略（1，1）变动成正比，系数S_1、φ、γ与投保策略（1，1）的变动成反比。

命题3：当y的概率在（y^*，1）之间，无论保险公司是否选择提高保费，农民都会选择投保。同样地，当x的概率在（x^*，1）之间时，无论农民是否选择投保，保险公司都会提高保费。

证明：经过反复博弈，农民选择投保的必要条件是，当保险公司选择混合博弈策略时，农民选择投保的收益不小于他们选择不投保的收益。即：

$(g-g^*+\gamma)Py+(1+\rho\alpha-\alpha)C_f+(g^*-1-\gamma)P\geqslant C_f-\alpha C_f+\alpha\varphi C_f$。

此时，$y\geqslant\frac{(g^*-1-\gamma)P+(\varphi-\rho)\alpha C_f}{(g-g^*+\gamma)P}=y^*$。

同样可以证明，保险公司保证选择提高保费的充要条件为：$xP+(\varphi-\rho)\alpha C_f x-\varphi\alpha C_f+S_1\geqslant x(1+\gamma)P+(\varphi-\rho)\alpha C_f x-\varphi\alpha C_f+S_2$。

此时，$x^*\geqslant\frac{S_1-S_2}{\gamma P}=x^*$。

命题3指出，要增加农民投保的可能性就应该减少y^*值扩大y的值，以此来鼓励农民的参保行为。同样地，如果要增加保险公司提高保费的概率就应该减少x^*的值扩大x的取值范围。根据命题3，如果农民选择投保，保险公司选择降低保费，政府应该适当增加保费补贴。如果要鼓励农民投保，保险公司不提高保费。x、y的取值应该包含（y^*，1）和（x^*，1）的交集：这表明，当$x^*\geqslant y^*$时，此时$x\geqslant x^*$，$y\geqslant x^*$；当$x^*\leqslant y^*$时，此时$x\geqslant x^*$，$y\leqslant y^*$。

第三节

数值模拟

本节通过Matlab软件对模型进行仿真，本章参考了当前政策性农险，以河南农业保险冬小麦种植业为例，所有系数均取自实际数据，并将最后结果标准化处理。其中，小麦种植成本 $C_f \in [450, 500]$，政府保费补贴 $g \in [0.7, 0.8]$，冬小麦每亩保费 $P \in [18, 25]$，保险公司的救助系数即保险公司的赔付率 $\rho \in [0.6, 0.65]$，其余系数根据仿真模拟情况适当调整。通过实际数据，考虑以下5种情景：（1）“搭便车”系数 φ；（2）自然灾害发生的概率 α；（3）赔偿系数 ρ；（4）保费补贴的改变 γ；（5）政府对保险公司运营补贴的变化 S_1（未提高保费的情况下），并分别模拟不同变量变动对我国现行政策性农业保险演化博弈均衡的影响。

通过演化博弈仿真分析简要考察上述博弈过程中，参数“搭便车”系数 φ 的调整对博弈主体策略选择的冲击及系统稳定收敛的影响。本模型使用 Matlab 对复制动态方程进行编写，实现用程序模拟两类主体的博弈行为。根据上述选择数据，当“搭便车”系数 φ 变动时，农户和保险公司的演化路径如图6－2所示。由图6－2可知，在一定的范围内，随着“搭便车”系数值的增大，保险公司趋向于“不提高保费”的速度越来越慢。在模拟“搭便车”系数 φ 进一步增大之后，保险公司会由“不提高保费”变为“提高保费”策略，随着系数 φ 增加，此时农民由“投保策略”过渡为“不投保策略”，并随着系数 φ

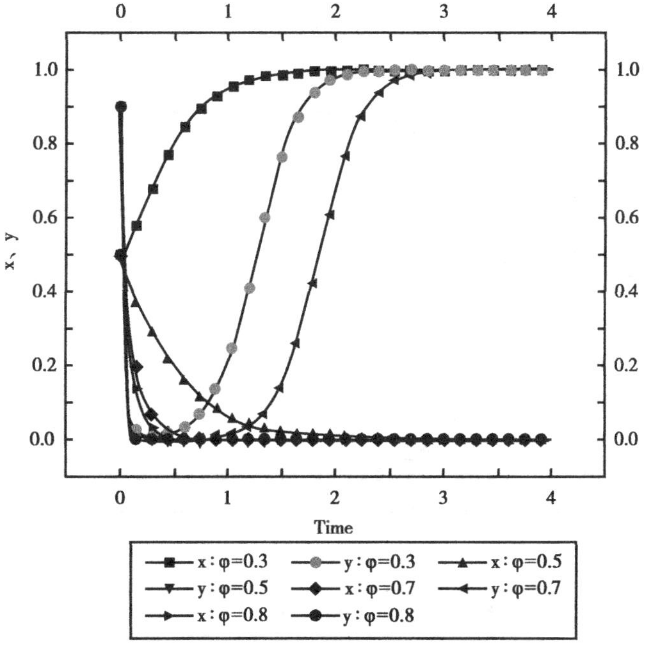

图6－2　“搭便车”系数调整下的收敛速度比较

增加，农民趋于不投保的策略越来越快。换言之，“搭便车”收益的存在，虽然会在一定程度上基于农险业务的外溢性提升农户整体福利，但会影响到农户未参保的收益预期，从而导致农户隐藏行动的出现，不利于提高农户的投保行为。由于“搭便车”额外收益，使农民趋于投保的速度会减缓，并导致了保险保费的提升，成本投入的增加使农户最终将趋向于不投保的策略。在当前政策中，如果存在过度的“搭便车”行为，系统将最终稳定于（0，0）均衡点。因此，在一定程度上，农民的“搭便车”行为会导致整体社会外部成本增加。

图6－3模拟了在其他条件不变的情况下，保险公司赔付率ρ对整个稳定均衡的影响。根据Matlab仿真模拟，在保险公司赔付比率较低的情况下农民会选择“不投保”策略，保险公司会选择“不提高保费”，此时系统的稳定均衡在（0，0）。随着保险公司赔付比率增加，农户趋于投保策略的速度越来越快，且当该值增大到一定程度时，农户的策略将从“不投保”过渡到“投保”。对于保险公司而言，随着救灾系数的增加，保险公司趋于“不提高保费”的速度越来越慢，当保险赔付比例增大到一定程度时，保险公司的均衡策略将由“不提高保费”到“提高保费”。在当前农业保险政策中，如果提高保险公司救灾系数，将有利于系统最终稳定于（1，1）的均衡点。因此，一个合理的基于保险公司盈利约束的赔付强度对农险市场而言是必要的前提。

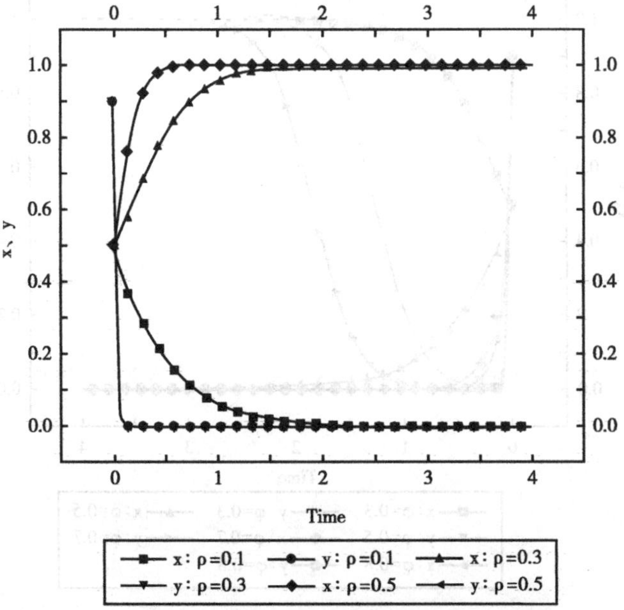

图6－3　保险公司救灾系数调整下的收敛速度比较

本章模拟了保费提高情景下，农户和保险公司的演化路径，如图 6－4 所示。在实际模拟中，我们选择不同价格变动比例考察其对农户行为的影响。由图 6－4 可知，如果保费提升在 20% 以内，随着系数 γ 的增加，农户趋于投保策略的增长速度越来越快，保险公司趋于提高保费的趋势越来越慢。在中央保费补贴 80% 的情况下，价格提升 20% 是在农民最大可支付意愿之内，此时保费提升不会影响农民投保的积极性。在既定成本的约束下系统向 ESS（1，1）收敛的倾向愈加明显。当价格上涨超过 20% 的警戒线时，农民由投保策略转向不投保策略，此时保险公司价格上涨没有意义，因此保险公司会稳定于不增长保费策略中。伴随着保费的提升，系统最终稳定于（0，0）均衡中。上述研究表明，保费上涨存在阈值，在不超过其范围内，价格上涨有利于保险市场的发展。因此，政府要合理控制农业政策性保险的价格波动，在不超过农户的最大支付意愿下可以适当提高保费水平，既不会影响农民投保的积极性，又会不损害保险公司的利润水平。

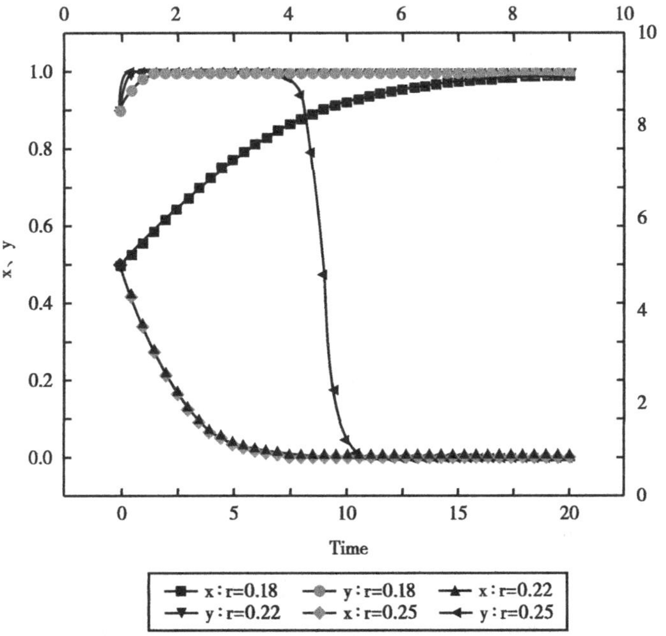

图 6－4　保费提高系数调整下的收敛速度比较

图 6－5 模拟了自然灾害发生频率增长的情况下，对博弈主体策略选择的冲击及系统稳定收敛的影响。结果如图 6－5 所示，随着自然灾害发生概率的增大，农户趋向于投保策略的速度越来越快。对于保险公司而言，当自然灾害

变化波动不大时，保险公司选择“不提高保费”的策略；随着自然灾害发生概率的增加，保险公司由不提高保费的策略转变为“提高保费”，系统最终稳定在（1，1）点。本章根据实际情况设置保险公司的赔付率为0.6，保险公司的盈利水平与保费收入和赔付率有关，在低于这个赔付率时保险公司都是有利可图的。在自然灾害发生概率较低时，农民投保的积极性也不高；但当自然灾害发生概率较高时，农民意识到投保的重要性，就会积极采取投保策略，此时在保险公司赔付率不变的情况下，保险公司的策略逐渐由“不提高保费”转变为“提高保费”，系统的最终稳定于［投保，提高保费］的均衡点。该结论再次证明了农民的风险感知对农民行为选择的重要性。

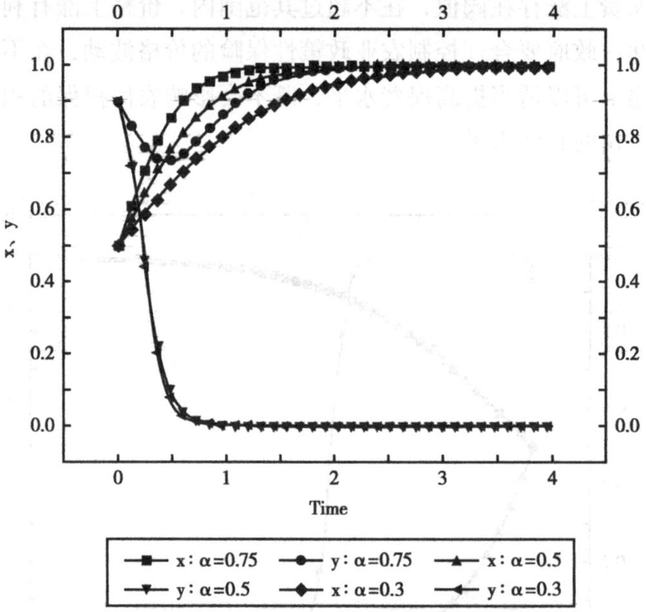

图6－5 自然灾害系数调整下的收敛速度比较

最后，本章模拟了政府对农业保险公司补贴行为影响下的农户和保险公司的演化路径，如图6－6所示。研究发现，如果政府提高保险公司的运行补贴，在一定范围内农民的投保策略变化波动不大，但是随着政府补贴的增加农户趋向于不投保策略的速度越来越快。对农民而言，在保费不提高的情况下，政府对于保险公司提供的补贴越高，说明农民承担的投保成本越大。政府运营补贴的增加使保险公司趋于增加保费的速度越来越慢，最终系统均衡稳定于（0，0）点。系统模拟情况与本章模型计算结论一致。研究结果表明，随着政府对市场参与度的增加，会造成市场运行的低效，导致“市场失灵”，进而引起资源的浪费。

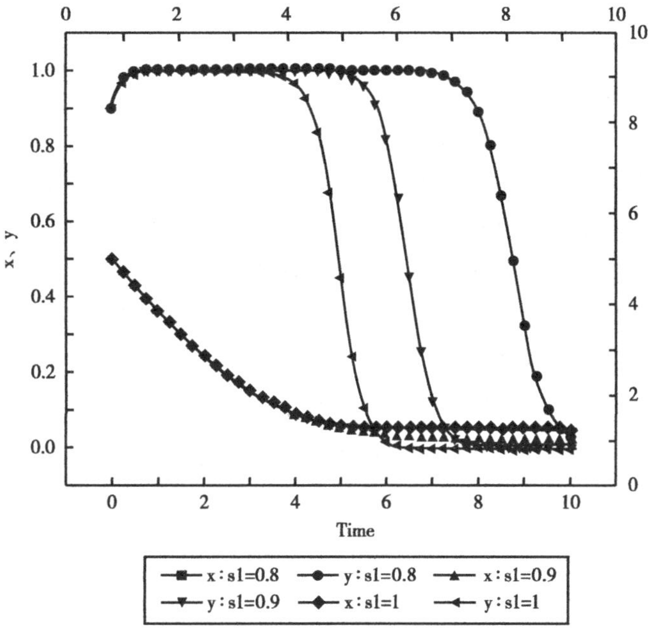

图6-6　政府补贴系数调整下的收敛速度比较

第四节

结论与政策建议

本章基于有限理性假设研究了保险公司承保情况下农户投保情况对社会资源和保险公司保费水平的影响。一方面，本章以动态演化博弈为理论基础，根据保险公司的实际运营情况形成［提高保费，不提高保费］策略集，为模拟实际政策运行提供了条件；另一方面，本章从农户积极性的视角出发构建了农户—保险公司资源分配的博弈模型，并通过 Matlab 模拟博弈演化路径，分析出当前政策中影响博弈均衡的关键因素。最终得到以下结论：

第一，农户“搭便车”行为不仅不利于资源的配置，甚至会造成整体社会外部成本的增加。由于农业保险具有不完全的排他性，即不购买农业保险也可以“搭便车”，而“搭便车”行为也降低了农业保险的投保率，导致农户趋向于投保策略的速度越来越慢。因此，保险公司只能提高保费来应对，由于保费的增加，农民倾向于不投保，系统最终演化成［不投保，不提高保费］的均衡状态。“搭便车”收益的存在，虽然会在一定程度上基于农险业务的外溢性提升农户整体福利，但会影响到农户参保的预期收益，从而导致农户隐藏行动的出现，最终不利于农民的投保行为。因此，政府应该适当提高监管概率以便抑制社会资本的投机行为。

第二，提高保险公司的赔付比例可以促进农户积极投保行为。当保险公司赔付比例较低时，农民投保的积极性也不高，这种情况不利于农户的投保行为。若保险公司提高保险赔付比例，农户不积极参与承保，此时也会造成保险公司的亏损，导致后期保费提升，保费的提升则不利于农户的积极投保行为。因此，对于这种情况需要从监管机制外部寻找解决的方法，政府强制要求农户参与投保有利于最优解的形成，有利于帕累斯托最优状态的均衡。

第三，本章基于现实情况进行模拟分析，研究发现，一定程度的保费上涨不会影响农户投保的积极性，同时可以增加保险公司的利润水平，有利于保险市场的发展。保费的上涨在一定程度上可以促使系统稳定在［投保，提高保费］的策略集合中，适当调整保费的运作水平对农户和保险公司的稳定合作具有正向推进的作用。

第四，自然灾害发生概率增加有助于系统稳定均衡解（1，1）的形成。自然灾害发生频率有助于农户形成良好的认知行为，进而积极参与农业保险投保。由于农户的积极参保行为，保险公司在既定的赔付率下，可支配收入减少，因此，保险公司会倾向于提升保费的稳定策略。

第五，政府对保险公司的运营补贴，不利于农民的投保行为。研究发现，如果政府提高保险公司的运营补贴，在一定范围内农民的投保策略变化波动不大，但是随着政府补贴的增加农户趋向于不投保策略的速度越来越快。对农民而言，在保费不提高的情况下，政府对于保险公司提供的补贴越高，说明农民承担的承保成本越大。随着政府对市场的参与度增加，会造成市场运行的低效，进而导致资源的浪费。

在农业保险市场中，政府的适当参与可以促使博弈演化稳定的最优解形成。例如，政府可以提高农业保险的监管程度，建立惩罚机制，避免农户过度“搭便车”行为的存在。政府也可以通过宣传提高农户的风险意识，或采取一定的强制性措施促使农民积极参与投保行为。同时政府要避免过度地参与市场，避免“市场失灵”。虽然，保险公司的运营补贴仅仅是概念上的存在，但是在一定程度上也说明了政府过渡参与导致的弊端。最后，政府在调控市场经济、制定保险保费的最高限价时，也要尊重市场经济的运行规则，允许保险公司对保费进行适当调整。

第五节 本章小结

近年来，极端天气事件以及未来极端天气频率和强度的潜在增加对农民的农业生产和收入构成了重大威胁。在市场经济条件下，实行农业保险可以有效应对自然灾害风险。然而，由于农民"知保、识保、参保、用保"等渠道、意识或能力较弱，再加上宣传不到位，很多农户不知晓或无投保意识。我国保险市场存在一定的"供给大于需求"的现象。本章对我国的政策性农业保险现状进行了分析，基于有限理性假设构建了政府参与下农民和保险公司之间的演化博弈模型，通过动态系统稳定性来寻找农业保险市场的均衡，揭示不同状态下农户与保险公司的演化博弈行为。在此基础上，通过 Matlab 模拟两者之间的博弈演化路径，以现实政策为背景分析影响系统最优均衡的关键因素。结果表明，农户的"搭便车"行为和政府的运营补贴都不利于农民的投保行为，但保险公司的赔付率、自然灾害的发生概率以及一定程度的保费上涨都对农民的投保行为具有积极的影响。本章从理论和实践角度揭示了提高农民投保积极性的重要途径，明确了政府与市场互补对促进我国农业保险发展的重要性，也进一步指出了农户与保险公司实现双赢的合作方式。

第七章

农民应对气候变化的行为策略：来自不同类型农业区的比较分析

前述章节详细地分析了如何从市场经济及风险防范角度应对气候变化带来的风险。作为农业活动的重要个体，农民对气候变化的认知和应对气候变化的实际反应直接影响到区域农业的发展。为了帮助决策者制订更有效的政策，本章从微观角度出发，研究不同农区农户的应对行为路径，研究结果将有助于更好地理解农民对气候变化的认知，以及影响农民适应决策的因素。

第一节 引言

农业生产是自然再生产与经济再生产相互交织的过程，在过去的25年里，受全球变暖的影响，世界上一些主要粮食作物的产量下降。由于适应程度低，发展中国家极易受到气候诱发事件的负面影响。中国是世界上受气候变化影响最为敏感的大国之一[191-193]。在世界致力于减缓气候变化的同时，农民对气候变化的适应不仅是国际社会关注的焦点，也是中国政府实施可持续发展战略的着力点。农民是农业生产的基本单位。为了提高农业部门应对气候变化的能力，中国政府的政策制定必须把重点放在微观个体上。因此，研究农民对气候变化的适应行为具有重要的现实意义。

面对气候变化，农民首先通过主观感知认识变化，然后采取相应的对策。农民对气候变化的认识将直接影响他们的行为。人类在气候变化下的行为与人们对气候变化的认知、理解和行为模式密切相关。随着农民对气候认识的加深，越来越多的农民愿意主动采取行动，实现农业的可持续发展。因此，提高农民对气候变化的认识，可以使农民有效地适应气候变化，有助于政府制订有效地适应气候变化的战略。社会心理学和行为心理学的大量实证研究表明，公众对环境变化的理解与其适应行为之间存在显著的正相关关系[194]。然而，农民对气候变化的认知行为存在个体差异和地区差异[195]。研究不同地区对气候变化及其影响因素的认识，有助于农民正确认识气候变化，并采取合理措施适应气候变化的影响。

农民行为是农业部门对气候变化适应策略的基础，是总体适应气候变化的关键。人类的行为在很大程度上受气候变化的影响，从这个角度来看，无论我们在采用技术缓解气候变化方面取得了多大进展，最终和最有效的措施是人类行为。为应对全球气候变化的压力，近年来逐渐形成了各种适应和缓解措施，并不断发展和完善[196-197]。由于气候变化已经发生，目前，适应措施已成为应对气候变化的主要策略。适应气候变化的行为可以大大降低农民对气候变化的脆弱性。研究表明，不同地区的适应性行为几乎相同[198-199]。但是，影响适应行为的因素在不同地区是不同的，其效果也不尽相同。如栽培时间、栽培方法、作物类型等适应气候变化的行为会随时间和空间的变化而变化[208-209]。此外，人们还普遍认为，农民适应气候变化的能力与其收入呈正相关关系。农户通过种植获得的收入占总收入的比例越大，农户对气候变化的关注就越大[199-204]。

适应行为目的是提高人类社会的适应能力，而减缓策略旨在减少人类活动对气候变化的影响。减缓行为是一种控制气候变化原因的干预措施，如减少温室气体排放到大气中。如果没有有效的减缓策略，适应行为也将变得无效，研究表明，缓解行为在一定程度上可以促进适应行为的发生[202-203]。要充分认识农民面临的基本挑战，就有必要对缓解和适应模式的概念进行界定和比较，找出它们之间的内在联系和冲突，为两种行为模式的理性分析提供理论依据。

在这项研究中，本章考虑了中国不同的农业生产区。本章的研究涉及农业区与农牧业区两种不同的农户种植区域，调查了不同地区农民的气候应对行为。同时，引入缓解和适应行为之间的协同效应和互补效应来研究不同农民群体的行为。本章对国内外有关农民缓解行为和适应行为的研究做出了一定贡献，克服了以往研究的局限性。

本章研究的主要目的：第一，探讨不同农民群体对气候变化的认知；第二，探讨不同农民群体对气候变化所采取的适应行为或缓解行为；第三，确定影响或阻碍农民极端气候行为选择的关键因素，并评价其行为的有效性。政府提高弱势群体应对气候变化能力的努力程度，直接关系到农业的可持续发展和国家粮食安全。这项研究不仅有助于提高对极端气候变化行为微观机制的认识，而且有助于政府识别不同的目标群体，了解不同行为主体对极端气候事件适应的微观机制。

第二节

理论模型与假设

本章的研究基于对信任、气候变化信念、风险感知和适应行为的理论分析[120-121]。其方法框架遵循“价值信念规范”（VBN）方法，许多学者将其应用于人类行为研究[122,196-198]。VBN 的理论框架来源于心理社会学的视角，它包含四个变量：价值观、信念、规范和行为。尽管该框架已经产生了有价值的结果，但是随着风险显著性和心理距离等变量的增加，预测农民行为的能力将会提高。此前的研究发现，气候变化风险的一个特征是，它们常常被视为一种距离的心理风险。研究人员认为，通过心理距离感知气候变化，可能会降低接受气候变化现实和影响的可能性，从而有可能忽视对缓解行动甚至适应行为的支持。然而，关于上述问题中涉及影响中国农民的行为选择的研究却很少。本章试图增加此类研究，为文献分析做出贡献。

适应反应的主要动机是对气候变化的感知[202]。风险认知是对潜在伤害或损失可能性的信念，这是人们对风险的特征和严重程度做出的主观判断。在这项研究中，风险感知被认为是农民对气候变化所带来的风险的特征和严重程度做出的主观判断。风险感知也是农民心理状态的一个重要指标。风险感知作为风险管理过程的重要组成部分，已成为社会学、心理学、灾害科学等领域的研究热点。然而，关于农民对气候风险感知的行为研究却很少。

信任是气候变化下农民行为的决定因素之一[208]。从社会学角度看，信任是社会关系的重要维度，是社会资本不可或缺的组成部分。以往的许多研究表明，对制度的信任与公众行为和农民的感知具有适度的相关性，适应气候变化依赖于专家、权威机构和媒体的所提供的信息，这将提高农民可获得的有关气候变化和适应技术的信息的数量和质量[209]。成功地减缓和适应气候变化取决于公众对专家和机构的信任。一般来说，农民获得的信息越及时、越准确，对气候变化的理解能力就越强，应对行为就越有效。在这项研究中，测量了农民对政府机构、专家和风险管理机构的信任，并讨论了这些发现对政府的影响。同时还考虑了政府如何提高信任水平，以促进农民参与气候友好行为。信念涉及自然危险的存在和特征。气候变化信念或意识是农民行为的重要预测因子。

先前的研究证实信念与适应性措施之间存在着很强的相关性。相信气候变化确实发生的农民总体感知风险较高，更倾向于采取缓解措施[206]。乌拉（Ullah）等研究表明，信念对气候变化措施有负面影响[202]。而哈希布安（Hasibuan）和麦克唐纳（Mcdonald）等，认为人们对气候变化的认识与缓解措施呈正相关[197,203]。对气候变化的信念体现在对气候变化相关现象的认识上，是衡量农民对气候变化发生和影响的程度[210]。因此，对不同群体的研究可能会产生不同的结果。研究公众如何感知风险，有助于决策者更好地理解目标人群是否认为应该解决风险。

传统上人们认为，气候变化风险只会影响其他人或国家，以及后代的利益。但目前，越来越多的研究支持这样一种普遍观点，即心理距离在接受气候变化的现实方面起着重要作用。其中，由利伯曼（Liberman）等提出的心理距离模型（CLT）概述了心理距离的四个关键维度：空间或地理距离；时间距离；感知者与社会目标（即另一个人或群体）之间的距离；不确定性（例如，某个事件发生的确定程度）[204]。目前，在气候变化领域内，研究 CLT 的文献非常有限。现有研究表明，气候变化最有可能影响地理和时间上相距遥远的人和区域。事实上，更多学者认为气候变化对发展中国家的影响可能更为严重，特别是那些地理位置位于南部的国家。除此之外，似乎还存在着一种普遍的空间偏差，即发达国家和发展中国家的人们都倾向于认为环境退化在全球一级比在地方一级更为严重。在目前的研究中，空间距离和社会距离仍然是混淆的。思朋斯（Spence）等[127]，最近的研究表明，洪涝灾害的经验（可以归因于气候变化的事件）与个人对气候变化的感知方式以及他们准备对气候变化采取行动的程度有着显著的关系，这意味着个人对天气和气候变化相关事件的经验可以激励他们采取行动。如果设计更有效的行为干预措施，必须考虑气候变化的心理距离，并考察该变量对一系列缓解和适应行动的影响，这将确保政府能够建立最佳的行为框架。

到目前为止，详细系统地分析农民心理距离的行为研究的文献较少，也缺乏相关文献对心理距离的不同方面，对气候变化的关注以及采取行动的意愿这三者之间的联系进行调查。因此，有必要更好地了解农户对三者之间关系的看法，以便在促进农民在应对气候风险努力方面制订有效的措施。对中国而言，农业一般以农业生产区和农牧业生产区为主。基于文献分析，农民行为可以划为适应行为和缓解行为，这两种行为被不同的群体所采用，探索不同行为之间的关系对于农民适应气候变化至关重要。本章基于行为变化框架 VBN 和 CLT

理论，通过对比分析不同区域农民特征，试图建立一个可以广泛使用的行为框架模型，以便更有效地解释农业生产中气候变化减缓和适应行为的预测能力，从而为农业生产环境下的环保行为提供知识体系。本章研究的理论框架如图7－1所示。

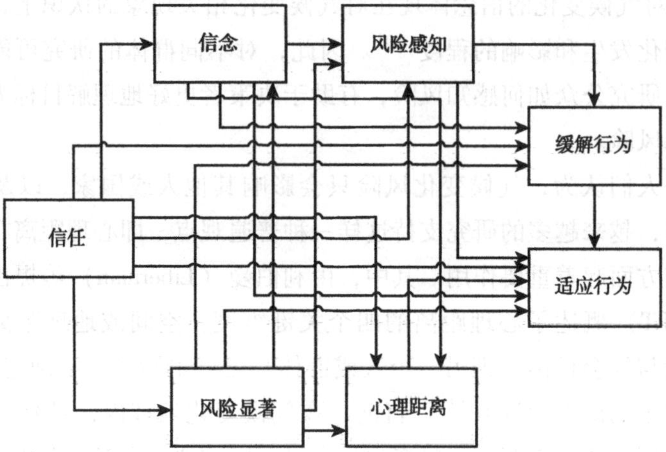

图7－1 本章研究概念框架

第三节 实证分析

一、样本选择

本章选取河南和内蒙古作为实证调查地区。河南是农业大区，2018年全省粮食产量6549万吨，占全国总产量的10%。河南小麦产量占全国小麦总产量的40%以上，素有中原粮仓的美誉，因此本章选择河南来研究农区的农民行为。内蒙古位于北纬37°~53°，是中国小杂粮三大产区之一，同时也是畜牧业全国五大牧区之首，被誉为“国家粮仓”“肉库”“奶罐”，因此本章选择内蒙古作为农牧区的研究样本以分析该区域的农民行为。

近50年来，河南省气温上升0.73℃，冬夏温差明显缩小，昼夜温差也有缩小的趋势。全省年平均降水量出现波动，年平均降水天数呈减少趋势。全省气象资料显示，极端干旱事件明显增多，强降雨、雪灾、霜冻、低温等灾害频发。对于内蒙古而言，同时期内蒙古降水量总体变化不显著，夏季降水量变化较年际变化更为明显。由于气候变暖的影响，暴雨等极端降水事件的频率正在增加。如前所述，这两个地区都容易受到气候变化的影响。

根据最优样本的选择原则，研究样本规模分别为河南和内蒙古的812名和500名农民。课题组采用多阶段分层随机抽样方法，在2019年秋季对研究区农户进行了一次面对面抽样调查。通过结构化问卷收集数据，本章采用李克特量表（Likert scale）对信念、心理距离、信任、风险显著性、风险感知以及农民行为分别进行了评估。

二、数据收集

在河南省，课题组共收集了812份样本，630份样本是有效的。其中，女性占44%，初中毕业生占28.7%，高中及以上学历占42%。河南约有30%的农民收入低于全国平均水平（7919元）。气候变化信念的平均分为4.1分，风险感知得分为4分，说明农民对气候变化的现实情况有很好的认识，对气候变化的影响高度敏感。缓解行为的平均得分为3.7分，而适应行为的平均得分为3.8分。结果表明，河南省的农户更倾向于适应行为。

在内蒙古，本次调研共收集500个样本，370个被认为是有效的。其中，女性占21.5%，初中毕业生占28.7%，高中及以上学历占73%。在内蒙古，大约30%的农民收入低于全国平均水平（7919元）。气候变化信念的平均得分为4.01，而风险感知得分为3.8。结果表明，内蒙古农民对气候变化的影响高度敏感，但与河南农民相比，内蒙古农民对气候变化风险的感知较弱。通过调查发现，农民对免耕农业并不敏感，因此将这种农业实践从模型中删除。

表7－1为气候变化调查问卷项目示例，括号内的结果代表内蒙古的计算结果，问卷的有效性得到了专家的认可。考虑到心理距离和社会距离的Cronbach α值小于0.6，我们选择试点样本时去除了这两个因素。然后，进行了第二次问卷调查，最终结果见表6－1。所有的问卷都被检查以确保答案是完整的。计算结果表明，Cronbach α可靠性系数的值一般为0.6～0.9（见表7－1）。所有剩余的影响因素都严格按照AMOS 20软件的要求进行了合规性测试。

表7-1　问卷结果汇总

维度	问卷	均值	标准差
气候变化的信念 α=0.88，M=4.1，SD=0.8 （α=0.87，M=4.01，SD=0.86）	我认为天气状况（降水和温度）与过去相比已经发生了变化	4.12（4.1）	0.8（0.86）
	我相信与过去相比，雪和雨已经减少了	4.15（4.1）	0.8（0.86）
	我相信近年来发生了更多的干旱、沙尘和其他不寻常的天气事件	4.04（3.9）	0.9（0.9）
	我认为近年来的旱季比过去来得早	4.05（3.9）	0.8（0.9）
	我相信这里的冬天不像过去那么冷了	4.21（4.3）	0.7（0.9）
	我相信夏天的风特别强烈，会扬起灰尘（夏天会有沙尘暴）	3.85（3.8）	0.9（0.9）
	本地区很可能受到气候变化的影响	4.17（4.1）	0.7（0.75）
心理距离 α=0.8，M=3.4，SD=1 （α=0.73，M=3.13，SD=0.9）	气候变化将主要影响远离这里的地区	3.14（3）	1（0.9）
	气候变化对城市的影响可能大于对农村地区的影响	3.3（3.1）	1.1（0.9）
	气候变化不会影响当代人，但会影响后代的生活	3.41（3.1）	1.3（0.9）
	我没有注意到气候变化的影响，但我认为气候变化的影响将在未来50年观察到	3.61（3.3）	1（0.9）
风险感知 α=0.91，M=4，SD=0.8 （α=0.89，M=3.8，SD=0.88）	我认为气候变化会导致土壤肥力下降	3.81（3.5）	0.79（0.9）
	我相信，气候变化将导致饲料和牲畜废物的减少	3.57（3.2）	0.87（0.9）
	我认为气候变化将对本省的农业产生负面影响	4.02（3.7）	0.71（0.89）
	我认为，气候变化对本省的小麦生产产生了负面影响	4.07（3.6）	0.73（0.88）
	我认为，由于气候变化，牛奶和肉牛的数量将会减少	3.74（3.4）	0.83（0.9）
	我相信，由于气候变化，病虫害会增加	4.05（3.9）	0.77（0.9）
	我认为，气候变化将导致生物多样性枯竭	3.88（3.7）	0.8（0.9）
风险感知 α=0.91，M=4，SD=0.8 （α=0.89，M=3.8，SD=0.88）	考虑到气候变化对整个社会的潜在影响，你对气候变化有多关心	4.2（4.5）	0.73（0.64）
	在我看来，由于气候变化，发病率有所上升	4.07（3.9）	0.75（0.9）
	你对气候变化（有时被称为“全球变暖”）对人类健康的影响有多关心	4.23（4.5）	0.7（0.7）

续表

维度	问卷	均值	标准差
风险显著 α =0.83，M =4， SD =0.78 （α =0.8，M =4， SD =0.9）	我亲身经历过全球变暖的影响	3.81（3.8）	0.81（0.79）
	我看到由于气候变化，水（河流、水井、泉水）减少了	4.14（4.1）	0.74（0.96）
	由于气候变化，我的庄稼质量下降了	4.03（3.8）	0.8（0.96）
	最近的干旱是由气候变化引起的	4.01（3.9）	0.78（0.85）
信任 α =0.93，M =4， SD =0.78 （α =0.9，M =3.9， SD =0.91）	政府机构可以提供有关气候风险的最佳信息	3.81（3.8）	0.81（0.8）
	政府机构可以为我提供足够的信息来决定我应该针对气候风险采取什么行动	4.14（4.1）	0.74（0.9）
	政府机构可以向我提供有关气候风险的真实信息	4.03（3.8）	0.79（0.9）
	政府机构可以及时向我提供有关气候风险的信息	4.01（3.9）	0.78（0.8）
适应行为 α =0.7，M =3.8， SD =0.97 （α =0.6，M =3.8， SD =0.94）	你会加大农药和化肥的使用，以适应气候变化的不利影响	3.7（3.3）	0.96（1.1）
	你会增加的灌溉频率，以适应气候变化的不利影响	4（3.75）	0.86（1.1）
	你会改变作物品种来适应气候变化的不利影响	3.72（3.87）	0.94（0.8）
	你会购买农业保险来适应气候变化的不利影响	3.7（4.2）	1.12（0.72）
缓解行为 α =0.8，M =3.7， SD =0.96 （α =0.6，M =4， SD =0.81）	为了减缓气候变化的潜在影响，你会使用免耕机直接播种	3.53	1.1
	为了减缓气候变化的潜在影响，会改变你的种植结构	3.64（3.9）	0.97（0.77）
	为了减缓气候变化的潜在影响，你会使用有机肥替代化肥	3.8（3.7）	0.86（0.9）
	为了减缓气候变化的潜在影响，你是否使用轮作（作物轮作）技术	3.8（4.1）	0.93（0.7）

第四节

结构方程模型结果分析

一、模型拟合分析

本章通过结构方程模型（SEM）以确定上述因素在多大程度上预测了农民

对气候变化的反应。为了检查并避免与自变量之间的多重共线性相关的问题，在进行结构方程建模（SEM）之前，本章测试了数据内的多重共线性。结果表明，变量的方差膨胀因子小于10，说明变量之间不存在多重共线性。然后，应用一系列计算出来的指标来测试所研究模型拟合度。指标包括近似均方根误差（RMSEA）、固定优度指数（GFI）、标准拟合指数（NFI）、卡方和最小自由度差异（CMIN/DF）。

麦卡勒姆（MacCallum，1996）提出了RMSEA的切入点，当RMSEA为0.08～0.1时，模型拟合良好。对于一般的路径，GFI应该比实际的路径要大。NFI可用于比较拟用模型与虚无模型之间的卡方差，从而产生与虚拟模型卡方值的比率。该值越接近1，模型的适用性越好[204]。CMIN/DF值介于1和3之间，表明假设模型与样本数据之间的拟合程度是可以接受的[211]。研究模型指标计算结果见表7-2，数据结果表明，从实证角度来看，该模型是可以接受的[204]。

表7-2　模型拟合总结

模型	CMIN/DF	GFI	NFI	RMSEA
河南	2.4	0.9	0.9	0.05
内蒙古	1.9	0.9	0.9	0.05

二、气候变化下河南省农民行为分析

结构方程模型结果如图7-2所示，路径系数表明了变量之间的关系强度。对于直接和间接影响的计算结果见表7-3，可以得出以下结论：信任与心理距离之间没有关系，信任对风险显著性、适应行为、缓解行为和风险感知具有正向影响，其路径影响系数分别为0.61、0.57、0.61和0.59（$p<0.1$）。信念对心理距离（0.14，$p<0.001$）和风险感知（0.1，$p<0.001$）有正向影响。风险显著性对风险感知（0.87，$p<0.001$）和适应行为（0.56，$p<0.001$）都有积极影响。风险显著性对信念有正向影响，其系数为0.71（$p<0.001$），风险感知对农民的缓解行为具有正向影响，其系数为0.268（$p<0.001$），心理距离对适应行为有正向影响（0.11，$p<0.05$）。结果进一步显示，缓解行为对适应行为有正向影响，其路径系数为0.8（$p<0.05$）。同时，本章的研究结论表明，信任与信念之间不存在关系。

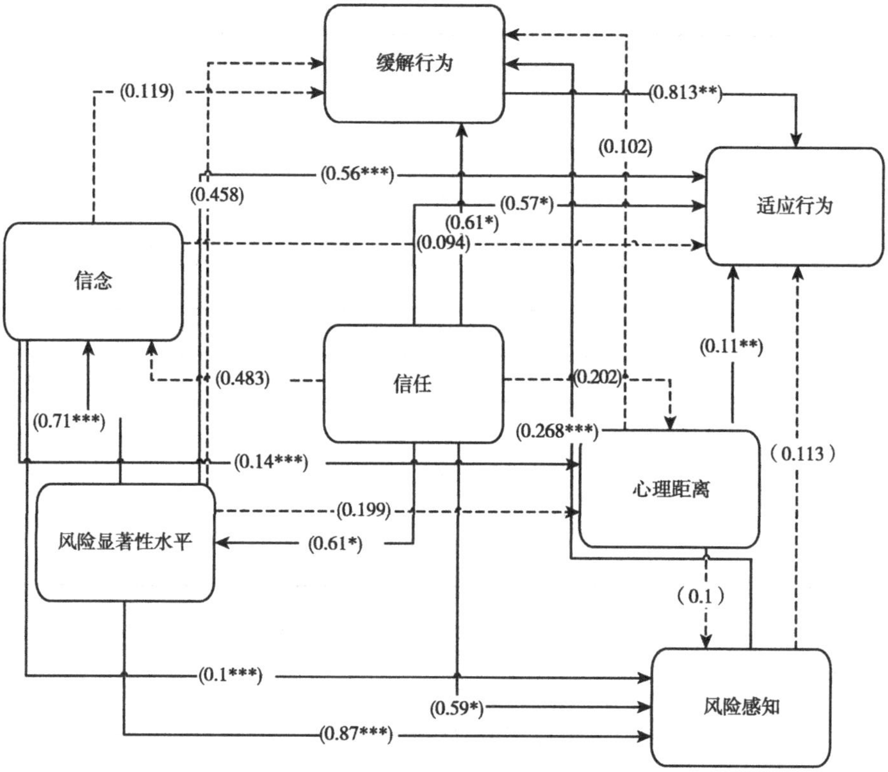

图 7－2　河南省结构方程建模与变量间路径系数

注：*** 表示 P<0.001，** 表示 P<0.05，* 表示 P<0.1，虚线之间表示两种变量之间不存在显著性关系。

表 7－3　　　　　　河南省各变量的标准化效应

标准化的总效应	信任	风险显著性水平	信念	心理距离	风险感知	适应行为	缓解行为
风险显著性水平	0.608	0	0	0	0	0	0
信念	0.483	0.71	0	0	0	0	0
心理距离	0.202	0.199	0.137	0	0	0	0
风险感知	0.591	0.867	0.11	0.092	0	0	0
适应行为	0.576	0.565	0.094	0.107	0.113	0	0
缓解行为	0.611	0.458	0.119	0.102	0.268	0.813	0
标准化直接效应	信任	风险显著性水平	信念	心理距离	风险感知	适应行为	缓解行为
风险显著性水平	0.608	0	0	0	0	0	0
信念	0.052	0.71	0	0	0	0	0

续表

标准化直接效应	信任	风险显著性水平	信念	心理距离	风险感知	适应行为	缓解行为
心理距离	0.073	0.102	0.137	0	0	0	0
风险感知	0.052	0.779	0.098	0.092	0	0	0
适应行为	0.214	0.399	0.068	0.097	0.113	0	0
缓解行为	0.131	-0.17	0.023	-0.001	0.176	0.813	0
标准化间接效应	信任	风险显著性水平	信念	心理距离	风险感知	适应行为	缓解行为
风险显著性水平	0	0	0	0	0	0	0
信念	0.432	0	0	0	0	0	0
心理距离	0.128	0.098	0	0	0	0	0
风险感知	0.54	0.088	0.013	0	0	0	0
适应行为	0.362	0.166	0.026	0.01	0	0	0
缓解行为	0.48	0.628	0.096	0.103	0.092	0	0

参考阿扎迪（Azadi）[211]等对适应性行为的间接影响路径的分析。本章计算变量间的间接影响如表 7－3 所示。研究结果表明，信任通过风险感知（β=0.48），风险显著性水平通过适应行为（β=0.628），信念通过风险感知（β=0.1）、心理距离通过适应行为（β=0.103）、风险感知通过适应行为（β=0.1）均可以对农民的缓解行为产生间接的影响。信任通过风险显著性（β=0.362）、风险显著性通过风险感知（β=0.166）、信念通过心理距离（β=0.026）、心理距离通过风险感知（β=0.01）均可对适应行为的产生间接影响。

综上所述，信任、风险显著性共同预测了风险感知方差的84%。信念可以预测心理距离方差的7%。风险显著性预测了信念的方差55%。信任、风险感知、风险显著性、心理距离和信念直接和间接预测了农民适应性行为方差的58%。信任、适应性行为、心理距离、风险感知、风险显著性和信念因素直接和间接的预测了农户缓解行为方差的83%。

三、气候变化下内蒙古农民行为分析

基于上述模型，经过适当调整，内蒙古结构方程模型计算结果如下。模型中每个路径的系数如图 7－3 所示。结果表明，信任对信念、风险显著性、心理距离、适应行为和缓解行为有正向影响，路径系数分别为 0.33、0.33、0.2、0.3 和0.4，在显著性水平为1%时。信念对风险感知（0.3，p<0.1）和缓解行为（0.1，p<0.001）有正向影响，对适应行为有负向影响（-0.124，p<0.001）。风险显著性对风险感知（0.88，p<0.001）、适应行为（0.55，p<0.05）和缓解行为（0.43，p<0.001）有显著影响。结果没有证实心理距离与农民行为、风险感知之间的关系。

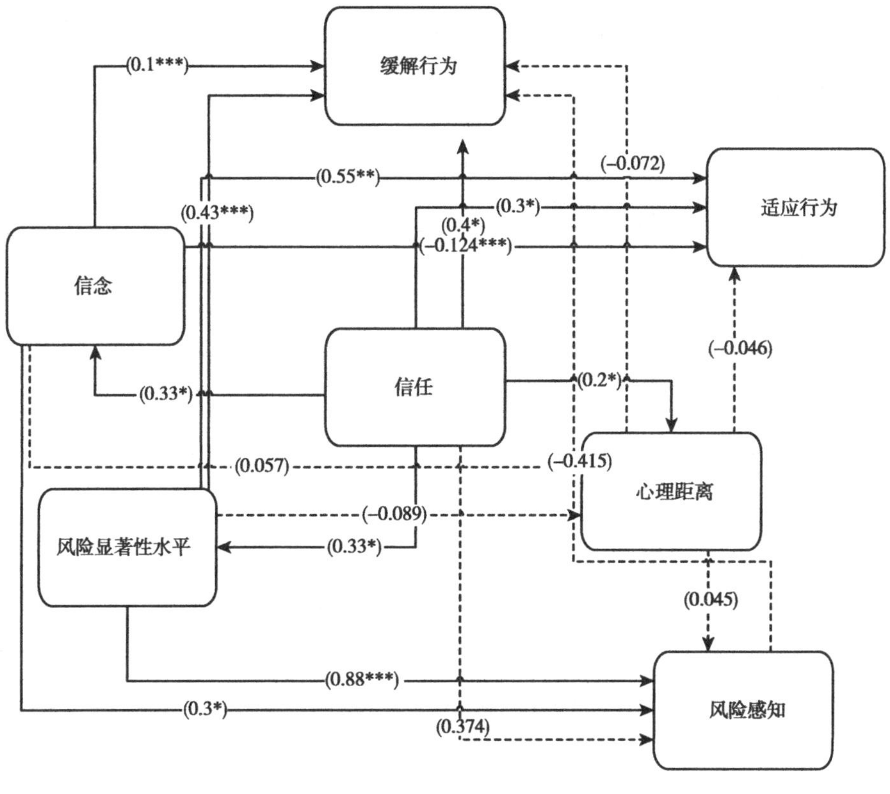

图 7-3　内蒙古结构方程建模与变量间路径系数

注：*** 表示 P<0.001，** 表示 P<0.05，* 表示 P<0.1，虚线之间表示两种变量之间不存在显著性关系。

变量间的间接影响如表 7-4 所示。信任通过信念（β=0.16）、风险显著性通过风险感知（β=-0.36）、信念通过风险感知（β=-0.12）、心理距离通过风险感知（β=-0.019）均可以对农户的气候缓解行为产生间接的影响。信任通过心理距离（β=0.13）、风险显著性通过风险感知（β=0.004）、信念通过风险感知（β=-0.003）均可以间接地对农户的适应行为产生影响。

表 7-4　　内蒙古各变量的标准化效应

标准化的总效应	信任	风险显著性水平	信念	心理距离	风险感知	适应行为	缓解行为
风险显著性水平	0.325	0	0	0	0	0	0
信念	0.326	0	0	0	0	0	0
心理距离	0.202	-0.089	0.057	0	0	0	0
风险感知	0.374	0.871	0.288	0.045	0	0	0
适应行为	0.341	0.555	-0.124	-0.046	0	0	0
缓解行为	0.416	0.435	0.093	-0.072	-0.415	0	0
标准化直接效应	信任	风险显著性水平	信念	心理距离	风险感知	适应行为	缓解行为
风险显著性水平	0.325	0	0	0	0	0	0
信念	0.326	0	0	0	0	0	0
心理距离	0.212	-0.089	0.057	0	0	0	0
风险感知	-0.013	0.875	0.285	0.045	0	0	0
适应行为	0.211	0.551	-0.122	-0.046	0	0	0
缓解行为	0.255	0.792	0.215	-0.053	-0.415	0	0
标准化间接效应	信任	风险显著性水平	信念	心理距离	风险感知	适应行为	缓解行为
风险显著性水平	0	0	0	0	0	0	0
信念	0	0	0	0	0	0	0
心理距离	-0.011	0	0	0	0	0	0
风险感知	0.386	-0.004	0.003	0	0	0	0
适应行为	0.13	0.004	-0.003	0	0	0	0
缓解行为	0.162	-0.357	-0.122	-0.019	0	0	0

综上所述，风险显著性和信念变量共同预测风险感知方差的90%。信任、信念、心理距离、风险显著性直接和间接预测了农民适应行为方差的37%。信念、信任、风险感知、心理距离、风险显著性可以直接和间接预测了农民缓解行为方差的41%。

第五节

讨　论

适应和减缓气候变化需要改变人类的生产系统和生活方式。公众对气候变化的认识是迈向这些变化的第一步。社会心理学和行为心理学的研究揭示了公众对环境变化的感知与其适应行为之间存在显著的正相关关系，本章的研究结论证实了这对不同类型的农民的重要性。基于这些信息，我们能够准确地评估农民对气候变化的理解，影响他们理解水平的因素，以及他们采取的不同行为措施的原因，以便政府应制订相关政策，提高农业适应气候变化的能力。

本章以不同的气候变化策略（减缓和适应）为基础，深入分析了不同类型农民对气候变化的心理变量，并试图建立一个统一的社会心理模型来检验不同地区的适应和缓解行为决策。研究结果表明，不同区域的农民均对气候变化及其相关风险表现出普遍良好的意识或信念，而这种知识和理解影响了当地应对策略方案选择。此外，研究结果显示，不同区域中影响气候适应的因素差异较大。

一、农区结果讨论

首先，上述结构方程结果显示，风险显著性是适应行为的重要预测因子。换句话说，当农民直接经历了气候的影响时，他们意识到了这种变化并倾向于更积极采取行动防止或抵消其影响，这与艾尔沙德（Arshad）等的研究结论一致[188]。其次，研究证明，心理距离在结构模型中起着中心作用，是适应行为的重要预测因子。心理距离对农民的适应行为有正向影响，当农区农户意识到气候变化的影响发生在偏远地区时，更愿意采取适应性策略来防止这种影响的发生。再次，农民的缓解行为可以对适应行为产生积极影响，这取决于农户风险意识的增加，积极采取缓解行为的农户，对气候变化意识较强更有可能采取积极的适应行为[198-199]。同时，模型结果表明，风险感知是缓解行为的重要预测因子，这意味着，当农民被告知气候变化对他们的农场、财产、健康和其他相关问题有负面影响时，他们将采取行动防止受其影响。最后，研究结果表明，信任不仅是适应行为的一个预测因素，也是影响缓解行为的一个重要因素。在气候变化的背景下，社会信任可能难以定义和研究。本章在试点测试之后，参考了信任的具体定义（即政府对气候变化风险的管理，提供有关气候变化风险等方面的信息[199]），基于斯克斯（vaske）等[204]的几个问题对社会信任维度进行测量。这些问题是为了评估受访者对“政府官员”有效管理气候变化风险的信任度。通过研究发现，在农业地区，要想具有影响力，社会信任可能需要在风险管理和政府机构之间建立一种特定的联系。研究强调了农民对政府信任的重要性，政府的行为有可能提升农民的环境行为。Menapace等[205]和 Spence 等[123]揭示了信任、风险显著性和风险感知之间的关系，并在其他研究中得到证实。然而，本章的研究没有检验到信任与信念之间的关系，这说明将社会信任与气候风险认知联系起来比较困难。气候相关风险本质上是多因素的，并不是任何特定地方或政府机构的明确责任。鉴于这一事实，社会信任的具体运作可能无法解释气候相关风险的多样性在风险认知上的差异。与凯尔斯泰特（Kellstedt）等[208]的结果不同，本章的研究表明信任不能促进农民对气候变化的理解。

虽然大量的研究已经证实了信念和行为之间的关系，但是在农区农户行为分析中并没有证实这种关系，该结论与美国某州一项针对农民的研究发现相似，农民在没有参与他们对气候因果关系信仰体系的情况下，也有可能采取主动行为。

二、农牧区结果讨论

首先，风险显著性是风险感知和行为策略的最大预测因子。这意味着，农牧区农民的气候变化意识的增强会提高其积极应对能力。

其次，研究证明，信任和信念是影响农民适应和缓解行为的重要因素。研究结果显示，信任可以影响信念、风险显著性、适应行为和心理距离，该结论揭示了农户气候变化信念与政府信任之间的高度相关性，气候变化信念对农民的农业风险认知至关重要。

本章的模型验证了信念与农牧区农民行为之间的相关性。气候变化的信念是指农民相信气候变化发生和影响的程度[214-215]或他们对气候变化相关现象的意识[210]。该研究证明，相信气候变化存在的农牧区农户更容易采取行为策略，这一发现与 Menapace L 等[205]一致。农民对气候变化的看法对他们评估适应措施至关重要。同时，模型结果再次强调了信任对农户行为选择的重要性。与农区模型结果相反，农牧区结构方程模型并没有证明心理距离与农民行为之间的关系。研究结果表明，在气候变化的背景下，农民行为和心理距离之间的假设关系可能不成立，并且通过操纵心理距离变量来改变农民行为可能是困难的[216]。

本章的研究结果将有助于决策者制订实施政策，帮助农民克服气候变化带来的挑战。在这方面，政府需要认识到农民的不同背景和他们的不同反应，这可能会影响农民调整其农业做法的能力。此外，决策者还需要关注影响农民对气候变化适应的认知和反应的各种因素。

综上所述，本章的研究分析显示，在农业地区，信念可以预测心理距离维度、心理距离影响农户的风险感知，这意味着提高农户对气候变化的信念可以提高农户的风险感知程度。该模型证明了心理距离、风险显著性与农户适应性行为高度正相关性，风险感知与农户缓解行为正相关性，但并未证明农民对气候变化的信念对农户行为的影响。同时，研究证明在农牧区地区，农户信念、风险显著性水平、信任对农牧区适应与缓解行为具有显著的驱动作用。

最后，本章所使用的模型结果显示，信任在农牧区和农业区影响相同，尤其是在农民的应对行为方面。政府信任是影响信念、风险认知和农民行为的重要因素。政府的行为可以诱导农民适应气候变化，了解气候变化的潜在危害，并主动实施缓解措施。政府信任的解释力不会因农民的社会人口特征的不同而不同。

第六节 政策建议

上述这些发现可以帮助决策者制订不同区域农户应对气候变化的风险沟通策略。根据研究结论，信任是提高农民行为的重要因素，在农民行为中起着关键作用。因此，如果农民信任传达或管理风险信息的机构，政府机构通过提及气候变化的信息来传达气候变化的风险可能会有效。基于此，本章建议政府机构在区域和国家层面提供有关不同气候变化情景、季节变化情况和预测信息。他们还应该提供有关这些气候变化危害影响的信息，这些相关信息最终会影响农户应对行为。

研究结果表明，对于农区农户行为而言，增加农区农户对气候变化（原因、影响和适应）的了解，增加农户气候变化的心理距离感知，可以鼓励农民适应气候变化。提高农民对气候的认识是对气候的一种长期的、结构性的反应。本章的研究结果表明，农民的有效反应将通过农民的自我效能来实现，而心理距离可以有效提高农户的风险感知能力。提高农民的气候变化意识，需要培养农民的能力、技能。研究还证明，农户的风险感知是影响农户缓解行为的主要途径，如果农户认为个人活动带来了气候变化的风险，他将会主动采取缓解策略减少气候变化。因此，气候政策制定者可以有效宣传可持续发展农业，寻求农业界的广泛支持，以鼓励农户积极采取行为，这表明咨询和推广教育工作需要为农民提供更有效的服务以便农户应对气候变化带来的风险。

对于农牧区农户行为而言，信任、农户信念、风险显著性水平均会对农牧区农户适应和缓解行为产生影响。但本章的研究并未证明适应行为与缓解行为在农牧区影响的不同。信念是风险感知与农牧区农户行为的显著预测因子。因此，提高农牧区农民的气候变化意识是非常必要的。农民只有认识到气候变化的存在及其对农业生产的影响，才会积极应对气候变化，规避气候变化给农业生产和家庭收入带来的风险。研究结果表明，提高农牧区农民的知识水平可以改变他们的行为，使他们能够对气候风险做出更好的行为选择。然而，气候变化风险信念往往受到信息提供、农业经验、认知偏差和其他因素的影响。当农民估计气候灾害的影响小于平均水平时，他们会低估气候变化的风险。因此，气候政策制定者应开展咨询工作，并向农民提供更多准确的信息。风险显著性是农民行为和信念的最大预测因子。对于农牧区农民来说，提高风险显著性不仅可以提高农民的适应行为，而且可以增加他们的缓解行为。研究结果表明，农业收入水平较高的农民更倾向于采取适应性措施。这也可以解释为，种植业收入占家庭总收入的比例对农民是否采取缓解措施有重大影响。根据研究结果，发展农业机构，改善农民获取气候变化信息的机会，有助于提高他们的适应水平。此外，还需要促进土壤肥力管理战略，提高推广服务的能力，以帮助农民制订和采取适当的应对策略。重要的是，这种推广服务要适应当地的情况并以当地的农业生态知识和技术为基础。

上述所有建议都强调了农业推广对风险沟通过程的重要性[238-239]。农业地区推广服务在增加农民的知识、提高气候变化影响的可见度、增加农民的心理距离和建立社会信任方面可以发挥关键作用。除此之外，在农牧地区推广服务必须向农民提供更多的信息，使他们能够正确理解气候变化的问题。定制化的行为和信息可能会对农户的反应产生更大的影响，基于此，政府应鼓励相关机构就气候变化的原因、影响、各种适应以及缓解方法对农民进行教育和指导，以便农民能够就现有的最佳缓解和适应方法做出明智的决定。

第七节

本章小结

农民行为是农业部门应对气候变化战略的基础。为了应对气候变化，农民的行为可以分为两类：缓解行为和适应行为。缓解行为可以降低气候变化的速率，而适应行为可以降低气候变化的脆弱性。研究农民在气候变化下的行为偏好，对于制订应对气候变化的政策、保障粮食安全至关重要。本章的研究以影响农民行为的因素为研究对象，构建了信任、风险感知、心理距离和风险显著性与农户行为之间的结构方程模型，探讨不同类型地区农民应对气候变化行为的差异。结构方程结果表明，在农区，风险显著性、心理距离、缓解行为对农户的适应性行为选择影响比较显著，风险感知仅对农区农户的缓解行为产生影响，信任不仅能预测农户适应性，还可以解释农户对缓解行为的选择，农户的适应行为可以促进其缓解行为。对于农牧区农户而言，信念、风险显著性水平、信任对农牧区适应与缓解行为驱动作用显著。研究结果为公共政策和风险沟通提供了建议，可以鼓励农民采取不同的行为策略以应对气候变化风险。

第八章

农业部门篇结论

第一节

研究结论

农业不仅仅是气候变化的“贡献者”，同时也是直接“受害者”。农业“靠天吃饭”的特性决定了它是最容易受气候变化影响的产业部门，在农业占国民经济比重大、气候适应能力相对较弱的发展中国家更是如此。虽然气候变化已经对我国农业生产造成了不利影响，但我们仍可通过采取有效措施缓解这种不利影响。本篇研究利用投入产出、空间经济计量模型、结构方程模型以及演化博弈方法深入探讨了农业与气候变化之间的关系，以及农业生产响应气候变化的应对机制和策略。通过对上述问题的分析和研究，本篇得到了以下结论：

第一，随着气候的变化，农业部门的不可操作性增加。在情景 RCP 8.5 中，农业部门不可操作性为 0.048，这意味着要满足气候变化引起日益增长的粮食需求，农业部门的初始投入要增加 4.8%。此外，气候变化对农业部门的影响会传递到其他经济部门。在不同浓度路径（RCP 2.6，RCP 4.5，RCP 8.5）情景下，所有部门的不可操作性排序是相同的，这意味着气候变化通过农业部门对经济系统影响的传导路径是稳定的，其中，受农业需求扰动影响最大的 5 个关键部门依次为第 3 部门（食品和烟草）、第 6 部门（炼油、炼焦和化学产品）、第 11 部门（电力、热力、燃气和水的生产和供应）、第 2 部门（采掘业）以及第 13 部门（批发零售、运输仓储邮政）。在情景 3 的条件下，经济整体存在 280.79 亿元的经济需求缺口，上述 5 个关键部门的需求变动为占总体需求变动的 70%。这意味着，农业适应气候变化带来的需求波动不容小觑，特别是在受影响的关键部门中，它决定了农业部门在面对气候变化时对整体经济体系安全性的影响。DIIM 研究结果表明，如果农业部门由于气候变动而突然出现需求变动，则第 6 部门具有最高的不可操作性极限，需要最长的时间恢复正常运行。农业气候扰动的影响不容小觑，经济系统能否承担这种扰动也是适应气候变化的关键，掌握这一关键部门路径和充足的财富积累是制订适应气候变化战略的基础。

第二，通过对我国农业碳排放的数据分析发现，我国碳排放的演变特征呈现出“平稳—波动—稳定”的变化轨迹。目前来看，我国的农业碳排放还未达到峰值。农业碳排放影响因素空间溢出效应表明，影响因素中 H－H 地区有 39 个数据点（占总数据的 49%）（自变量对这些区域及邻近区域的影响都比较高）。位于 H－H 地区的数据点主要集中于黄淮海农业区、长江中下游农业区、东北农业区和西南农业区。第二和第四象限分别为 L－H 和 H－L，数据分布点中有 15% 的省份处于 L－H 象限，主要集中于贵州、山西、安徽、吉林、青海以及河北。中国各省区市农业碳排放影响因素呈现出“双赢”或“弱—弱”联盟的区域关联模式，互补的区域关联模式较少出现。空间计量结果表明，人均农业生产总值、施肥总量、人均机械总动力均对农业碳排放有正向影响，其系数分别为 0.32、0.0083、0.18。从弹性的大小可以推断，人均农业生产总值增长是农业碳排放的主要驱动因素，虽然施肥总量在一定程度上能够促进农业碳排放，但与前两者相比，其作用相对较小。与之相反，农业产值比重、农村用电量、城镇化水平均对农业碳排放具有抑制作用，其系数分别为 －0.29、－0.37、－0.075。其中，农村用电量、农业经济结构的减排效用显著，且存在明显空间溢出效应，人口流动也可以直接影响农业减排。

第三，对我国的政策性农业保险现状进行了分析，将保险公司农险经营效率视为供给意愿的一个前置变量，实现了通过“效率”视角对农民投保惰性形成及影响机制的间接分析。基于有限理性假设构建了政府参与下，农民和保险公司之间的演化博弈模型，通过动态系统稳定性来寻找农业保险市场的均衡，揭示不同状态下农户与保险公司的演化博弈行为。研究结果表明，农户的“搭便车”行为和政府的运营补贴都不利于农民的投保行为；保险公司的赔付率、自然灾害的发生概率以及保费的上涨概率都对农民的投保行为具有积极的影响。研究从理论和实践角度揭示了提高农民投保积极性的重要途径，明确了政府与市场互补对促进我国农业保险发展的重要性，也进一步指出了农户与保险公司实现双赢的合作方式。

第四，对于农区农民而言，增加农区农户对气候变化（原因、影响和适应）的了解，增加农户气候变化的心理距离感知，可以鼓励农民适应气候变化，提高农户缓解行为的积极性也可以影响其适应行为。农民的有效反应将通过农民的自我效能来实现，而心理距离可以有效提高农户的风险感知能力。同时研究表明，农户的风险感知是提高农户缓解行为的主要途径。对于农牧区农民而言，本篇的研究并未证明适应行为与缓解行为在农牧区影响的不同，信任、农户信念、风险显著性水平都会对农牧区农户行为产生影响。信念是风险感知与农户行为的最大预测因子。提高农牧区农民的知识水平可以改变他们的行为，使他们能够对气候风险做出更好的行为选择。对于农牧区农民来说，提高风险显著性不仅可以提高农民的适应行为，而且可以增加他们的缓解行为。最后研究结果表明，农业收入水平较高的农民更倾向于采取适应性措施。这也可以解释为，种植业收入占家庭总收入的比例对农民是否采取缓解措施有重大影响。

第二节 研究展望

本篇就农业发展与气候变化之间的相关性进行了深入的研究和实证分析，所得结论具有一定的理论意义和现实意义。但是受客观因素与个人能力的限制，本篇仍然存在一些有待完善之处。

第一，研究有关农户信念、风险感知、心理距离、农民态度以及信任对农民应对气候变化行为的影响时，研究主要在某个时间点测量农民的态度和行为，缺乏长时间的跟踪调研，从而限制了研究因果推理的能力。未来研究中可以收集调查数据，用于检验农民对气候变化的信念和对变化天气（包括特定极端天气事件）的感知之间的变动因果关系。

第二，农业生产与气候变化是一个长期作用的复杂系统，特别是气候变化对农业生产影响的理论分析，由于关于气候变化的经济学目前还没有完整的理论体系，本篇主要从经济角度分析了气候变化对农业生产的影响，并未详细分析气候变化对农作物生产系统的影响。从农作物生产系统的角度深入探讨气候变化与农作物生产布局的关系是未来研究的重点。

第三，在研究过程中，考虑到数据的可获得性与代表性，参考联合国粮食及农业生产组织的《统计发展丛书》调查结果，选取河南、内蒙古为例，这对于我国大多数粮食产区农户行为选择而言具有一定的代表性，但仍忽略了气候在平均水平之外的异常分布。同时，由于我国存在多种气候条件，考虑到偏远地区的特殊地理条件与气候变化的问题，在数据可获取、时间和研究能力有保障的条件下，未来的研究中需要加入更多特殊条件的气候变化与更多的极端情况出现下的农户行为，需要更多省区市的数据支撑。

电力部门篇

第九章

电力部门与气候变化

第一节

选题背景

电力部门是气候变化领域的重要参与者，既是温室气体排放的最大单一排放源，也是易受气候变化影响的部门。气候变化将给电力部门带来巨大挑战[218,219]。有研究指出，到 21 世纪末，气候变化给电力部门带来的不利影响将占气候变化给整个社会造成的总经济损失的大部分[220,221]。由于电力部门产生的温室气体占温室气体总排放量的近 40%，电力部门将成为我国实现碳中和承诺的关键部门[222]。与此同时，电力部门也需要应对气候变化导致的不断变化的电力需求和供给条件，保障地区电力安全。

能源系统越来越受到气候变化影响的影响，尤其是电力系统，容易受到自然压力因素的影响，如野火、强风暴、极端温度和水文循环的长期中断。正如，近年来，电力系统面临着越来越多的自然压力，如 2021 年得克萨斯州的寒流以及西部的野火和干旱。这些压力源越来越多地导致区域电力中断，有充分的理由认为，随着气候变化的加剧，这些压力在未来可能会增加。与气候相关的水资源压力和温度变化的影响可以通过能源系统级联，尽管模型尚未捕捉到这种复合效应。在一天、一周和一年的关键时间，电力供应的间歇性中断是造成经济影响的主要原因。整个区域经济的净消费损失每年可高达 0.3%，平均电力成本增加 3%，区域制造业的生产损失超过 1%。随着相互依赖的系统因同时发生的许多压力源而变得更加紧张，所需要的只是再次推动一个问题，而该问题可能会出现在其他地方，因为该系统是一个单一的互联网络。尽管在过去的 50 年中，我们没有发生太多灾难性的停电，但确实需要为可能发生的事情做好准备。

气候变化对电力需求侧的影响主要表现在气温上升导致的空调使用增加而引起的电力需求增加，尤其是在夏季用电高峰更突出。气候变化将影响整个地区的电力需求模式。气候变化对电力供给侧的影响更为复杂，不同类型发电形式对气候变化的反应也不同。对传统热力发电来说，气温升高会使燃煤发电厂的冷却水消耗升高，并降低热电厂发电效率。对可再生能源来说，气候变化会改变一个地区的可再生能源资源禀赋，增加该地区可再生能源发展的不确定性。在气候变化的影响下，通过目前的供电结构满足夏季电力需求高峰的难度越来越大。如何准确掌握气候变化对电力需求侧的影响和构建多元化电力供应体系是研究电力部门如何提高应对气候变化能力的方向。地方政府需要在引导燃煤发电厂进行适应气候变化技术改造的同时，推动更多的可再生能源（如太阳能等）发挥重要作用。同时，由于电力部门庞大的资产规模和在国民经济体系中的特殊地位，电力部门需要成为地区应对气候变化努力的领导者，电力部门能否成功应对气候变化是地区应对气候变化的关键。

需要重视的是，减缓气候变化和适应气候变化都与电力部门密切相关，都是提高电力部门应对气候变化能力的重要方面。减缓气候变化的重点是降低电力部门的温室气体排放，主要措施有提高可再生能源发电比例等。适应气候变化的重点是增强电力部门的气候弹性和降低其气候脆弱性，主要措施有进行适应气候变化技术改造、提高现有供电设施的适应气候变化能力等。减缓气候变化和提高电力部门的适应气候变化能力之间并不矛盾，适应行动和减缓行动都是为了促进电力部门应对气候变化。

正如政府间气候变化专门委员会（IPCC）适应气候变化报告所述，尽管减少温室气体排放（减缓气候变化）是一个优先事项，但这些减缓行动的长期气候效益通常需要几十年才能显现出来[6]。鉴于气候变化的危害和影响越来越显著，提高电力部门的应对气候变化能力变得越来越紧迫。虽然需要满怀希望，但是也应该认识到，提高我国电力部门的应对气候变化能力有许多工作要做。需要同时围绕电力需求侧和电力供给侧夯实三个关键方面：提高对气候变化引起的电力需求模式改变的认识，提高可再生能源比例，提高现有燃煤发电厂的适应气候变化能力。政府需要围绕这三个方面构建合理的交易机制和政策环境促进电力部门的应对气候变化行动。

为了在2060年实现碳中和目标，我国需要对传统燃煤发电的建设和运营进行限制，电力供给将面临更多挑战。需要提高可再生能源发电量，以满足电力需求的增长。此外，燃煤发电厂和可再生能源发电（如水力发电和太阳能发电等）对气候变化都比较敏感，气候变化会降低火电厂的效率和增加地区可再生电源发电的不确定性。为了降低气候变化对地区电力供给侧的影响，需要进一步丰富地区供电结构，降低对单一供能形式的依赖。目前我国电力供给结构主要由燃煤发电、水力发电、核电、风电、太阳能发电和燃气发电等组成。2019 年我国电力供给结构如图 9 - 1 所示。其中燃煤发电约占我国发电量的65%，是我国目前电力供应的基础。我国未来需要弱化燃煤发电的基础地位，发展太阳能、风能等多种形式的清洁能源，提高可再生能源发电比例，丰富供电结构。

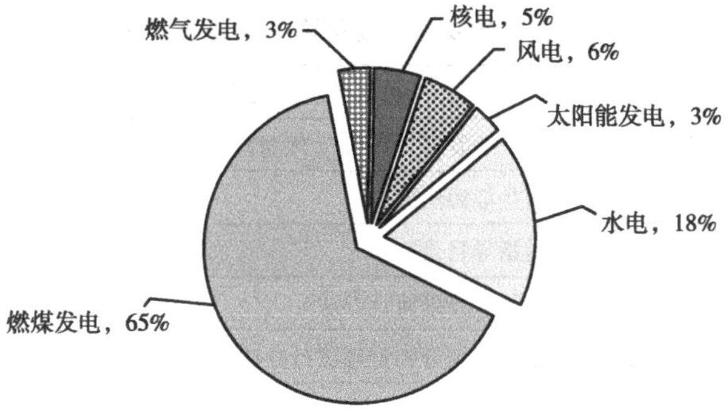

图 9 - 1　2019 年我国电力供给结构

虽然发展可再生能源是我国实现碳中和目标的必然选择，但是目前我国仍然严重依赖燃煤发电，燃煤发电在未来几十年仍将是我国电力供应的主要方式。燃煤发电是水密集型的，燃煤电厂运营发电时需要消耗大量的淡水资源。燃煤发电的工作原理是通过煤炭燃烧释放热量来加热锅炉内的水形成高温高压水蒸气进入蒸汽轮机做功发电的过程[223,224]。在这个能量转换过程中，做功后的乏汽须送入凝汽器进行冷凝，冷凝过程释放出大量低温废热，需要由冷却水带出，并散于周围大气或者水域中[225]。冷却水温度的高低影响着燃煤电厂的发电效率[226,227]。如果冷却水温度升高，蒸汽轮机在低压端乏汽凝结形成的真空度就会降低，这会降低蒸汽轮机的发电效率，同时也会增加电厂的冷却水消耗[228-230]。对于燃煤发电厂来说，淡水资源不足或环境温度过高将会限制它们的发电量[231]。气候变化引起的淡水资源的减少和地表水温度的升高可能会加剧这些制约因素对燃煤发电厂的影响[232]。我国未来需要在逐步降低燃煤发电比例的同时，提高燃煤发电厂的适应气候变化能力。

21 世纪初以来，我国越来越重视可再生能源的开发，如太阳能、风能和水力发电等。可再生能源发电量占比也从2000年的17%提高到了2019年的32%。根据我国的碳中和目标，可再生能源发电在未来需要扮演更为重要的角色。近年来为了促进可再生能源发展，我国颁布了一系列促进可再生能源健康发展的政策法规，如表9-1所示。尤其是自2005年《中华人民共和国可再生能源法》颁布以来，一系列有关促进可再生能源健康发展的政策法规逐渐构建了我国可再生能源政策体系。回顾我国可再生能源政策法规的演变历程，我国的可再生能源政策法规主要经历了以下三个阶段：立法扶持阶段（2005~2014年）、促进消纳阶段（2015~2017年）、市场引导阶段（2018年以来）。

表9-1　　2000~2020年我国主要可再生能源政策法规

年份	可再生能源政策法规
2002	《新能源和可再生能源产业发展“十五”规划》
2005	《中华人民共和国可再生能源法》
2005	《可再生能源产业发展指导目录》
2006	《可再生能源发展专项资金管理暂行办法》
2006	《可再生能源发电价格和费用分摊管理试行办法》
2007	《可再生能源中长期发展规划》
2007	《电网企业全额收购可再生能源电量监管办法》
2008	《秸秆能源化利用补助资金管理暂行办法》
2008	《可再生能源发展“十一五”规划》
2009	《完善风力发电上网电价政策的通知》
2010	《海洋可再生能源专项资金管理暂行办法》
2011	《关于完善太阳能光伏发电上网电价政策的通知》
2011	《可再生能源发展基金征收使用管理暂行办法》
2012	《可再生能源电价附加补助资金管理暂行办法》
2012	《可再生能源发展“十二五”规划》
2013	《分布式光伏发电项目管理暂行办法》
2013	《关于促进光伏产业健康发展的若干意见》
2014	《能源发展战略行动计划（2014-2020年）》
2014	《关于进一步落实分布式光伏发电有关政策的通知》
2015	《关于改善电力运行调节促进清洁能源多发满发的指导意见》
2016	《可再生能源发电全额保障性收购管理办法》
2016	《关于改善电力运行调节促进清洁能源多发满发的指导意见》

续表

年份	可再生能源政策法规
2016	《可再生能源发展“十三五”规划》
2016	《关于建立可再生能源开发利用目标引导制度的指导意见》
2017	《关于实施可再生能源绿色电力证书合法及自愿认购交易机制的通知》
2017	《解决弃水弃风弃光问题实施方案》
2018	《关于减轻可再生能源领域企业负担有关事项的通知》
2018	《关于推进太阳能热发电示范项目建设有关事项的通知》
2018	《可再生能源电力配额及考核办法（征求意见稿）》
2019	《关于规范优先发电优先购电计划管理的通知》
2019	《关于推进风电、光伏发电无补贴平价上网项目建设的工作方案（意见稿）》
2020	《关于公布2020年风电、光伏发电平价上网项目的通知》
2020	《关于促进非水可再生能源发电健康发展的若干意见》

我国的可再生能源政策法规促进了可再生能源的发展，并在一定程度上丰富了我国的供电结构。但是，由于可再生能源发电高度依赖于地区相关可再生能源资源禀赋，如太阳能总辐射量、水文资源和风力模式及强度等，因此可再生能源发电对气候变化的敏感程度可能比化石能源发电还要高。例如，有研究指出，气候变化会改变地区太阳能总辐射量：二氧化碳浓度的增加与气候变化引起的大气云量增加将导致全球太阳能辐射可用性水平下降[233]。同时，由于可再生能源发电设备往往暴露于自然界中（如光伏组件和风机等），可再生能源发电系统也比较容易受到极端天气事件的影响。不同类型的可再生能源受气候变化影响的形式和程度也不尽相同。

由于我国煤炭能源资源储备主要集中在中西部地区，能源供给与能源需求地区之间不平衡，需要实施大规模、长距离的跨区域电力传输以满足东部地区电力需求[234]。为了增强地区电力部门的气候弹性，电力部门也要减少对大电网的依赖，因为大电网更容易受到极端气候事件引起的断电和停电影响。通过微电网更多地使用靠近需求侧的可再生能源是一种潜在的有效应对措施。对于电力供给侧而言，可再生能源微电网既可以增加电力系统的灵活性，也可以通过消纳靠近需求侧的可再生能源来满足日益增长的电力需求。例如，在建筑物旁边安装小型风力发电设施或在建筑物顶层放置光伏阵列。为了应对气候变化，未来各种形式的可再生能源发电可能也需要越来越多地通过微电网与建筑物相结合。

气候变化对电力部门的影响也会传递到地区经济的方方面面，对经济系统内其他经济部门产生许多不利影响。例如，停电可能也会给公共健康带来风险，并造成严重的经济成本[235]。提高电力部门的应对气候变化能力将成为地区发展的基础任务。电力部门的应对气候变化机制应包括一系列战略组合，需要兼顾缓解气候变化和提高现有发电设施的适应气候变化能力。适应和缓解都应遵循增加电力部门气候弹性的指导原则，即增强地区电力部门在一系列未来气候和社会经济条件下运营的能力[236]。虽然这些环境和社会经济条件的变动无法控制，但可以对气候变化造成的环境变化进行合理的预期。如电力部门规划要合理考虑未来的平均气温升高给电力需求带来的综合影响和电力部门所需承担的供能任务和减排任务。因此，电力部门需要通过预测和掌握气候变化的可能影响并采取措施提高电力部门的应对气候变化能力。无论是降低气候变化引起的极端天气事件对电力部门的风险，还是应对平均气温升高和水资源可利用性降低等更为渐进的变化对电力部门的影响，都需要丰富地区电力供应结构和提高现有供电设施适应气候变化能力。需要通过使电力供应多样化和对现有供电设施进行适应气候变化技术改造，进一步扩大电力需求与电力供给的选择组合[237]。

当前，发展可再生能源和提高现有供电设施的适应气候变化能力都面临诸多困难，因为都需要投入大量资源。所有应对气候变化行动或措施都需要大量的资本，这仅仅依靠政府是不够的，需要社会资本的参与。然而社会资本更加注重短期经济收益，社会资本是否会积极参与电力部门应对气候变化行动存在较大的不确定性。另外，一些措施涉及的成本相对较高，电力需求端对这些措施的接受程度可能也有限，因为接受这些措施意味着用电成本的上涨。因此，需要对电力部门的应对气候变化措施和资源进行审慎决策，充分利用有限的资源以达到最大限度降低气候变化不利影响的目的。

第二节 文献综述

电力是现代社会的生命线，可靠的电力部门对社会的稳定和经济的发展都至关重要。电力从保持医疗设备工作，到维持通信系统稳定运行，已融入人们工作和生活的方方面面，电力已经成为现代生活有序进展的基础条件。在任何时候确保安全可靠的电力供应都是至关重要的。随着大气温室气体浓度的增加，电力系统正面临着气候变化带来的巨大压力和挑战。不断上升的全球气温、更加极端和多变的降雨模式、不断上升的海平面和更加频发的极端气候事件已经对电力部门安全构成了重大威胁，并且呈加剧趋势。令人矛盾的是，电力部门也是最大的温室气体排放源，其受气候变化威胁的同时也在推动着全球气候变化。电力部门与气候变化之间存在非常复杂的关系。本部分对电力部门与气候变化相关领域研究进行回顾，以捕捉促进电力部门应对气候变化的研究重点和方法论。

一、气候变化对电力需求影响研究

当下社会，电力是企业和家庭最不可或缺的能源形式[238]。影响一个地区电力需求的因素有很多，如经济结构[239]、技术水平[240]、电力价格[241]、建筑特点[242]和居民生活习惯等[243]。除上述因素外，气候变化对未来地区电力需求的影响将会越来越显著[244]。如何准确理解气候变化对地区电力需求的影响是一个亟须回答的重要而复杂的问题，同时也需要更多的努力和尝试去研究气候变化对电力供应链的潜在影响[245,246]。

关于气候变化对地区电力需求影响的最早研究之一是巴克斯特（Baxter）和卡兰德里（Calandri）于1992年对美国加利福尼亚地区的研究[243]。这项研究发现，尽管气候变化将同时影响与供暖和制冷相关的电力需求，但气候变暖引起的制冷需求的影响远远超过了对供暖需求的影响。许多学者在探索气候变化与电力需求关系方面也已经做出一些很有意义的尝试。学者们基本上都认同这一观点，电力部门尤其是电力需求侧对气候变化非常敏感[248-251]。

总体来说，气候变化会从多个层面影响地区电力需求[252,253]。斯克兰德（Eskeland）和米德克萨（Mideksa）2010年对欧洲31个国家和地区的用电量与室外气温的关系进行了长达10年的研究。其研究结果表明，气温对电力需求具有统计上的显著影响，特别是高温会导致地区更多的电力需求[250]。德舍讷（Deschênes）和格林斯通（Greenstone）2011年的研究同样指出21世纪的气候变暖可能会大幅增加地区对电力的需求[251]。奥夫哈默（Auffhammer）和阿龙鲁恩萨瓦特（Aroonruengsawat）2011年模拟了气候变化引起的气温升高对加利福尼亚州居民用电的影响，他们认为在人口不变的情况下，到21世纪末，家庭的总用电支出可能会增加55%[252]。Auffhammer和Mansur（2014）回顾了气候变化对能源部门影响的实证文献，他们通过总结一系列实证文献得出结论：气候变化可能会通过人们对短期天气变化冲击的反应以及社会应对气候变化所做出生产模式改变来影响地区能源需求[257]。一方面，在一个更温暖的环境中，人们在生产和生活中将需要更多的制冷电力需求[258]；另一方面，寒冷天气的减少会导致制热需求的减少，这也会降低地区对电力、煤炭和天然气的需求[259]。Li 等（2019）研究了气候变化对我国长三角地区的电力需求影响，他们发现，日平均气温上升 1℃ 大约会导致电力需求增长 14.5%[256]。Auffhammer 等（2017）认为，除了应该考虑气候变化对电力整体需求增加的影响，气候变化引起地区用电高峰负荷频率和强度的提高对电力部门的影响可能更大[220]。

建立气候变化与地区电力需求之间的量化关系，首先需要明晰如何选择合适的气候因素。气候变化的主要表现特征是地表平均气温升高，在大多数文献中通常将能源需求—温度的关系假定为“U”形曲线。根据古普塔（2012）的研究，电力需求—气温响应函数可表示为图 9－2 中的“U”形曲线，其中曲线最低点为转换阈值，该阈值就是制热需求向制冷需求转换的临界温度[261]。在许多实证研究文献中，气候变化影响评估建模过程中通常将制热需求度（HDD）和制冷需求度（CDD）作为环境温度的代理变量。HDD 用于量化地区在特定环境温度下对空间制热的需求程度，衡量了一段时间内对制热的总需求；CDD 用于量化地区在特定环境温度下对空间制冷的需求程度，衡量了一段时间内对制冷的总需求。考夫曼等（2013）在他们的案例研究中认为 18.3℃ 是

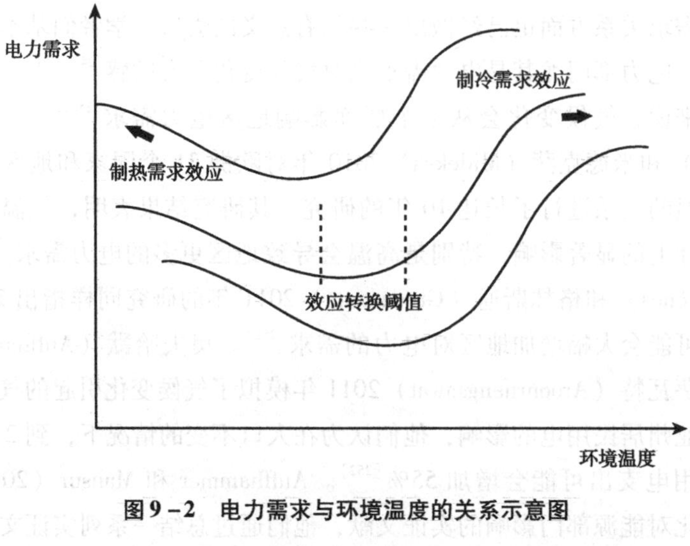

图 9－2　电力需求与环境温度的关系示意图

制热制冷需求转换的阈值，但是他们在研究中同时也指出这个阈值不是一成不变的，会受当地居民的生活习惯和建筑结构等特点影响[262]。因此，在研究气候变化对具体地区电力需求影响时，应根据当地的具体情况确定该阈值。

随着气候变化对具体地区电力需求的影响引起越来越多的学者关注，用于分析气候变化对电力需求影响的方法也得到了很大的扩展。撒迦利亚迪斯（Zachariadis）和哈吉尼科拉乌（Hadjinicolaou）2014 年通过将经济学与气候科学相结合的跨学科方法，评估了地中海塞浦路斯岛由气候变化引起的额外电力需求和由此造成的相关成本[259]。尼德兰（Hollanda）等 2016 年通过将气候变化因素纳入长期电力需求预测模型，预测了不同气候变化情景下巴西的电力需求。他们的结果表明，巴西的年平均用电量将继续增加，直到 2060 年达到峰值[260]。范（Fan）等 2019 年基于 1995～2016 年中国 30 个省区市的面板数据估计了气候因素对中国电力需求的影响，实证结果显示，气候变化对我国年度电力需求存在潜在影响[261]。布里略（Burillo）等 2019 年分析了气候变化对洛杉矶电力消耗的影响，他们指出气候变化将导致洛杉矶在 2060 年的整体电力需求增加 4%～8%[262]。

二、促进可再生能源发展研究

为了促进中国电力部门的脱碳步伐，有必要改变电力供应结构，增加可再生能源的发电量。同时排放控制和空气污染防治的紧迫性也为可再生能源发电创造了足够的机会。可再生能源发电的成本，如光伏发电和风力发电（见图 9－3），正持续降低，未来 10 年内可能会下降到可以与传统火力发电竞争的水平[267]。同时，高效智能电力系统的建设和智能电网技术的创新也为可再生能源发电的发展提供了技术支撑。但是目前我国可再生能源发展仍面临一系列问题：一是由于电网建设与新能源发电建设不协调；二是电网调峰能力不足以满足可再生能源发电的需求，造成一些地区弃风、弃光现象严重[268,269]；三是特高压直流工程无法与大型火电机组匹配实现独立输电，集中式远距离输电也存在收集网络损耗大、成本高的缺点[236,271－274]；四是由于缺乏适当的输配电和消费模式，可再生能源发电边际成本低的优势没有得到充分发挥[275,276]。

破解这些问题的关键是引导可再生能源就地就近消纳，供给当地电力消费端。就地就近消纳既可以提高可再生能源发电的利用率，也符合可再生能源发电建设的原则。引导可再生能源向就地就近消纳方向发展，可从以下几个方面

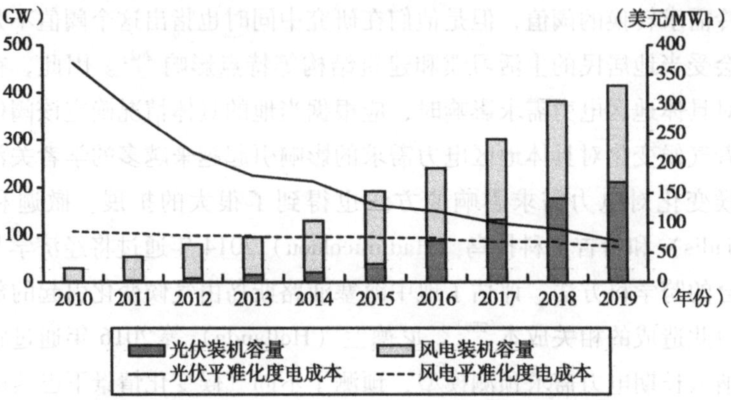

图9-3　全球风电和光伏的装机容量与平准化度电成本

着手：一是提高主电网接受可再生能源发电的能力[277-280]；二是开展可再生能源电力直接交易，加快零售电力交易市场化进程，建设辅助服务市场，开展可再生能源与电力负荷的直接交易，加快电力期货市场的建设[281-283]；三是积极推进并网型微电网建设[284-286]；四是提高电储能技术，提升可再生能源发电的可控性和提高供电质量。为了将这些可再生能源发电纳入电网并促进近端消费，可再生能源微电网是一种可行的方式[272]。

微电网作为一种用户侧电网，具有降低传输损耗、提高供电可靠性、可以提供非均匀电能质量等优点[288]。也正是这些优势使微电网成为促进可再生能源发电近端消费的可行方式。可再生能源微电网是一个由分布式电源（通常是可再生能源，如太阳能或者风能）、电力需求侧、储能系统和分散的电网设备组成的可控的电力系统[289,290]。截至2017年，我国已有1000多个微电网投入运行，包括并网型和孤岛型[291]。典型的应用场景包括社区、学校、商业中心和工业园区等项目。

可再生能源微电网中大多数分布式电源通常以太阳能和风能等作为一次能源，这既有利于减少二氧化碳排放，也可以丰富该地区供电结构、应对气候变化对该地区电力需求侧的影响[273]。目前，我国的微电网主要采用太阳能光伏发电[272]，例如，位于青海省共和县的2.06MW太阳能光伏社区微电网和位于江苏省扬州市的1.08MW太阳能光伏社区微电网[292]。可再生能源微电网靠近电力需求侧，在降低电力部门温室气体排放的同时也可以消除电力大规模长距离传输过程中的线损[276]。太阳每年向地球表面投射1.4×10^5 TW的能量，其中约有3.6×10^4 TW的能量是可以利用的，这远远大于全世界的电力需求[293]。

从理论上讲，太阳能是取之不尽、用之不竭的能源形式。我国幅员辽阔、电力需求高，在利用可再生能源微电网方面具有非常大的潜力和动力[294]。

可再生能源微电网有利于提高电力部门的应对气候变化能力，但是其推广过程中也存在许多障碍，如前期资金投入大、电力产出具有间歇性和对可再生能源资源依赖性强等。大多数可再生能源都是间歇式电源，其随机特性具有高度的地区依赖性，对所在地区的相关资源禀赋依赖性很强[274]。我国国土面积比较大，不同类型的可再生能源资源在不同地区的分布也不尽相同。因此，在早期的规划和推广应用阶段，政府需要采取适当的政策工具来引导可再生能源微电网项目的建设。这些激励政策工具可能包括电价补贴和其他各种激励机制等[295]。在我国，电价补贴是目前应用最广泛的可再生能源微电网项目激励政策[296]。电价补贴旨在通过向微电网建设投资业主提供一个向电网公司出售电力的保证购电价格来促进微电网项目的推广。然而，电价补贴政策给予的激励价格可能会抑制健康的市场竞争，并增加各级政府的财政负担[297]。为了促进可再生能源微电网项目的发展，除了电价补贴政策外，应该探索制订更加市场化的政策工具作为补充或者替代。同时，考虑到地区可再生能源资源禀赋分布的不同，要根据具体地区特点制订差异化的政策。

学者们目前主要从两个方面研究如何促进可再生能源项目的发展。一方面是如何促进可再生能源相关技术的发展，另一方面是如何构建政策环境使可再生能源作为供能形式具有竞争力。在可再生能源技术研究方面，大多数学者关注如何降低光伏组件成本、提高能源转化效率和储能设备效率[298-301]。在激励政策方面，大多数研究者关注的是如何制订政策以最大限度地增加可再生能源项目的建设[270,301-303]。这些研究工作在分析可再生能源项目时较少考虑地区可再生能源资源禀赋。因此，需要根据地区可再生能源资源禀赋，探索具有地区差异性的可再生能源发展策略。这样，政府才能够制订对社会最优的政策来促进可再生能源的发展，最大限度地减少温室气体排放和应对气候变化对地区电力供应链带来的负面影响。

三、气候变化对燃煤发电厂影响研究

燃煤发电厂是一种典型的热力发电形式，在这个能量转换过程中，环境温度的变化会影响其转换效率[304]。如果冷却水温度升高，蒸汽轮机在低压端乏汽凝结形成的真空度就会降低，这会降低燃煤电厂的发电效率，同时也会增加电厂的冷却水消耗。气候变化将对燃煤发电厂产生一系列不利的影响[305]。有文献记录，21 世纪的两次欧洲热浪使位于德国和法国的一些热电厂被迫降低发电量，甚至不得不暂时关闭[306]。2007 年澳大利亚持续的干旱和电厂用水资源的定量供应迫使三家大型燃煤发电厂缩减生产规模，这推动了全国电力批发价格的升高[307]。

近年来，随着气候变化对燃煤电厂的影响越来越显著，越来越多的学者开始关注这一现实问题。有学者研究表明，到 21 世纪中叶，欧洲、美国和全球可用的火力发电容量将分别下降 6.3% ~19%、1.6% ~16% 和 8% ~16%[308-310]。万（Van）等 2012 年对美国和欧洲一些地区的研究表明气候变化会提高地表水温度和降低河流的平均流量，这可能会使这些地区在 2031 ~2060 年的火力发电量极端减少（>90%）事件发生的概率增加至少三倍[306]。基尔申（Kirshen）等 2008 年研究了气候变化对美国波士顿地区的影响，认为气候变化将引起该地区地表水的热负荷和火力发电厂的需水量不断增加，由此引发的热排放限值和水资源短缺将给电力部门带来巨大的经济损失[307]。罗布克（Rubbelke）等 2011 年研究了气候变化对欧洲地区电力供应结构的影响，并分析了气候变化引起的电力供应短缺如何通过欧洲电网在单个欧洲国家间传输。他们认为水资源短缺对热电厂冷却过程的威胁未来在整个欧洲都将成为一个非常重要的问题，除了电力生产大国会受到影响外，像荷兰这样依赖电力进口的国家也将受到气候变化的影响[308]。斯科奇科夫斯基（Skoczkowski）等 2018 年分析了欧盟减缓气候变化政策在 2008 ~2020 年对波兰煤炭发电部门的影响。他们认为在欧盟（EU）雄心勃勃的气候政策的压力下，依赖煤炭发电地区的社会用电成本可能会升高[309]。Wang 等（2019）对亚洲地区燃煤电厂的气候变化脆弱性进行了研究，认为未来的气候变化会降低了蒙古国、东南亚、印度和中国等国家和地区每年可利用的煤炭发电装机容量，并指出了以煤炭发电为基础的亚洲长期电力计划会存在难以预估的气候变化风险[310]。

一些研究从微观视角研究了气候变化对燃煤电厂的影响。Zhang 等（2017）对燃煤电厂的冷却水使用情况进行了研究。他们认为随着气候变化的加剧，冷却水越来越成为燃煤发电厂的关键资源[311]。因为燃煤发电厂以当地地表水作为冷却水来源，所以当地水资源供给和水域热容量受到限制时，这些燃煤发电厂可能会被迫降低发电负荷。在高温或干旱期间，这些燃煤发电厂甚至不得不暂时停产。托宾（Tobin）等 2018 年评估了因气候变化导致水温升高 1.5℃、2℃和 3℃引发的燃煤电厂产量变化。他们的结果表明，热电厂的发电量在地表水水温升高1.5℃时会降低5%，在升高2℃时会降低10%，在升高3℃时会降低15%[312]。福斯特尔（Förster）等2010年研究了在水温升高1℃～5℃和河流流量减少10%～50%的情况下，直流冷却蒸汽轮机发电厂的产出能力变化。他们认为在温度升高5℃情景下，当电厂附近河流流量减少10%～30%时电厂的平均发电量会减少11.8%～12.4%[313]。钱尔德（Chandel）等2011年研究了减缓气候变化政策对电厂发电的影响，他们指出减缓气候变化政策可能会促使电厂进行技术改造，这可以减少电厂的冷却水消耗量[314]。Zheng等（2016）评估了中国水资源约束对燃煤电厂的影响，他们认为气候变化将通过减少水资源供应而降低电厂的发电能力，并建议新建发电厂在选择厂址时应充分考虑未来气候变化的影响[315]。这些见解为进一步研究如何提高燃煤电厂适应气候变化能力提供了可能。

四、主要启示

电力部门与气候变化之间存在着非常复杂的关系，电力部门应对气候变化也是一个涉及多个方面的复杂问题。一方面，气候变化与电力部门生产运营活动密不可分。电力生产（化石燃料使用产生大量温室气体排放）会对气候系统产生影响，而气候变化反过来也会影响电力部门的方方面面。另一方面，电力部门如何应对气候变化涉及的问题也很多，如掌握气候变化的影响、减缓气候变化进程和适应气候变化引起的不利条件等方面。对如何整合地区资源提高电力部门的应对气候变化能力长效机制与对策的认识还不足，存在较大改进空间。通过对电力部门与气候变化相关研究文献的梳理与总结，表9－2总结了提高电力部门应对气候变化能力所需要解决的突出问题或需要实施的关键策略。

表9－2　　电力部门应对气候变化的突出问题或关键策略

视角	需要解决的突出问题或需要实施的关键策略
电力需求侧	温度变化与地区电力需求模式之间的详细关系
	降低气候变化引起的电力需求峰值负荷的技术和实践
	提高空间制冷技术的能源效率
	电力需求响应管理

续表

视角	需要解决的突出问题或需要实施的关键策略
电力供给侧	极端天气事件对电力生产系统弹性的影响
	提高电力供应系统恢复能力的关键技术
	燃煤发电厂适应气候变化改造技术的成本效益分析
	提高可再生能源发电量的市场策略
	燃煤发电厂适应气候变化技术改造激励机制与策略
综合视角	气候变化在相对较细粒度的地理范围的表现（对地区温度、降水等的影响）
	气候变化引起的电力供需模式的改变对地区经济系统的影响
	气候变化对电力需求侧和电力供给侧的影响之间的相互联系和反馈
	影响个人和组织适应气候变化行为的因素
	创新金融衍生工具以帮助具有市场潜力的气候适应能力提升方案的融资
	将气候变化纳入气候—电力—经济系统的分析方法

气候变化对电力部门有多方面的影响，提高电力部门的应对气候变化能力也是一项复杂工作。尽管上述有些突出问题已经得到很好的解决，有些关键策略在不同地区也进行了一定程度的推广。例如，微电网技术的日渐成熟提高了地区电网的灵活性；在促进可再生能源发展战略推动下我国可再生能源发电比例日益提高。但是其中一些突出问题仍需要付出更多的努力来解决，一些关键策略仍然需要激励机制的引导。如气候变化与地区电力需求模式之间的详细关系、提高电力生产系统气候弹性（发展可再生能源丰富供电结构和提高现有发电设施的适应气候能力）的策略和将气候变化纳入气候—电力—经济系统的分析方法等都需要进一步的研究。未来需要依据增强电力部门气候弹性的原则，进一步围绕掌握气候变化的影响、减缓气候变化进程和适应气候变化引起的不利条件所面临的突出问题进行更多的研究工作，移除电力部门应对气候变化的障碍。

第三节 电力部门与减缓气候变化

人类活动产生的温室气体排放已经改变了地球的能源和气候模式。目前大气中的二氧化碳水平已经上升到令人震惊的水平[320,321]。根据世界气象组织的数据，目前（2018 年）大气中二氧化碳的浓度已经比工业化前（1750 年）高

147%[322]。在缓解气候变化问题上，中国政府正竭尽全力减少温室气体排放。在巴黎气候变化大会（COP21）上，中国做出了一系列承诺：争取到2030年国内二氧化碳排放量达到峰值，并力争早日达峰；力争到2030年将非化石能源在一次能源消费中的比例提高至20%[323-325]。在2020年9月22日召开的联合国大会上，中国国家主席习近平重申将力争于2030年前达到排放峰值，并继续提高国家自主贡献力度，采取更加有力的减排措施，在2060年前争取实现碳中和。就经济活动而言，电力部门是温室气体排放的最大单一来源。伴随着中国经济的快速发展，电力消费的增加产生的大量温室气体排放日益受到学术界和政府的高度关注[327-329]。电力部门与气候变化呈现出双重关系。一方面，电力部门产生的温室气体排放推动了气候变化；另一方面，电力需求和电力供给对气候变化都比较敏感，气候变化将给电力部门带来不利影响。

电力的生产过程产生大量的温室气体，电力部门是减缓气候变化的关键部门。电力部门是中国乃至全球最大的二氧化碳排放源[330]。在过去的10年中，全球电力部门的二氧化碳排放量占世界的32.1%，中国电力部门二氧化碳排放占我国总量的49.1%[331]。如果将我国的电力部门视为一个国家，它将会是世界第三大二氧化碳排放国家[332]。我国电力部门的二氧化碳排放量占如此高比例的原因是燃煤发电在我国电力供应中占据了绝对主导地位[303,334]。能源—经济模型研究也表明，为了实现碳中和目标，未来几十年内需要更加低碳的电力部门[335,336]。因此，电力部门的脱碳行动是实现巴黎气候协议减排目标和我国碳中和承诺的关键[337]。为了减缓气候变化，电力部门必须向低碳能源转型。发展可再生能源对降低电力部门的温室气体排放减缓气候变化具有重要意义。

对于电力部门在减缓气候变化方面的作用，仅通过宏观分析可能并不直观。有学者通过中电联发布的公开数据直观分析了我国电力部门减排潜力的冰山一角[338]。当下，我国6000千瓦及以上火力发电装机容量11.9亿千瓦，若通过优化调度管理，使火力发电的度电煤耗每下降1克/千瓦时，我国每年大约可以节省500万吨燃煤。这一直观计算结果向我们揭示一个结论：即使不改变现有电力供给结构，我国电力部门仍然可以为减排做出重要的贡献。此外，我国正在推行“上大压小”政策。由于不同容量大小的燃煤发电机组之间的边际发电成本存在显著差异，通过将高边际发电成本机组发电权出售于大型的低边际成本机组，双方都能获利。因此，在政府的推动下、在价差获利行为的激励下，电力企业间的产能替换交易也可以自然而然地实现电力部门的减排。

电力部门减缓气候变化的最主要方式是降低化石能源发电比例，推进非化石能源发电的发展，尤其太阳能发电、风电等可再生能源发电。目前我国95%左右的非化石能源主要通过转化为电能加以利用，因此电力部门在减缓气候变化方面扮演着非常关键的角色。未来需要进一步提高电力部门的可再生能源发电比例，从电力部门挖掘更大的减缓气候变化潜力[339]。

减缓气候变化是电力部门的重要责任，也是电力部门提高应对气候变化能力的内在要求。未来10年是我国电力部门转型的关键期和窗口期，电力部门的减缓气候变化行动刻不容缓[340]。我国已进入经济发展新常态，对电力部门也提出了新的要求。电力部门在我国碳中和目标的完成中所扮演的角色备受期待和关注。但是电力作为经济发展和人民生活应用最广泛的能源形式，尤其是近年来电气化率的上升导致电力需求的增加，电力部门的低碳转型也面临诸多困难[341]。根据国家发改委发布的电力发展规划，到2050年我国的电气化率将达到62%，届时我国的电力需求将是2015年电力需求的三倍[342]。不断增加的电力需求会不可避免地加大电力部门的减缓气候变化的任务[343]。尽管以化石能源为主的供电方式无法促进电力部门的减缓气候变化贡献，但是仍然要正确认识电力供给转型过渡阶段燃煤电力在供给中的地位，调和电力部门低碳转型中的诸多矛盾。当前减缓气候变化形势严峻，在碳中和目标约束下，电力部门应对气候变化的工作仍然任重而道远。

第四节

电力部门与适应气候变化

适应气候变化的本质是对气候变化所带来的不利影响的管理和应对[344]，有效地适应气候变化活动主要包括四个阶段：第一个阶段是科学全面地认识气候变化对人类生产和生活所带来的影响，进而通过掌握气候变化所带来的负面影响来有针对性地采取适应措施及行动；第二个阶段是降低面对气候变化时的脆弱性和暴露性，通过与其他社会目标形成共赢，在改善生存环境和提高社会经济福利的同时提高气候适应能力；第三个阶段是制订适应规划和实施方案，即在充分考虑多样性的利益诉求的情况下在各个层面上制订适应规划和实施方案；第四个阶段是实现气候适应能力的提升，尤其是确保关键基础设施（如电力部门）和生活服务领域（如卫生健康部门）在气候变化背景下的可持续性，在气候变化背景下长期良好运转。

潜在的气候损害性是全球气候变化的内在特征，为了降低气候变化的不利影响，适应气候变化在未来的角色也会越来越重要[345]。相比于如何减缓气候变化，如何适应气候变化这一问题曾经长时间被人们所忽视。根据政府间气候变化专门委员会（IPCC）的第五次评估报告（AR5）[224]，全球气候变化可能会加速并导致更频繁的极端气候事件，使人类社会和区域经济体系更容易受到气候变化的影响。不能有效地适应气候变化可能会导致严重的短期和长期问题，给地区发展带来巨大的障碍[346]。正确认识如何适应气候变化将直接关系到地区发展以及社会福利。虽然气候峰会上对适应气候变化也有所讨论，但人们仍将更多注意力放在减少碳排放上，而适应气候变化仍然是一个由各国政府自主决策的事项。适应气候变化这一术语是由早期的 IPCC 评估报告[238]提出的。起初，适应气候变化只是一个笼统和模糊的概念。适应气候变化研究所涉及的多样性以及对气候变化影响机理缺乏全面理解，构成了适应气候变化研究跨学科合作的许多障碍。2013 年，中国公布了首部目标期至 2020 年的《国家适应气候变化战略》，来应对气候变化对我国基础设施和其他部门的威胁[347]。

虽然在认识适应气候变化的重要性上取得了一定进步，但是提升整个地区能源系统和经济系统适应气候变化能力所面临的障碍仍然很大。例如，可用于指导适应气候变化行动的相关气候风险信息并不易获取；应对气候风险的计划通常侧重关注短期方案，而忽视长期需求；政府、企业和个人面临资源限制，需要更多的资金来源以支持适应气候变化措施。在适应气候变化研究方面，由于缺乏系统的定量分析工具来研究适应气候变化问题。目前大多数研究主要聚焦于定性研究和对适应气候变化案例的荟萃分析（Meta - analysis）。未来需要努力去探索地区适应气候变化的关键路径，为适应气候变化战略的制订提供支持。在适应气候变化研究领域，目前对于气候脆弱部门的关联性以及气候脆弱部门如何制约整个地区适应气候变化能力的理论解释仍然不够清晰[348]。由于社会资源禀赋的稀缺性[349]，确定经济系统中适应气候变化的关键部门，从经济系统整体视角制订应对气候变化机制具有十分重要的意义。

学者们试图通过找出哪些经济部门面对气候变化时最脆弱，来为地区适应气候变化研究打开大门。电力部门是一个引起众多学者关注的部门。尤其是气温变化对电力需求和电力生产的影响，已经引起了学者们的广泛关注。电力部门是国民经济系统的重要组成部分[350]，气候变化对电力部门的影响在许多方面限制了人们的生产和生活[351]。电力部门资产往往需要较高的初始投资，使用寿命周期也比较长，在适应气候变化方面面临的挑战也更加严峻。印德伯哥

(Inderberg) 2011 年认为制订电力部门适应气候变化措施时既要掌握气候变化对电力部门的影响，又要考虑地区的社会背景因素[346]。贝尔加 (Berga) 2016 年认为应该开发各种形式的可再生能源发电形式，丰富供电结构，弱化单一供能形式，降低对单一供能形式的依赖，保持供电弹性，增强电力部门的适应气候能力[347]。诺布雷 (Nobre) 等 2018 年认为光伏微电网是太阳能资源丰富地区电力部门适应全球气候变化的有效工具[348]。布罗克韦 (Brockway) 和邓恩 (Dunn) 2020 年的研究指出电力部门需要根据不断变化的气候条件对当下电力设施进行适应气候变化技术改造，严格依照规划保证电力基础设施面对不断变化的气候条件时的稳健性[349]。翰威特 (Hewitt) 等 2017 年认为电力部门的最佳适应气候变化实践取决于现有资源禀赋与其最佳配置的组合[350]。总结学者们的观点，提高电力部门的适应气候变化能力需要降低对单一供能形式的依赖，丰富供电结构，提高现有电力供给设施的适应气候变化能力和根据气候变化对电力需求的影响及时增加各类形式的电力装机[357-422]。

在气候变化对电力需求侧和电力供给侧的影响持续加剧的大背景下，电力供给安全和稳定受到了气候变化的严峻挑战。由于电力部门庞大的资产规模和在国民经济体系中的特殊地位，电力部门需要成为地区适应气候变化努力的领导者，电力部门成功应对气候变化是地区发展的基础[360,361]。适应气候变化是提高电力部门应对气候变化能力的一个重要方面。社会对电力部门的期望是：降低电力部门的温室气体排放，对减缓气候变化做出重大贡献；同时要适应气候变化给电力部门带来的不利影响，保证地区电力安全。

电力需求的持续增长和减排的强大压力将是未来电力部门面临的新业态。如何在这一新的复杂背景下，在促进电力部门完成减缓气候变化任务的同时，从容地适应气候变化对电力部门的不利影响是电力部门决策者在战略抉择中所需特别思考的问题。电力部门如何切实有效地实现减缓气候变化和适应气候变化的并举，提高电力部门的应对气候变化能力在未来仍然需要做很多工作。因此需要厘清气候变化对电力部门的潜在影响，将减缓气候变化和适应气候变化两类措施同时纳入电力部门应对气候变化策略框架，调动所有可以利用的资源共同应对气候变化的不利影响。

第五节

选择电力部门目的和意义

气候变化从多个方面影响电力部门，给电力部门带来巨大的风险。由于电力部门庞大的资产规模和在国民经济体系中的特殊地位，电力部门能否成功应对气候变化是整个社会和经济系统应对气候变化的关键。虽然我国电力部门在应对气候变化自然科学领域已具备一定的技术积累，但如何把这些技术和措施合理地布局到电力供应链的方方面面仍然缺乏理论和实践经验。应将提高电力部门的应对气候变化能力纳入能源和气候政策体系，向社会资本发出合理信号，激励电力企业在规划和运营中考虑气候变化因素，提高电力部门的气候弹性。需要从掌握气候变化的影响、减缓气候变化和适应气候变化等多个方面探索电力部门的应对气候变化机制与策略，在有限的社会资源约束下最大限度地提高电力部门的应对气候变化能力。

本章面向电力部门应对气候变化的重要现实需求，围绕经济系统视角、电力需求侧、可再生能源电力供给侧和传统燃煤发电供给侧对电力部门应对气候变化机制及策略展开研究。以期达到以下研究目的：

（1）掌握气候变化对电力部门的影响对整个经济系统的冲击和在经济系统内的传导机制。明确促进电力部门应对气候变化的宏观意义，并揭示气候变化对电力部门的影响在经济系统内的传导路径，以期从经济系统视角提出促进电力部门应对气候变化的策略。

（2）评估气候变化对电力需求的综合影响。由于电力装机容量既要保证平均电力需求，也要满足峰值电力需求，因此需要全面掌握气候变化对平均电力需求、需求峰值大小、峰值跨度与频率的影响，以期根据气候变化对电力需求模式的影响，有针对性地及时增加各类形式的发电装机保证电力部门安全。

（3）探索促进可再生能源发展的策略与激励机制，以期提高可再生能源发电比例，降低电力部门温室气体排放，减缓气候变化。减缓气候变化是电力部门的重要责任，也是提高电力部门应对气候变化能力的内在要求。促进可再生能源发展也可以降低电力部门对燃煤发电的依赖，丰富电力供给结构，增强电力供给侧应对气候变化的能力。

（4）从日常运营策略和技术改造投资策略角度研究燃煤发电厂的适应气候变化决策问题。分析影响燃煤发电厂适应气候变化决策的主要因素，探索如何通过激励机制引导电厂运营商在电厂整个生产寿命周期内做出最有利的适应气候变化决策。降低气候变化对燃煤发电厂的负面影响，促进电力部门供给侧应对气候变化。

第六节 电力部门篇研究思路与框架

一、研究思路

电力部门与气候变化之间的关系比较复杂，促进电力部门应对气候变化涉及的方面也很多。掌握气候变化的影响、减缓气候变化进程和适应气候变化引起的不利条件都与电力部门密切相关，都是提高电力部门应对气候变化能力的重要方面。电力部门需要通过预测和掌握气候变化的可能影响并采取相应措施来提高电力部门的应对气候变化能力。减缓气候变化的关键在于促进可再生能源发电的发展，提高电力部门的脱碳速度。适应气候变化的重点是要提高当下我国最主要的供能方式——燃煤发电厂的适应气候变化能力，保障电力部门供电安全。

电力部门的应对气候变化战略包括一系列策略组合，这些策略都应遵循增加电力部门气候弹性的指导原则，即提高电力部门在一系列未来气候和社会经济条件下的运营能力。本部分基于增加电力部门气候弹性的原则，首先，通过将气候因素纳入拓展的投入产出模型，构建气候变化—电力部门—经济系统分析框架，分析气候变化对电力部门的影响给整个经济系统造成的冲击和在经济系统内的传导机制；其次，关注电力需求侧，通过结合气候模型与计量模型提出了一个评估气候变化对电力需求综合影响的方法框架，研究气候变化对电力需求侧的影响；再次，围绕可再生能源电力供给，以光伏微电网为例分析了其最优发展策略，并构建博弈模型研究了政府激励机制的效率和局限；最后，聚焦传统燃煤发电供给，综合运用运筹学理论，同时从日常运营策略和技术改造策略两个视角构建了燃煤发电厂适应气候变化决策模型，分析燃煤发电厂适应气候变化决策与激励机制。本部分将厘清气候变化的影响、减缓气候变化进程和适应气候变化引起的不利条件纳入了电力部门应对气候变化策略框架，从多个方面研究了电力部门应对气候变化问题。本部分的技术路线如图9-4所示。

二、电力部门篇结构安排

根据本部分的研究目的和思路，电力部门篇内容包括七章，详情如下：

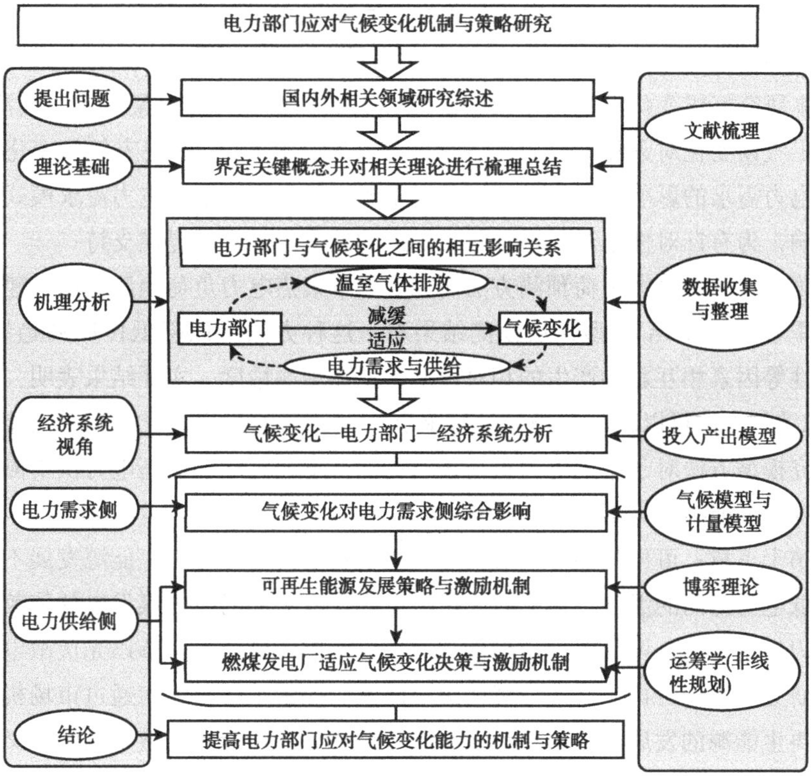

图9－4　电力部门应对气候变化研究技术路线

第九章：电力部门与气候变化。本章介绍了我国电力部门现状和提高电力部门应对气候变化能力的重要意义，并对电力部门与气候变化相关领域研究进行了回顾与总结。另外，介绍了电力部门应对气候变化所涉及的两个主要方面：减缓气候变化和适应气候变化。对本章的研究所用到的主要理论：气候变化综合评估模型、投入产出理论、博弈理论和非线性规划理论等进行了梳理和总结。同时，阐明了选择电力部门为选题的目的和意义，并在此基础上梳理了电力部门篇的研究思路及框架。

第十章：气候变化—电力部门—经济系统分析。本章研究气候变化对电力部门的影响对经济系统的冲击和在经济系统内的传导机制。通过将气候因素纳入拓展的投入产出框架构建了一个供给侧不可操作性投入产出模型。然后将该模型应用于天津市，研究了气候变化就电力部门的影响对天津市整个经济体系的冲击。另外，分析气候变化对电力部门的影响在经济系统内的传导路径，并从经济系统视角提出促进电力部门应对气候变化的策略。

第十一章：气候变化对电力需求综合影响研究。本章通过结合气候模型与计量模型构建了一个适用于评估气候变化对电力需求模式综合影响的方法框架，来研究气候变化对电力需求侧的综合影响。将该方法框架应用于天津市，分析了气候变化对天津市电力需求模式的影响，并对21世纪末气候变化对天津市电力需求的影响进行了模拟。通过掌握气候变化对地区电力需求模式的综合影响，为有针对性地及时增加各类形式的发电装机容量提供支持。

第十二章：电力负荷预测方法研究。本章聚焦电力负荷预测方法，建立了一个季节性ARIMA模型，从预测结果看，这种方法可以降低由序列趋势性、季节性等因素相互影响产生的相对误差，提高预测精度。实证结果表明，采用HP滤波的方法可以减小趋势分量与季节分量相互作用所造成的相对误差。本章研究模型方法对于中期电力负荷预测更加科学，有利于提高电力供给侧应对气候变化的能力，具有实际指导意义。

第十三章：可再生能源发展策略与激励机制。促进可再生能源发展不仅可以降低电力部门的温室气体排放，也可以降低电力部门对燃煤发电的依赖，丰富电力供给结构，增强电力供给侧应对气候变化的能力。本章以光伏微电网为例，研究了影响可再生能源发展的关键因素，探索了政府如何通过市场机制促进可再生能源的发展。通过结合太阳能资源禀赋分布与光伏微电网的广义成本收益构成，分析了光伏微电网在不同地区的社会最优发展策略，并构建一个政府—居民Stackelberg博弈模型研究了政府如何制订激励政策来引导居民选择光伏微电网，对政府激励机制的效率和局限进行了分析。

第十四章：燃煤发电厂适应气候变化决策与激励机制。本章围绕我国当下最主要的电力来源——燃煤发电厂，分析如何提高燃煤发电厂的适应气候变化能力。综合运用运筹学理论，从短期视角和长期视角对燃煤发电厂的适应气候变化决策与激励机制进行了理论建模和实际案例研究。本章分析燃煤发电厂运营商在一系列条件下的适应气候变化决策与策略，并探索政府激励机制来引导电厂运营商在电厂整个生产寿命周期内做出最优的适应气候变化决策，从而降低气候变化对燃煤发电厂的负面影响，提高电力供给侧的应对气候变化能力。

第十五章：电力部门篇总结。本章对本部分的研究通过理论建模与实证分析得到的从各方面促进电力部门应对气候变化的研究结论进行归纳和总结，并给出相应的政策启示。同时，指出研究中存在的一些不足和需要改进的方向，并对有待进一步研究的问题进行了展望。

第七节

电力部门篇主要理论基础

一、气候变化综合评估模型

气候变化问题是一个多领域交叉的复杂科学问题。关于全球气候变化的形成机理、潜在气候影响的程度、社会应对气候变化的措施和时间如何选择等问题也一直是学者们研究和讨论的焦点。在气候变化影响的评估方面，综合评估模型（Integrated Assessment Model，IAM）一直是应用最广泛的研究和评估工具，通过气候变化的成本函数和损失函数，综合评估模型可以用于计算应对气候变化的成本效益以及最优的减排成本路径[144]。综合评估模型在气候科学政策研究中发挥了重要作用。

大多数综合评估模型出现在20世纪90年代初，它们的发展在很大程度上与联合国气候变化谈判焦点相关联。发达国家都在争相发展综合评估模型，这不仅是为了占据科学高地，更重要的是利用其给出可信的评估结果，服务于国家利益，抢占气候变化外交谈判的话语权。诺德豪斯（Nordhaus）等[358]的DICE（Dynamic Integrated Model of Climate and the Economy）模型和RICE（Regional Integrated Model of Climate and the Economy）模型，将气候系统和经济系统整合到一个框架中，是一个经典的气候变化综合评估模型。DICE模型和RICE模型主要从应对气候变化最优减排路径方面就减排政策对宏观经济的影响进行模拟研究，它结构简单、代码透明，并巧妙地将博弈理论引入评估模型，在推动气候变化评估中发挥了重要作用。目前，DICE模型已经被广泛应用于研究气候变化问题。托尔（Tol）等[359]的FUND（Climate Framework for Uncertainty，Negotiation and Distribution）模型是研究国际资本转移在气候政策中的作用和研究气候变化动态环境中影响的试验平台，经常用于减排措施的成本效益分析和气候政策的公平性以及国际气候变化协定的博弈谈判研究。博沙特（Bosshart）等[360]的CETA（Carbon Emissions Trajectory Assessment）模型是研究经济增长和能源使用之间关系的模型，主要用于研究包括温室气体积累、全球平均温度上升和与温度升高相关的损害成本。这些不同的气候变化综合评估模型在其结构、建模细节和旨在解决的科学问题类型上存在很大差异。

气候变化综合评估模型的一个分析优势是能够将来自各个学科的信息整合到一个单一分析框架中，从而能够连贯地分析与低碳转型相关的社会、技术和物理过程[365]。然而，借助综合评估模型来制订缓解气候变化策略也受到了一些学者的批评，如对不确定性维度的认知等问题在处理中无法得到很好解决。就具体政策评估而言，综合评估模型经常被批评放大了相关措施的规模效应[366]。不同综合评估模型的本质都是计算机模拟，模拟了在气候变化背景下社会经济系统（包括气候政策）和自然系统之间在长时间尺度上的复杂相互作用和反馈，并为气候决策提供信息[367]。本部分借鉴综合评估模型的建模思想，研究气候变化背景下电力部门在各方面的应对策略。

二、投入产出理论

投入产出分析是由经济学家沃西里·列昂惕夫（Wassily W. Leontief）在20世纪30年代末提出的一个分析框架[368-371]。当提到投入产出模型时，如果不加以限定，通常指的是Leontief投入产出模型。部门关联分析这一术语也被使用，因为投入产出框架的根本目的是分析经济中各产业之间的相互依存关系。Leontief提出的基本概念是许多类型经济分析的关键组成部分，当下，投入产出理论已经是经济学中应用最广泛的方法之一。

投入产出理论一般探究的是在经济行为中所有行业间宽泛的、繁杂的以及紧密的技术经济关系。投入产出分析以投入产出表为基础，借助投入产出表对生产、互换以及分配上形成的关系展开深入探究，来发现有关产业间数量比重的一些规律，进而为经济预测和经济计划服务的经济学科。投入产出模型最基本的形式是由一组线性方程组构成的，每个线性方程描述了工业产品在整个经济中的分布。对基本投入产出框架的大多数扩展都是为了分析纳入经济活动的外部因素，如随时间或空间的变化。为了适应可用数据的局限性，可以将投入产出模型与其他类型的经济分析工具联系起来[372]。

自20世纪50年代初投入产出分析技术作为经济分析工具被广泛应用以来，投入产出理论也逐步得到了丰富和发展。尤其是随着高速计算机的出现，使投入产出分析方法成为在区域、国家甚至国际上广泛使用的经济分析工具。在现代计算机出现之前，投入产出模型对计算的诸多要求使模型的量化计算很难实现，甚至被认为是不切实际的。目前，在美国，投入产出分析方法就被美国商务部应用于国民经济分析，并被各州、行业和研究界应用于区域经济规划和分析。这一模式在全世界得到了广泛应用：联合国已将投入产出作为发展中国家的实用规划工具加以推广，并为建立投入产出表赞助了一个标准化的经济核算体系。我国也每五年从国家和省级层面编制投入产出表，为地区经济发展政策的制定提供决策支持[155]。投入产出理论也被扩展为与工业生产和其他经济活动相关的就业和社会核算指标综合框架的一部分，以及更明确地纳入诸如产品和服务的国际和区域间流动或与行业间活动有关的能源消耗和环境污染核算等议题。

投入产出理论的形成对推动经济学发展有着十分有价值的实践与理论意义。目前投入产出模型的各种拓展形式都是基于 Leontief 投入—产出模型和 Ghosh 投入—产出模型两种基本模型[373]。Leontief 投入—产出模型以最终需求为出发点，以生产结构稳定为基本假设（经济系统中各生产部门的投入与产出之间的关系始终维持在一个固定比例），对经济系统进行分解分析。Ghosh 投入—产出模型以初始投入（即部门初始增加值）为研究出发点，以分配结构稳定为基本假设（经济系统中各生产部门的产出分配比例是固定的），对经济系统进行分解分析。所以 Ghosh 投入—产出模型也被称为供给侧投入产出模型。两模型的构建虽然不同，但建立的基本数据结构是相同的。早期，一些学者质疑 Ghosh 投入—产出模型建模时的基本假设在微观经济中应用的有效性，这导致少有学者应用这一模型进行研究工作。自 20 世纪末后，迪岑巴赫（Dietzenbacher）验证了 Ghosh 投入—产出模型在被解释为价格模型时，与 Leontief 投入—产出模型是等价的，这为 Ghosh 投入—产出模型的应用和发展奠定了坚实的理论基础，类似的质疑声音也消失了[374]。有些学者也指出，过分强调其中哪一个模型更加优越都是片面的，并建议在分析一个经济系统或一个部门是属于需求驱动型或是供给驱动型时，最好的方法是同时使用 Leontief 投入—产出模型和 Ghosh 投入—产出模型进行分析[375]。

作为一种被广泛应用的经济数量分析方法，投入产出分析可以用来研究经济系统中各个产业部门之间投入与产出相互的依存关系。投入产出表中数据所包含的丰富内容使投入产出分析方法在呈现产业之间关联关系和融合程度方面更加直观和全面[376]。当然，任何一种方法都不会是完美的，投入产出理论在应用中也存在一些局限。首先，投入产出模型中的价格被认为是固定的，在分析过程中不会因需求变化而相应地进行调整，其次，由于仅考虑了一个具有特定核算边界的研究区域，单一的投入产出模型通常无法捕获到地区之间的技术差异和贸易流，但是，这一局限可以通过构建多区域投入产出模型（MRIO）

来解决，最后，投入产出模型假设经济系统内的技术和贸易系数是固定的，其以一种相对静态的方式呈现了经济系统，这限制了它在分析时间和空间经济见解方面的适用性。虽然具有一定局限性，但是投入产出模型可以对丰富的行业结构信息进行分析，对本部分的研究有很大帮助。本章将气候变化因素纳入投入产出分析框架，分析气候变化就电力部门的影响对整个经济系统的冲击和在经济系统内的传导机制。为研究哪些部门会较大幅度受到影响和应重点关注哪些部门，提供应对气候变化很有现实意义的路径分析和线索。

三、博弈理论

博弈论（Game Theory）是研究个体或团队在特定环境条件下的谋略和决策问题的理论，它既是现代经济学的一个分支，也是运筹学领域的一个重要学科[377]。博弈论和其他借助数学工具来研究社会经济现象的学科一样，其本质都是从复杂的经济现象中抽象出基本元素，并通过对这些元素在现实中存在或构成的数学关系模型来进行详尽分析，进而可以逐步引入对博弈模型形式可能产生影响的其他因素，来研究其对所反映的社会经济现象的影响。在应用中，博弈论通常用于研究可以公式化表示的激励结构间的相互影响作用，是分析具有竞争性质或分歧性质现象的理论和方法。博弈论也可以被用于研究经济和生活中个体的预测行为和实际行为，并分析其最优策略[378]。

博弈模型根据不同的分类标准存在不同的分类方法。根据博弈参与方之间是否存在约束协议，博弈可以分为合作博弈和非合作博弈。如果存在或者隐含存在约束协议，就是合作博弈，否则，就是非合作博弈[379]。从博弈行为和决策的时序性角度，博弈又可以进一步分为静态博弈和动态博弈。其中，静态博弈是指在决策过程中，参与人同时选择或虽没有同时选择但后选择者并不知晓先选择者采取的具体行动；动态博弈指的是博弈中，参与人的决策有先后顺序，且后决策者能够知晓先决策者所做出的决策。举例来说，“囚徒困境”就是博弈双方同时决策或互相不知道对方策略选择，属于静态博弈的一种，而像棋牌类游戏的决策与行动有先后顺序的博弈，均为动态博弈[380]。按照博弈参与者对其他参与者的了解程度，博弈模型又可以分为完全信息博弈与不完全信息博弈。其中，完全信息博弈指的是在博弈过程中，每一位博弈参与者都准确知晓其他参与者的心态特征、策略空间及相应策略的收益函数；不完全信息博弈指的是参与者对其他参与者的心态特征、策略空间及相应收益函数信息缺乏足够的了解，或者不是对所有博弈参与方的心态特征、策略空间及相应收益函数都准确知晓[381]。博弈的不同分类方法之间也可以进行组合，其中，非合作博弈的四种类型和对应的均衡概念如表 9－3 所示。

表 9－3　　　　非合作博弈分类及对应的均衡概念

博弈类型	对应的均衡概念
完全信息静态博弈	纳什均衡（Nash equilibrium）
完全信息动态博弈	子博弈精炼纳什均衡（Subgame perfect Nash equilibrium）
不完全信息静态博弈	贝叶斯纳什均衡（Bayesian Nash equilibrium）
不完全信息动态博弈	精炼贝叶斯均衡（Perfect Bayesian equilibrium）

本章用到的 Stackelberg 博弈是一个典型的动态博弈模型，博弈参与方的决策有先后顺序[382]。以两个决策的厂商为例，其对产量的选择依据以下次序：领导厂商首先决定一个产量，然后追随厂商根据观察到的领导厂商产量，来决定其自己的产量。需要指出的是，领导厂商在选择其自己的产量时，会充分了解追随厂商将会如何决策，这也意味着领导厂商掌握追随厂商对自己决策的反应函数。也就是说，领导厂商能够预期到自己的决定对追随厂商决策的影响。正是由于掌握这种预期影响的情况，领导厂商选择的产量将会是一个以追随厂商对其产量的反应函数为决策依据的利润最大化产量。Stackelberg 博弈的时间是序贯的，其是一个两阶段完全信息动态博弈[383]。Stackelberg 博弈的应用非常广泛，尤其是在分析参与者如何制订策略使各自问题达到最优解方面[384]。本部分应用 Stackelberg 博弈来分析政府在电力部门应对气候变化行动中所可能扮演的角色和其策略可能的效果。

四、非线性规划理论

非线性规划理论是 20 世纪 50 年代开始形成的一门新兴学科，是一种求解目标函数或约束条件中有一个或几个非线性函数的最优化问题的方法，是运筹学的一个重要分支[385－386]。非线性规划是解决各种涉及现实工程、经济和社会系统中出现的优化与决策问题的重要数学方法之一。非线性规划研究在等式和不等式约束条件下求解目标函数的问题。如果所有的函数都是线性的，那么该问题就是一个线性规划问题。然而，由于目标函数的非线性和/或任何约束的非线性，许多实际问题不能用线性规划来表示。不同于线性规划研究线性目标函数在线性约束条件下的极值问题，非线性规划求解的是多元目标函数在一组等式或不等式约束条件下的极值问题。高效率和鲁棒性强的线性规划算法和软件的发展，以及研究者和实践者对数学建模知识的掌握，使非线性规划成为解决不同领域优化与决策问题的重要数学工具。

根据问题类型和求解要求，非线性规划问题又可以分为无约束优化问题、约束优化问题、二次规划、全局优化、非光滑优化等不同类型。以无约束非线性规划和有约束非线性规划问题为例，介绍非线性规划问题求解的基本思路，并对非线性规划问题求解中用到最多的 Karush - Kuhn - Tucker 条件（KKT 条件）进行说明。

对于无约束非线性规划问题 $\min f(\mathbf{X})$，$\mathbf{X}=(x_1, x_2, \cdots, x_n)^T$，则极值点存在的条件为：

定理 9 - 1（必要条件）

$f(\mathbf{X})$ 有一阶连续偏导数，若在点 $\mathbf{X}^* \in R^n$ 处取得局部极值，则必有：

$$\nabla f(\mathbf{X}^*)=0 \tag{9-1}$$

其中，

$$\nabla f(\mathbf{X}^*)=\left[\frac{\partial f(\mathbf{X}^*)}{\partial x_1},\frac{\partial f(\mathbf{X}^*)}{\partial x_2},\cdots,\frac{\partial f(\mathbf{X}^*)}{\partial x_n}\right]^T \tag{9-2}$$

是函数 $f(\mathbf{X})$ 在点 $\mathbf{X}^*$ 处的梯度。

定理 9 - 2（充分条件）

$f(\mathbf{X})$ 有二阶连续偏导数，若在点 $\mathbf{X}^* \in R^n$ 处 $\nabla f(\mathbf{X}^*)=0$，且对任何非零向量 $\mathbf{Z}\in R^n$，都有：

$$\mathbf{Z}^T H(\mathbf{X}^*)\mathbf{Z}>0 \tag{9-3}$$

其中，

$$H(\mathbf{X}^*)=\begin{bmatrix}\frac{\partial^2 f(\mathbf{X}^*)}{\partial x_1^2} & \frac{\partial^2 f(\mathbf{X}^*)}{\partial x_1\partial x_2} & \cdots & \frac{\partial^2 f(\mathbf{X}^*)}{\partial x_1\partial x_n}\\ \frac{\partial^2 f(\mathbf{X}^*)}{\partial x_2\partial x_1} & \frac{\partial^2 f(\mathbf{X}^*)}{\partial x_2^2} & \cdots & \frac{\partial^2 f(\mathbf{X}^*)}{\partial x_2\partial x_n}\\ \vdots & \vdots & \ddots & \vdots\\ \frac{\partial^2 f(\mathbf{X}^*)}{\partial x_n\partial x_1} & \frac{\partial^2 f(\mathbf{X}^*)}{\partial x_n\partial x_2} & \cdots & \frac{\partial^2 f(\mathbf{X}^*)}{\partial x_n^2}\end{bmatrix} \tag{9-4}$$

是函数 $f(\mathbf{X})$ 在点 $\mathbf{X}^*$ 处的海塞矩阵。

对于一般的有约束的非线性规划问题，可以表示为：

$$\min f(\mathbf{X}) \tag{9-5}$$

$$s.t.\ h_i(\mathbf{X})=0, i=1,2,\cdots,m \tag{9-6}$$

$$g_j(\mathbf{X})\geqslant 0, i=1,2,\cdots,l \tag{9-7}$$

KKT 条件的表述如下：若 $\mathbf{X}^*$ 是该非线性规划式的极值点，而且点 $\mathbf{X}^*$ 处所有起作用的约束梯度 $\nabla h_i(\mathbf{X})$ $(i=1, 2, \cdots, m)$ 和 $\nabla g_j(\mathbf{X})$ $(j=1, 2, \cdots, l)$ 线性无关，则存在向量 $(\lambda_1^*, \lambda_2^*, \cdots, \lambda_n^*)^T$ 和 $(\gamma_1^*, \gamma_2^*, \cdots, \gamma_n^*)^T$，使下述条件成立：

$$\nabla f(\mathbf{X}^*) - \sum_{i=1}^{m}\lambda_i^* \nabla h_i(\mathbf{X}^*) - \sum_{j=1}^{l}\gamma_j^* \nabla g_j(\mathbf{X}^*) = 0 \tag{9-8}$$

$$\gamma_j^* \nabla g_j(\mathbf{X}^*)=0, j=1,2,\cdots,l \tag{9-9}$$

$$\gamma_j^* \geqslant 0, j=1,2,\cdots,l \tag{9-10}$$

其中，λ_1^*，λ_2^*，…，λ_n^* 以及 γ_1^*，γ_2^*，…，γ_n^* 称为广义拉格朗日乘子。

KKT 条件是非线性规划领域中最重要的成果之一，是确定某点为最值点的必要条件。而对于凸规划，则 KKT 条件则是充要条件。

在过去的几十年里，如何对非线性规划问题进行求解取得了迅速发展，这也推动了非线性规划理论在现实中的应用。起初，非线性规划问题的求解主要通过可分离规划和转换为二次规划等解法，它们大多是以格拉克（Gerlak）提出的解线性规划的单纯形法为基础[384]。随着学者们研究的深入，出现了许多解非线性规划问题的有效算法。尤其是随着计算机技术的快速发展，非线性规划问题的求解方法取得了长足进步，在信赖域法、稀疏拟牛顿法、并行计算、内点法和有限存储法等领域取得了丰硕的成果。因为现实中许多问题都是非线性问题，非线性规划理论在工业、交通运输、经济管理和军事等方面取得了广泛的应用。特别是在“最优设计”方面，它提供了对现实决策问题进行优化和求解的数学基础和计算方法。借助非线性规划理论在分析优化与决策问题中存在的这些优势，本部分应用非线性规划理论来研究燃煤发电厂在适应气候变化问题中的决策与政府可能的激励机制。

第八节

电力部门篇主要创新点

气候变化将是电力部门需要面对的重要挑战。本部分围绕电力部门应对气候变化机制与策略展开研究，主要的创新点概括如下：

（1）基于增加电力部门气候弹性的原则，同时将厘清气候变化的影响、减缓气候变化进程和适应气候变化引起的不利条件纳入电力部门应对气候变化策略框架，有利于从多个方面促进电力部门应对气候变化。

（2）提出了一个评估气候变化对电力需求影响的方法框架，研究了气候变化对月度电力需求、需求峰值和需求变化幅度的综合影响。这有助于全面认识季节性周期温度变化对电力需求的短期影响和气候变化对电力需求的长期影响，以根据电力需求模式的变化及时增加各类形式的发电装机容量保证电力部门安全。

（3）考虑受天气变化、社会活动和节日类型等各种因素的影响，电力相关的时间序列表现为非平稳的随机过程，但是影响系统负荷的各因素中大部分具有规律性，从而为实现有效的预测奠定了基础。考虑季节性成分一直是中期电力负荷预测时间序列建模的关键因素，建立了一个季节性 ARIMA 模型，模型方法对于中期电力负荷预测更加科学，有利于提高电力部门应对气候变化的能力。

（4）综合应用运筹学理论，同时从日常运营策略和技术改造策略角度研究了燃煤发电厂的适应气候变化决策问题，并分析了政府的激励机制对电厂适应气候变化决策的可能影响。另外，揭示了影响电厂决策的关键因素，促进电厂在整个生产寿命周期内做出最优决策。

（5）采用理论建模与实证分析相结合的方法，从经济系统视角、电力需求侧、可再生能源电力供给侧和传统燃煤发电供给侧等方面研究了电力部门应对气候变化机制与策略，为促进电力部门应对气候变化提供了有力的理论和数据支撑。

第十章

气候变化—电力部门—经济系统分析

本章通过将气候因素纳入拓展的投入产出模型构建了气候变化—电力部门—经济系统分析框架，分析了气候变化对电力部门的影响给整个经济系统的冲击和在经济系统内的传导机制。并从资源约束的角度，本章探索了应对气候变化对电力部门影响的关键部门路径和制约因素。本章的可能贡献如下：从经济系统角度分析了气候变化对电力部门的影响给整个经济系统的冲击，明确了促进电力部门应对气候变化的宏观意义；揭示了气候变化对电力部门的影响在经济系统的传导机制，更全面地理解气候变化对电力部门的影响，并从经济系统视角提出促进电力部门应对气候变化的策略。

第一节 理论分析

由于温室效应具有相当大的惯性，即使当前的全球温室气体排放量不再增加，预计未来几十年全球变暖仍将会持续，这可能给今后带来与气候变化有关的重大风险[363,389]。电力部门是社会应对气候变化领域的关键参与者。气候变化对电力需求侧和供给侧都存在不利影响，保证地区电力部门安全的难度将越来越大。气候变化对电力部门的影响会对人民生活和社会发展的方方面面产生相当大的影响，夏季高负荷时期的临时限电就从现实说明了这一点[390]。

对气候变化影响的研究也需要从单一部门视角拓展到更加综合的经济系统视角。地区经济系统是一个由诸多部门构成的一个高度紧密经济体，经济部门之间存在错综复杂的关联性。当经济体系中的电力受到气候变化的影响时，如果其并无法迅速恢复，这可能会进一步导致其他许多部门无法按计划运行，这会严重威胁地区经济体系的安全[391]。由于电力部门庞大的资产规模和在国民经济体系中的特殊地位，随着气候变化对电力部门的影响越来越严重，这将给经济系统内其他部门带来巨大冲击。应对气候变化对电力部门的影响策略也越来越不应该局限于固定的边界[392]。因而有必要从经济系统视角对气候变化对电力部门的影响在经济系统部门之间的冲击路径进行深入剖析。经济系统如何应对气候变化对电力部门的影响是一个非常重要的现实问题。越来越多的学者也呼吁制订更全面的应对战略，以协调各部门资源来应对气候变化对电力部门的影响[393]。

应对气候变化对电力部门不利影响的最优实践应该是从经济系统角度实现资源禀赋与其最佳配置的组合。由于社会资源禀赋的稀缺性，确定地区经济系统中的关键部门，从经济系统整体视角制订应对气候变化机制具有十分重要的意义。目前对于电力部门气候脆弱的关联性以及气候变化对电力部门的影响如何制约其他经济部门的理论解释仍然不够清晰[394]。经济系统视角的应对气候变化研究是一个典型的跨学科研究领域，涉及了自然科学和社会科学的各个方面[395]。因此，从经济系统角度应对气候变化的研究方法需要进行丰富，特别是在社会科学领域。

投入产出理论在分析外部因素对经济系统影响方面有着天然优势，它可以分析部门之间的联动关系，促进就气候变化对电力部门的直接影响和由此引起的对其他经济部门的间接冲击的全面理解。使从经济系统角度全面掌握气候变化就电力部门的影响对地区经济系统的冲击路径成为可能。本章对经典投入产出分析模型进行拓展，以电力部门为切入点分析气候变化对电力部门的影响在经济系统的传导路径，根据各部门冲击影响程度的不同，协调各经济部门努力共同应对气候变化。

第二节

供给侧不可操作性投入产出模型

投入产出分析方法是由 Wassily W. Leontief 提出的，并被许多学者采用和发展起来的一种实用的经济分析方法。投入产出模型为研究经济系统各个经济部门间相互依赖关系提供一个系统方法。本节通过对经典投入产出模型进行拓展，为研究气候变化对电力部门的影响给整个地区经济系统造成的困境提供一个可行的分析框架。

一、Leontief 投入产出模型

投入产出模型是根据特定地理区域（国家、地区等）的经济统计数据构

建的。该模型详细描述了地区产业部门的经济活动，这些部门在生产产品的过程中，既生产商品（产出），也消费其他部门（投入）的商品。投入产出模型展示了经济系统各部门之间的经济流动，反映了部门的生产和需求之间的相互依赖关系[396]。因为投入产出模型在分析经济系统中各部门之间依赖性的优势，其经常被用来研究经济政策的综合效果和外部因素对地区经济系统的冲击和影响。一个地区的经济系统可以通过 Leontief 投入产出模型表示，如图 10－1 所示。

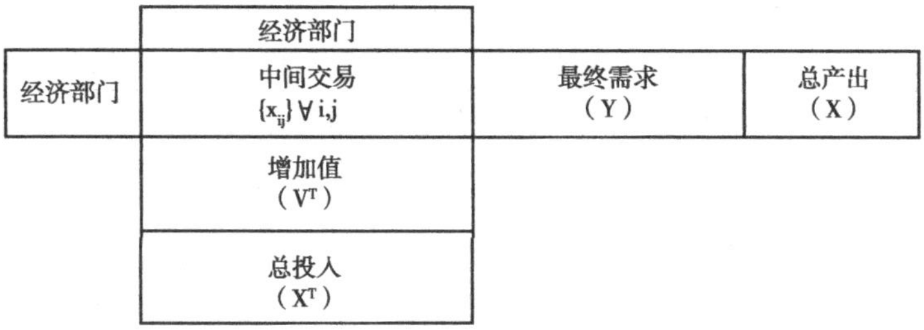

经济部门
经济部门
中间交易
{x_ij} ∀ i,j
最终需求
（Y）
总产出
（X）
增加值
（V^T）
总投入
（X^T）

图 10－1　Leontief 投入产出模型

考虑该经济系统包括 n 个部门，则该投入产出模型的行平衡方程如下：

$$x_i = \sum_{j=1}^{n} x_{ij} + y_i \Leftrightarrow x_i = \sum_{j=1}^{n} a_{ij}x_j + y_i, i, j = 1, 2, \cdots, n \qquad (10-1)$$

其中，x_i是 i 部门的产出；x_{ij}是 j 部门生产过程中对 i 部门产品或服务的中间需求；a_{ij}是比例系数，也称为技术系数，指的是 j 部门生产单位产品所需要消耗的 i 部门产品或服务的数量（$a_{ij} = x_{ij}/x_j$），y_i是社会对部门产品或服务的最终需求。令

$$X = \begin{bmatrix} x_1 \\ x_2 \\ \vdots \\ x_n \end{bmatrix}, \ A = \begin{bmatrix} a_{11} & a_{12} & \cdots & a_{1n} \\ a_{21} & a_{22} & \cdots & a_{2n} \\ \vdots & \vdots & \ddots & \vdots \\ a_{n1} & a_{n2} & \cdots & a_{nn} \end{bmatrix} \text{和}\ Y = \begin{bmatrix} y_1 \\ y_2 \\ \vdots \\ y_n \end{bmatrix}.$$

则 Leontief 投入产出模型可以描述为以下矩阵形式：

$$X = AX + Y \qquad (10-2)$$

其中，X 是部门产出向量；A 是技术系数矩阵，Y 是最终需求向量。

由式（10－2）可以看出，Leontief 投入产出模型是一个基于需求侧的投入产出模型，其以最终需求为出发点，以生产结构稳定为基本假设（经济系统中各生产部门的投入与产出的关系始终维持一个固定比例），对经济系统进行分析。

二、Ghosh 投入产出模型

Ghosh 投入产出模型是由 Ghosh[370] 在 Leontief 投入产出模型的基础上提出的拓展模型。Ghosh 投入产出模型与 Leontief 投入产出模型的统计经济数据基础是一致的，其强调的是在社会资源有限的情况下，生产要素在某些情况下可能对地区经济系统更加重要。例如，由于资源的制约，当地区为了应对气候变化需要更多的产品或服务时（如电力），此时区域经济系统的生产能力可能是制约地区发展的因素。与 Leontief 投入产出模型不同，Ghosh 投入产出模型从部门初始增加值投入和中间投入的角度定义了部门经济活动的平衡方程，如图 10－2 所示。根据图 10－2 的部门产出形成过程，可以看出每个部门的总产出等于每个部门初始增加值投入和中间投入的和。

部门		生产部门作为消费部门（中间需求）						最终需求	总需求
		部门 1	部门 2	…	部门 j	…	部门 n		
生产部门	部门 1	x_{11}	x_{12}	…	x_{1j}	…	x_{1n}	y_1	x_1
	部门 2	x_{21}	x_{22}	…	x_{2j}	…	x_{2n}	y_2	x_2
	⋮	⋮	⋮	⋱	⋮	…	⋮	⋮	⋮
	部门 j	x_{j1}	x_{j2}	…	x_{jj}	…	x_{jn}	y_j	x_j
	⋮	⋮	⋮	…	⋮	…	⋮	⋮	⋮
	部门 n	x_{n1}	x_{n2}	…	x_{nj}	…	x_{nn}	y_n	x_n
增加值		v_1	v_2	…	v_j	…	v_n		
总供给		x_1	x_2	…	x_j	…	x_n		

图 10－2　Ghosh 投入产出模型

图 10－2 中各列描述了每个经济部门生产所需的初始增加值投入和中间投入的组成结构。Ghosh 投入产出模型的部门经济活动平衡方程如下：

$$x_j^{(s)} = \sum_{i=1}^{n} x_{ij} + v_j, \forall j = 1,2,\cdots,n \tag{10-3}$$

其中，$x_j^{(s)}$ 表示 j 部门的总供给，x_{ij} 表示从 i 部门产品流入 j 部门的中间投入，以维持 j 部门的生产能力，v_j 表示 j 部门为保持生产能力所需要的初始增加值投入。初始增加值包括工资、固定资本消耗、租金和净利息等，这些初始增加值代表了一个特定地区的生产资源。

对 Ghosh 投入产出模型的进一步解释是，其将部门总供给能力与主要投入（初始投入和中间投入）联系起来。在 Leontief 投入产出模型中，a_{ij} 是固定分配系数。在 Ghosh 投入产出模型中，这种关系被转换为反映一个固定的投入系数，$a_{ij}^{(s)}$［$a_{ij}^{(s)} = x_{ij}/x_i$］，$a_{ij}^{(s)}$ 所组成的矩阵表示为 $A^{(s)}$。由此导出部门供给和初始增加值的关系如下：

$$(X^{(s)})^T = [X^{(s)}]^T A^{(s)} + V^T \tag{10-4}$$

其中，$[X^{(s)}]^T = [x_1^{(s)}, x_2^{(s)}, \cdots, x_n^{(s)}]$ 代表地区经济系统供给行向量，$A^{(s)} = [a_{ij}^{(s)}]_{n \times n}$是由地区投入产出表数据得出的相互依赖矩阵，$V^T = [v_1, v_2, \cdots, v_n]$ 是增加值行向量。

由式（10－4）可以看出，Ghosh 投入产出模型是一个基于供给侧的投入产出模型，其以初始投入（即部门初始增加值）为研究出发点，以分配结构稳定为基本假设（经济系统中各生产部门间的产出分配是固定的），对经济系统进行分解分析。

三、部门不可操作性

气候变化对地区经济系统需求侧的影响会不可避免地转移到供给侧。这种转移是由需求异常引起的连锁效应，从而对地区经济系统的供给能力提出了新的要求。例如，气候变化会使地区电力需求增加，这不可避免地需要电力部门产出能力的提高以应对气候变化。当气候变化引起地区对电力需求增加时，电力部门的平衡方程可以分别从需求侧和供给侧表示为以下两个方程：

$$x_k^d = \sum_{j=1}^{n} x_{kj} + y_k \tag{10-5}$$

$$x_k^s = \sum_{i=1}^{n} x_{ik} + v_k \tag{10-6}$$

其中，x_k^d是地区对电力部门产品的总需求，x_k^s是地区对电力部门的总供给。为了直观呈现各部门之间的相互依赖联系，将式（10－5）和式（10－6）表示为以下形式：

$$\begin{cases} x_{11} + x_{12} + \cdots + x_{1k} + \cdots + x_{1n} + y_1 = x_1^d \\ x_{21} + x_{22} + \cdots + x_{2k} + \cdots + x_{2n} + y_2 = x_2^d \\ \qquad\qquad\qquad \vdots \\ x_{k1} + x_{k2} + \cdots + x_{kk} + \cdots + x_{kn} + y_k = x_k^d \\ \qquad\qquad\qquad \vdots \\ x_{n1} + x_{n2} + \cdots + x_{nk} + \cdots + x_{nn} + y_n = x_n^d \end{cases} \tag{10-7}$$

$$
\begin{cases}
x_{11}+x_{21}+\cdots+x_{k1}+\cdots+x_{n1}+v_1=x_1^s\\
x_{12}+x_{22}+\cdots+x_{k2}+\cdots+x_{n2}+v_2=x_2^s\\
\vdots\\
x_{1k}+x_{2k}+\cdots+x_{kk}+\cdots+x_{nk}+v_k=x_k^s\\
\vdots\\
x_{1n}+x_{2n}+\cdots+x_{kn}+\cdots+x_{nn}+v_n=x_n^s
\end{cases}
\tag{10-8}
$$

式（10－7）中的每个具体等式描述了经济系统中对应部门的需求分布。式（10－8）中的具体等式描述了对应部门保持产出（或维持其供应能力）所需的中间投入和初始投入的构成。式（10－7）和式（10－8）可以表示为：

$$X^d=AX^d+Y \tag{10-9}$$

$$X^{(s)}=(A^{(s)})^TX^{(s)}+V \tag{10-10}$$

式（10－9）中的变量含义与式（10－2）对应的变量一致时，式（10－10）中的变量是等式（10－4）中相应变量的转置矩阵。

由式（10－9）和式（10－10）可以得到：

$$X^d=(I-A)^{-1}Y \tag{10-11}$$

$$X^{(s)}=[I-(A^{(s)})^T]^{-1}V \tag{10-12}$$

综合考虑式（10－11）和式（10－12），可以看出，最终需求（Y）的增加将导致更高的部门总需求（X^d），满足这个更高的部门总需求需要增加部门的供给能力（$X^{(s)}$），这需要更多的初始增加值投入（V）。遗憾的是，地区初始增加值通常不是无限的，因此，在应对气候变化导致的日益增长的地区电力需求时，需要考虑社会生产资源的限制问题。

为了量化气候变化引起的电力需求增长对整个经济系统的冲击和对其他经济部门的影响，此处引入部门不可操作性（inoperability）概念，衡量了经济系统中的经济部门与正常运营状态相比所受到影响的程度，用 q 表示[397]。在本书中，部门不可操作性的定义为：部门所需要增加的生产资源相对于当前状态的生产资源（初始增加值投入）的比例。用数学公式表示经济系统中各部门的不可操作性如下：

$$\mathbf{q}=\{[\mathrm{diag}(V)]^{-1}[V^{(d)}-V]\} \tag{10-13}$$

其中，$\mathbf{q}=[q_1, q_2, \cdots, q_n]^T$是经济系统的不可操作性向量；$V^{(d)}=[v_1^d, v_2^d, \cdots, v_n^d]^T$是为满足电力需求增加所需要的各部门初始增加值投入；$V=[v_1, v_2, \cdots, v_n]^T$是当前经济系统中各部门的初始增加值投入；diag(V) 是

由给定向量 V 生成的对角矩阵，diag(V) 如下：

$$\mathrm{diag}(V)=\mathrm{diag}\left[(v_1,v_2,\cdots,v_n)^T\right]=\begin{bmatrix} v_1 & 0 & \cdots & 0 \\ 0 & v_2 & \cdots & 0 \\ \vdots & \vdots & \ddots & \vdots \\ 0 & 0 & \cdots & v_n \end{bmatrix} \tag{10-14}$$

总结上述建模过程，本节构建的供给侧不可操作性投入产出模型（SIIM）可以用来研究气候变化对电力部门的影响如何在经济系统内进行传递。通过引入部门不可操作性的概念，可以衡量气候变化就电力部门的影响对其他部门的影响程度。根据各个部门的不可操作性的值确定经济系统应对气候变化对电力部门影响的关键部门，进而为协调各个部门努力共同应对气候变化提供支持。需要说明的是，上述供给侧不可操作性投入产出模型分析框架隐含着这样一个假定：如果一个部门的供给不能满足其需求，那么其他经济部门所需的中间需求将优先得到满足。许多实际案例也证实了优先考虑部门的中间需求是合理的，只有优先满足中间需求，对地区经济系统稳定和地区发展才最有利[398]。

第三节

实证分析与讨论

本节将第二节构建的不可操作性投入产出模型应用于天津地区，以探讨气候变化就电力部门的影响对该地区经济系统的冲击路径。天津是我国四大直辖市之一[399]，位于华北平原东北部（北纬 38°34′—40°15′，东经 116°43′—118°04′）[400]。

一、数据描述

1. 天津市投入产出表。

实证分析基于天津市 2012 年投入产出表，该投入产出表由 42 个部门组成，部门代码和部门名称见表 10－1。分析之前本章对投入产出表进行如下处理：将细分的最终需求和将细分的初始增值投入合并为一个最终需求和一个初始增加值投入；另外，投入产出表剔除了地区流入和地区流出的影响，以便准确分析气候变化就电力部门的影响对经济系统的冲击。

表 10-1　　天津市投入产出表中的部门代码和名称

代码	部门名称	代码	部门名称
S1	农林牧渔产品和服务	S22	其他制造产品
S2	煤炭采选产品	S23	废品废料
S3	石油和天然气开采产品	S24	金属制品、机械和设备修理服务
S4	金属矿采选产品	S25	电力、热力的生产和供应
S5	非金属矿和其他矿采选产品	S26	燃气生产和供应
S6	食品和烟草	S27	水的生产和供应
S7	纺织品	S28	建筑
S8	纺织服装鞋帽皮革羽绒及其制品	S29	批发和零售
S9	木材加工品和家具	S30	交通运输、仓储和邮政
S10	造纸印刷和文教体育用品	S31	住宿和餐饮
S11	石油、炼焦产品和核燃料加工品	S32	信息传输、软件和信息技术服务
S12	化学产品	S33	金融
S13	非金属矿物制品	S34	房地产
S14	金属冶炼和压延加工品	S35	租赁和商务服务
S15	金属制品	S36	科学研究和技术服务
S16	通用设备	S37	水利、环境和公共设施管理
S17	专用设备	S38	居民服务、修理和其他服务
S18	交通运输设备	S39	教育
S19	电气机械和器材	S40	卫生和社会工作
S20	通信设备、计算机和其他电子设备	S41	文化、体育和娱乐
S21	仪器仪表	S42	公共管理、社会保障和社会组织

2. 气候变化模拟数据。

此外，实证研究还使用了 IPCC 的《第五次评估报告》中提出的 21 世纪末东亚地区气候变化预测数据。IPCC 的《第五次评估报告》提出了四个代表性浓度路径情景（RCP2.6、RCP4.5、RCP6.0 和 RCP8.5），其中东亚地区在各情景下的地表气温模拟预测如图 10-3 所示[401]。

本章选择 RCP2.6、RCP4.5 和 RCP8.5 分别代表低程度气候变化情景、中等程度气候变化情景和高程度气候变化情景来研究天津市案例。基于 IPCC 报告中预测的各 RCP 情景下模拟的东亚地区气温变化数据，给出 21 世纪末天津地区的气温变化预测数据见表 10-2。

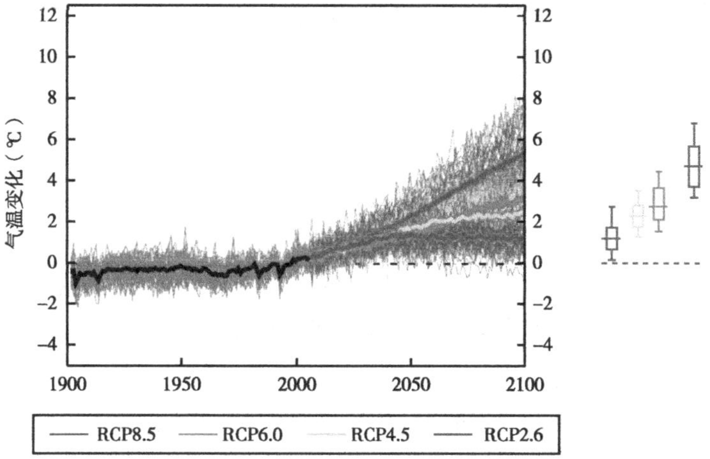

图 10－3 东亚地区（20°N～50°N，100°E～145°E）地表气温变化的时间序列模拟

注：细线代表每个气候模型的预测数据，粗线表示所有气候模型预测数据的平均值。图形右侧标注了四个 RCP 情景下的第 5、第 25、第 50（中位数）、第 75 和第 95 百分位数。

表 10－2 RCP2.6、RCP4.5 和 RCP8.5 情景下气温变化预测数据

气候变化情景	预期气温变动（至 2100 年）
RCP 2.6	+1.2℃
RCP 4.5	+2.6℃
RCP 8.5	+4.8℃

3. 电力部门的气候影响函数。

气候变化会增加社会对电力部门产出的需求，其微观基础是人们为了维持自身生产和生活所需舒适环境需要消耗更多的电力。在这里，本章将电力部门“气候影响函数”引入供给侧不可操作性投入产出模型中。电力部门的气候影响函数衡量未来气候变化将如何影响电力需求，它是电力需求变化对未来气候变化的函数。确定电力部门气候变化影响函数的挑战在于从短期经验证据过渡到气候变化与电力需求之间的长期定量关系。尽管这种定量关系很难评估，广泛的经验文献认为，电力需求与温度之间存在“U”形关系，21 世纪气候变化的净效应将表现为大幅增加电力需求[402]。参考 Nordhaus[383] 在 DICE 模型中气候影响函数的形式，本章给出电力部门的气候影响函数如下：

$$\mathrm{Elec}_t = (1 + 0.06T + 0.03T^2)\overline{\mathrm{Elec}_t} \qquad (10-15)$$

其中，Elec_t表示地区在 t 时期的电力需求；T 表示温度变动幅度，$\overline{\mathrm{Elec}_t}$表

示在没有气候变化影响下的 t 时期的电力需求。

二、气候变化对电力部门影响的传导路径

1. RCP2.6 情景。

在 IPCC 的《第五次评估报告》中，RCP2.6 气候情景是一个低程度气候变化情景。该情景认为，到 21 世纪末全球气候变化低于 2℃。基于 2012 年天津市投入产出表，根据本章第二节构建的供给侧不可操作性投入产出模型分析了气候变化引起的电力需求增加对天津地区经济系统的影响。为了直观显示，图 10－4 描绘了受影响最严重的 15 个部门的不可操作性的值。

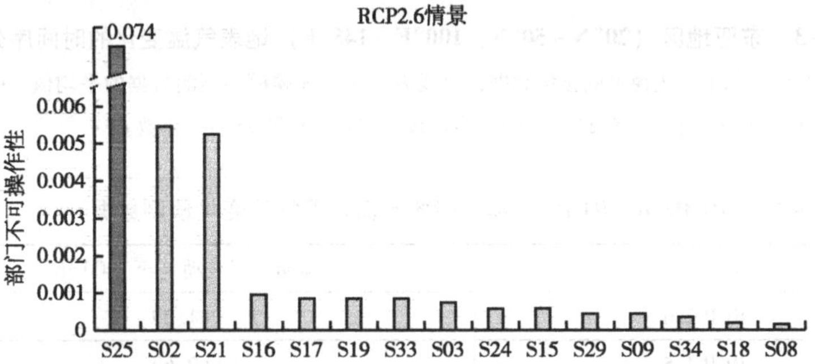

图 10－4　RCP2.6 情景下不可操作性最大的 15 个经济部门

注：深色图柱代表电力部门的不可操作性值，因为电力部门与其余部门的不可操作性值相差比较大，为了方便显示电力部门的值在显示时已被截断。图中代码所代表的部门如表 10－1 所示。

如图 10－4 所示，在 RCP2.6 气候变化情景下，当气候变化引起天津地区电力需求增加时，受影响最大的 15 个部门依次为 S25、S02、S21、S16、S17、S19、S33、S03、S24、S15、S29、S09、S34、S18、S08。在 RCP2.6 情境下，除了电力部门（S25）外，其他部门的不可操作性的值均小于 0.006。除了电力部门外，与其余部门相比，煤炭采选部门（S02）和仪器仪表部门（S21）的不可操作性最高。为了应对气候变化对电力部门的影响，天津市在制订应对气候变化策略时，要重点关注煤炭采选部门（S02）和仪器仪表部门（S21）。除了电力部门（S25）、煤炭采选部门（S02）和仪器仪表部门（S21）外，其余 39 个部门的不可操作性的值均小于 0.001。总体而言，在 RCP 2.6 情景下，气候变化导致的社会就电力需求增加对天津经济体系的影响相对较小。但这绝对不能忽略不计，因为部门不可操作性是一个相对变量，如果用对部门影响的

绝对数值来表示，这将会是一个非常巨大的数字。

2. RCP4.5 情景。

在 IPCC 的《第五次评估报告》中，RCP4.5 情景是一个中等程度气候变化情景。图 10－5 描绘了 RCP4.5 情景下天津地区受影响最严重的 15 个部门的不可操作性情况。

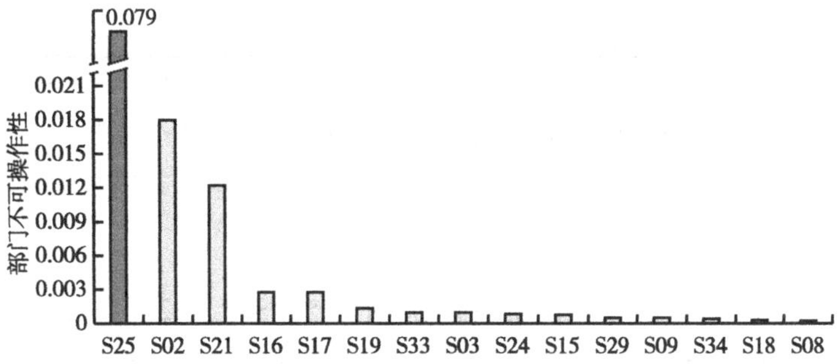

图 10－5　RCP 4.5 情景下不可操作性最大的 15 个经济部门

注：深色图柱代表电力部门的不可操作性值，因为电力部门与其余部门的不可操作性值相差比较大，为了方便显示其已被截断。图中代码所代表的部门如表 10－1 所示。

如图 10－5 所示，在 RCP4.5 情景下，气候变化引起地区电力需求增加时，受影响最大的 15 个部门依次为 S25、S02、S21、S16、S17、S19、S33、S03、S24、S15、S29、S09、S34、S18、S08。在 RCP4.5 情景下，电力部门（S25）不可操作性的值为 0.079，这意味着在满足气候变化引起电力需求日益增长时，电力部门的初始增加值将面临 7.9% 的缺口。更全面地，除了电力部门外，煤炭采选部门（S02）和仪器仪表部门（S21）的不可操作性的值最明显。在 RCP4.5 情景下，天津市做出应对气候变化决策时需要更加关注 S25、S02 和 S21 部门。在 RCP4.5 情景下，有三个部门不可操作性的值大于 0.01，气候变化对天津的经济体系会产生明显的影响。因此，需要采取措施调整生产资源，降低这些脆弱部门的不可操作性，从而避免整个经济体系的失衡。

3. RCP8.5 情景。

IPCC 的《第五次评估报告》指出，RCP8.5 是一个高程度气候变化情景，该情景认为到 21 世纪末全球气温将升高 5℃左右。图 10－6 描绘了 RCP8.5 情景下，由气候变化引起的电力需求增加对天津地区影响最严重的 15 个部门的不可操作性情况。

如图 10－6 所示，在 RCP8.5 情景下，气候变化引起天津地区对电力需求

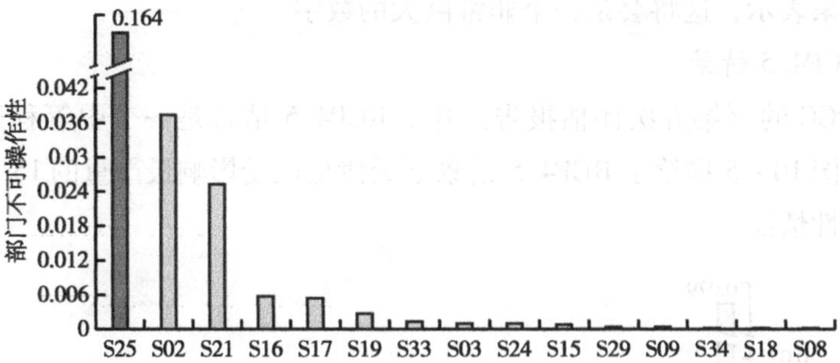

图 10－6　RCP 8.5 情景中不可操作性最大的 15 个部门

注：深色图柱代表电力部门的不可操作性值，因为电力部门与其余部门的不可操作性值相差比较大，为了方便显示其已被截断。图中代码所代表的部门如表 10－1 所示。

增加时，受影响最大的 15 个部门依次为 S25、S02、S21、S16、S17、S19、S33、S03、S24、S15、S29、S09、S34、S18、S08。在 RCP8.5 情景下，电力部门（S25）不可操作性的值为 0.164，这意味着要满足气候变化引起日益增长的电力需求，天津市电力部门的初始投入要增加 16.4%。另外，除了电力部门外，煤炭采选部门（S02）、仪器仪表部门（S21）、通用设备部门（S16）和专用设备部门（S17）不可操作性的值均大于 0.005。煤炭采选部门（S02）和仪器仪表部门（S21）所受的影响最大，它们的部门不可操作性的值分别为 0.038 和 0.025。在 RCP8.5 情景下，气候变化引起的电力需求增加对天津市经济体系影响很大，尤其是有些脆弱部门的严重不可操作性可能会冲击整个经济系统。因此，需要采取措施调整生产资源，降低这些脆弱部门的不可操作性，从而避免整个经济体系的失衡。

4. 综合结果分析。

为了更好地理解气候变化驱动的电力需求增加对天津市经济系统的整体影响。在这里，本章引入一个新的变量，即经济系统总体不可操作性，该变量衡量由于气候变化而导致整个经济系统所需的初始增加值投入增长的比例。表 10－3 给出了多个维度的综合结果。

RCP 2.6、RCP 4.5 和 RCP 8.5 气候变化情景下天津地区总体不可操作性值分别为 0.00015、0.00063 和 0.00129。相比于各情景下受影响最大的 15 个部门的不可操作性，地区总体不可操作性的值较小。这也说明了本书的研究价值，即掌握每个部门的影响程度对于制订高效率应对气候变化政策尤为关键。同时需要强调的是，虽然总体不可操作性的值看起来不大，但是对整个经济系统而言要引起足够重视。因为用绝对值表示的话，RCP 8.5 气候变化情景下天津地区初始增加值的缺口将高达38.68亿元。

表 10-3　RCP 2.6、RCP 4.5 和 RCP 8.5 情景的综合结果

气候情景	电力需求变动	$X^{(d)}$（百万元）	$TVA^{(s)}$（百万元）	$TVA^{(d)}$（百万元）	总体不可操作性
RCP 2.6	0.1152	5738595.6	2994031.8	2994486.8	0.00015
RCP 4.5	0.3782	5745789.4	2994031.8	2995905.3	0.00063
RCP 8.5	0.7488	5755903.9	2994031.8	2997899.6	0.00129

注：电力需求变动一栏为不同气候情景下电力部门最终需求的增加比例；$X^{(d)}$ 为电力需求提高后对地区所有部门总产出的需求；$TVA^{(s)}$ 为地区现有总的增加值初始投入；$TVA^{(d)}$ 为电力需求提高后对地区门总的增加值初始投入的需求。

图 10-7 描绘了 RCP 2.6、RCP 4.5 和 RCP 8.5 气候情景下，各个经济部门对天津经济系统总体不可操作性的贡献情况。如图 10-7 所示，气候变化引起电力需求增加导致的经济系统总体不可操作性主要由 S25、S02、S16、S14、

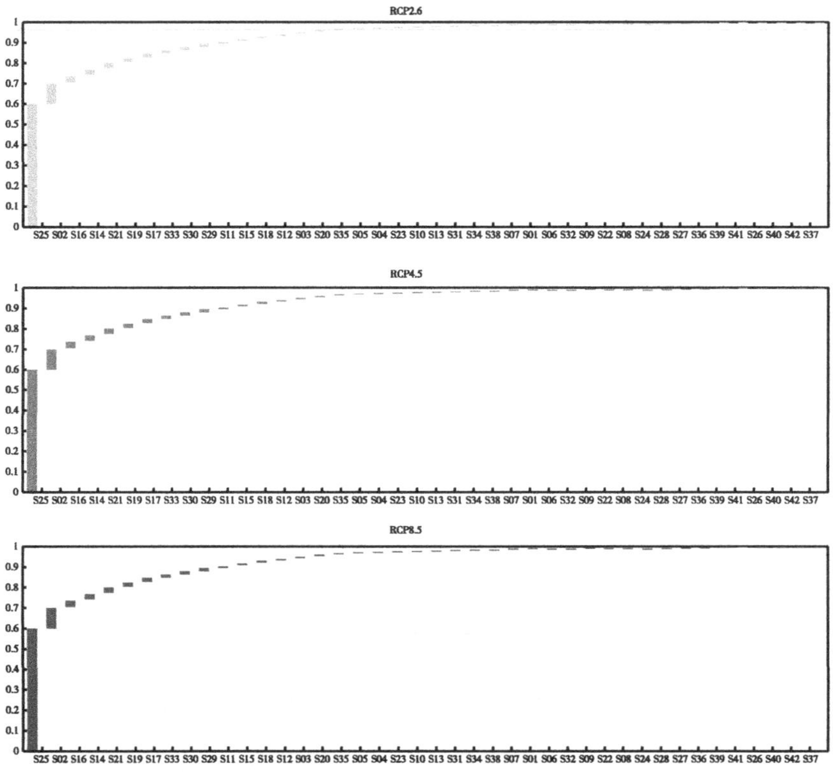

图 10-7　各部门对经济系统总体不可操作性的贡献

S21、S19、S17 和 S33 部门贡献。这些部门为经济系统贡献了近 90% 的总体不可操作性。在不同的气候变化情景下，各部门对总体不可操作性的贡献基本相同。这对于从经济系统角度制订应对气候变化战略很有意义，这意味着尽管未来气候变化的程度可能有不同情况，但这些部门将成为应对气候变化的关键部门。

为了更直观地说明气候变化引起电力需求增加对地区其他经济部门的影响，图 10－8 显示了 RCP 2.6、RCP 4.5 和 RCP 8.5 情景下对经济系统总体不可操作性贡献达到 90% 的 9 个最脆弱部门的不可操作性。如图 10－8 所示，受影响最大的这 9 个部门的不可操作性的值差异也较大，影响主要集中在 S02、S21、S16 和 S17 部门。一个有趣的现象是，在 RCP2.6、RCP4.5 和 RCP8.5 情景下，所有经济部门的不可操作性排序是相同的。这意味着应对气候变化的关键部门路径是稳定的，而掌握这一关键部门路径对于应对气候变化资源的分配至关重要。

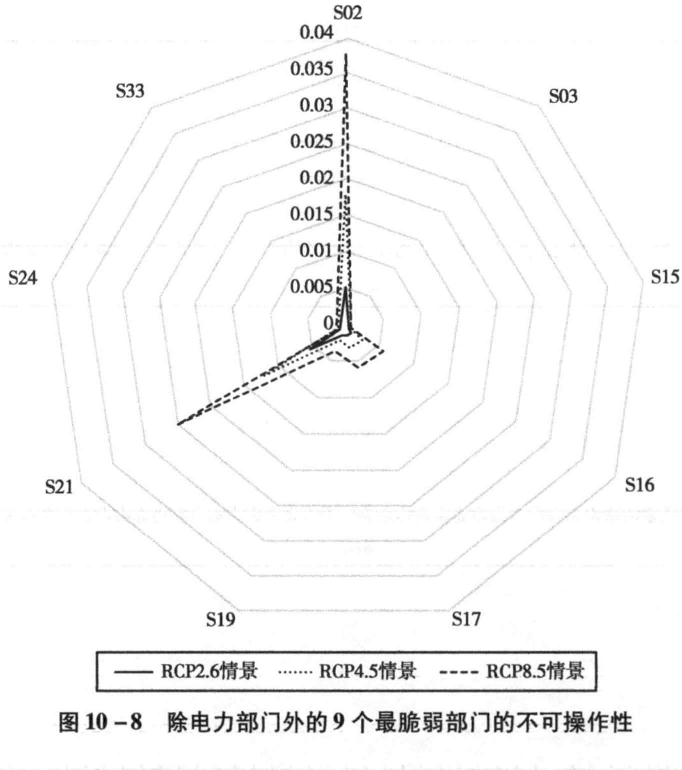

图 10－8　除电力部门外的 9 个最脆弱部门的不可操作性

对比表 10－3 中的综合结果与图 10－7 和图 10－8 中的分部门结果，经济系统整体不可操作性相对较小的背后隐藏着部门差异。地区总体结果掩盖了部门不可操作性之间的巨大差距。由于经济系统各部门之间的相互联系，单个的高不可操作性部门可能会导致整个经济体系的崩溃，这就要求采取一系列措施来防止这种悲剧的发生，有针对性地从关键部门影响路径出发制订地区应对气候变化政策。

三、综合结果与讨论

气候变化引起电力需求增加导致的经济系统总体不可操作性主要由 S02、S03、S15、S16、S17、S19、S21、S24、S25 和 S33 部门贡献，这 10 个部门承受的总的影响占气候变化对经济系统总影响的 90%，而其他 32 个部门的影响相对小很多。这就需要从地区整体角度根据每个部门面临的不可操作性分配每个部门的应对气候变化资源。当然，气候变化影响的部门异质性取决于当地经济体系部门之间的相互联系。也就是说，这种部门异质性在未来很可能会以这种形式持续存在，也可能会随着未来经济结构发生变化而变化。这就需要根据未来经济发展不断检验电力部门对气候变化的影响在地区经济系统中的传导路径是否发生了改变。

同时，在 RCP 2.6、RCP 4.5 和 RCP 8.5 情景下，气候变化对电力部门的影响给 S02、S03、S15、S16、S17、S19、S21、S24、S25 和 S33 部门的冲击均大于其他部门。这说明在稳定经济系统状态下，不同程度气候变化对经济系统影响的关键部门相同，这说明了本章结果的稳健性。此外，关键部门的不可操作性的值差别也比较大，主要集中在 S25、S02、S21、S16 和 S17 部门。因为经济体系的总体不可操作性被那些几乎没有受到影响的部门所平均，这导致气候变化引起的电力需求增加对经济体系的总体影响似乎看起来并不明显。这些结果表明，迄今为止，文献中提到的总体影响很可能低估了其气候变化对经济系统的实际影响，也无法从经济系统角度指出应对气候变化的方向。尤其值得注意的是，在 RCP8.5 情景下，截至 21 世纪末，天津地区总体不可操作性为 0.00129，而 S25、S02、S16、S14、S21、S19 和 S17 的部门不可操作性分别为 0.16349、0.03766、0.02538、0.00582、0.0056 和 0.003。在 RCP8.5 情景下，为应对气候变化对电力部门的影响，天津市将需要额外 38.68 亿元的初始增加值投入，其中上述重点部门需要 35.32 亿元，占比高达 91.31%。气候变化给电力部门的影响给整个经济系统带来巨大压力，尤其是关键部门在面临气候变化时需要的初始增加值投入如果无法获取将会影响整个地区经济系统的安全。

需要指出的是，本章旨在分析在一切照旧的环境下气候变化引起的电力需求增加对地区经济系统的综合影响及应对气候变化所需要的额外生产资源成本。换句话说，本章基于所构建的不可操作性投入产出模型所估计的结果是保持电力部门气候影响函数、经济增长和技术水平不变条件下的结果，该假设已在许多建模环境中被认可和使用[3]。如果替代上述假设，本章结果可能会受到潜在影响。气候变化会造成地区电力需求增长，但是气候影响函数的形式可能存在不确定性和地区异质性。虽然本章根据权威文献对电力部门的影响函数的形式和参数进行了定义，但可能需要根据具体的区域环境进行进一步的校准。这项工作也极具挑战性，将是未来研究的重点。经济稳定假设是指经济系统在当前稳定的环境下，能够保证经济系统中各部门保持供需平衡。更高的经济增长意味着地区资本积累水平的变化，这可能会提高该地区应对气候变化的能力。然而，随着经济增长，空调的使用量也有可能增加，这将进一步加剧气候变化和引起电力需求增加。为了避免此不确定性的干扰，本章建模时假设经济处于稳定增长状态。技术水平的提高可能会减少地区应对气候变化所需的电力需求，如高效的空调技术可以减少相同数量空调使用下的电力需求。但是高效的空调技术也可能会提高空调的普及率，这反而会促进地区的用电需求。由于技术因素在未来也有较高的不确定性，因此本章没有考虑。

第四节 结论与政策启示

掌握气候变化对电力部门的影响给整个经济系统的冲击，对于明确电力部门应对气候变化的宏观意义和从经济系统视角提出电力部门应对气候变化策略具有十分重要的意义。通过对 Leontief 投入产出模型进行拓展，并将气候因素纳入拓展的投入产出分析框架，构建了气候变化—电力部门—经济系统分析框架。本章分析气候变化引起的电力需求增加对整个经济系统的影响，并揭示气候变化对电力部门的影响在经济系统内的传导机制。

应用构建的分析框架，进一步对天津进行了实证研究。实证结果表明，气候变化导致电力需求增加给电力部门供给造成压力的同时，会进一步对整个经济系统产生影响。在 RCP2. 6、RCP4. 5 和 RCP8. 5 情景下，所有部门的不可操作性排序是相同的，受影响最大的 15 个部门依次为 S25、S02、S21、S16、

S17、S19、S33、S03、S24、S15、S29、S09、S34、S18 和 S08 部门。这意味着气候变化通过电力部门对天津经济系统影响的关键部门路径是稳定的。此外，面对气候变化，各个部门不可操作性之间的差异很大，受影响最严重的 10 个部门所受影响占整个经济系统影响的 90%。掌握这一关键的部门路径和按各个部门不可操作性分配应对资源是应对气候变化战略制定的方向。

为了应对气候变化对电力部门的影响，需要尽早成立应对气候变化基金，为这些不可操作性较高的部门获取和分配生产资源提供资金，以提高其供给能力，降低其因供需不平衡对整个经济体系的影响。本章的结果表明，根据部门不可操作性及时对经济系统各部门之间的资源配置进行调整，可能是从经济系统角度应对气候变化策略方案的基础。但是本章既不打算详尽无遗地提出建议，也不打算强烈主张任何特定的选择，本章的研究目的是以相对清晰和结构化的方式推进电力部门应对气候变化这一重要而复杂问题的研究。更全面地掌握气候变化对电力部门的影响在地区经济系统的传导机制以制订相应的应对策略仍然是未来研究的重要领域。

第五节

本章小结

本章对投入产出模型进行拓展，构建了一个供给侧不可操作性投入产出模型。然后将气候变化因素纳入供给侧不可操作性投入产出模型提出气候变化—电力部门—经济系统分析框架，来研究气候变化对电力部门的影响对整个经济系统的冲击和在经济系统内的传导机制。进一步对天津市进行了实证研究。实证结果表明，气候变化对电力部门的影响会给整个经济系统带来巨大冲击。在 RCP2.6、RCP4.5 和 RCP8.5 气候情景下，所有经济部门的不可操作性排序是相同的，受影响最大的 15 个部门依次为 S25、S02、S21、S16、S17、S19、S33、S03、S24、S15、S29、S09、S34、S18 和 S08 部门。气候变化对电力部门的影响在经济系统内的传导路径是稳定的。此外，各个部门不可操作性之间的差异很大。掌握这一关键的部门路径和按各个部门的不可操作性来分配应对资源是协调各部门努力共同应对气候变化的方向。

第十一章

气候变化对电力需求综合影响研究

掌握气候变化对电力需求的综合影响对于提高电力部门应对气候变化的能力至关重要。本章分析了气候变化对地区电力需求模式的综合影响。本章工作的可能贡献如下：提出了一个评估气候变化对地区电力需求模式影响的方法框架，可以分析气候变化对月度电力需求、需求峰值和需求变化幅度的综合影响。这有助于全面认识季节性周期温度变化对电力需求的短期影响和气候变化对电力需求的长期影响，帮助电力部门根据气候变化对电力需求模式的影响有针对性地及时增加各类形式的发电装机，保证电力部门安全。

第一节 气候变化与电力需求

气候变量因素对能源消耗的影响已经引起了国内外学者的广泛关注，尤其是温度如何影响电力消耗。鉴于潜在的气候变化，这种关系受到的关注也将越来越多。长期以来，这种关系对于电力系统的设计非常重要，因为电力系统的需求随气候和天气而变化。理解温度效应对能源本身和潜在反馈回路至关重要，这些反馈回路需要被纳入一些气候模型，其中能源需求影响温室气体排放，进而影响未来的能源需求。大多数文献关注住宅能源需求，其中能源消耗和温度之间的关系自然是具有异质性的，也就是说，消费者在温度较低时需要热量，在温度较高时需要空调，因此“异常温暖的一天”的影响会根据地区和所处的季节可能减少也可能增加能源需求。另外，能量—温度关系也在一定程度上取决于加热和冷却设备的使用率。

气候变化引起的地表平均气温升高会导致地区制冷需求升高进而引起电力需求增加[403]。虽然不同地区面对气候变化时的反应可能不同，但是气候变化引起的温度升高从长远来看将会增加社会用电需求[404-408]。在过去的 150 年里，全球温室气体排放水平一直在上升，已经达到了至少40万年来从未有过的水平[409]。截至2012年，地球表面平均气温水平比工业化前上升了0.85℃[410]。同时，由于地球气候系统对温室气体反应的滞后，即使目前大气中的温室气体浓度水平不再上升，全球平均气温也将继续上升至少0.5℃[411,412]。随着人类活动造成的温室气体排放量不断增加[413,414]，未来的气候变化可能会进一步对地区电力部门产生严重影响[415]。

由于气候变化对地区电力部门带来的影响越来越明显，电力部门利益相关者也越来越关注气候变化对地区电力需求的影响，尽管两者的关系可能很复杂[261]。另外，随着气候变化引起社会生产模式和居民生活习惯的改变，气候变化对地区电力需求的影响不再仅仅是电力公司所关心的问题[266]。现有研究指出，气候变化对地区电力需求的影响主要通过体现在两个方面[267,334,416,417]。一方面，由于平均气温升高，地区整体电力需求可能会增加；另一方面，气候变化可能会使夏季时段的用电高峰的峰值和频率升高，进一步加剧地区用电失衡。从前述两个方面综合研究气候变化如何影响地区电力需求是全面认识气候变化对电力需求影响的关键。对气候变化与地区电力需求之间的关系建立清晰而定量的理解对于长期电力装机容量规划以维持可靠的地区电力供应体系至关重要[418-420]。

不同地区面对气候变化时的反应可能不同[421]，为了有效应对气候变化，需要首先准确评估气候变化对其电力部门的影响，特别是在社会经济结构和电力需求模式正在逐渐转变的发展中国家[345,422]。关于发展中国家或地区的电力需求模式与气候变化之间关系的研究，对于增加电力基础薄弱地区电力部门气候脆弱性的认识，并制订相应气候变化应对计划和政策具有重要实践意义[344,425-426]。尤其是准确评估气候变化就月度电力需求的影响对掌握气候变化对地区短期电力需求模式和长期需求模式影响尤为关键。全面理解气候变化就电力需求侧的影响对于保障地区电力系统安全至关重要。

第二节

解释变量和方法框架

一、解释变量

基于研究目的，本章将影响地区电力需求的因素分为气候因素和非气候因素。

1. 气候因素变量选取与处理。

选择合适的气候因素以及提出衡量气候变化程度的方法是进一步探索气候变化与地区电力需求之间关系的基础。当前，电力需求—气温响应模型通常假设从制热需求环境到制冷需求环境之间存在一个瞬时变化，即存在一个制热需求制冷需求转换气温阈值。这是一个理想的假设。实际上会存在一个温度范围，在此温度范围内电力需求可能并不会对温度变化做出响应[427]。因此，有研究试图通过逐步引入温度舒适区来改进电力需求—气候响应线性“V”形模型，在温度舒适区范围内的温度变化不会引发电力需求变动[428]。那么确定合理的温度舒适区就变得非常重要了。Wu 等（2015）利用中国住房和城乡建设部提供的全国温度舒适度数据对人体舒适温度区进行了研究，其认为个体角度的舒适温度区间有差异，但对地区来说可以利用大数定律从整体考虑舒适气温区间[423]。本章在参考前人研究的基础上，提出确定地区舒适温度区间的方法：首先，确定该地区近 15 年来上半年电力消费最低的月份；其次，以该月上旬的平均日气温作为地区制热需求的平衡点，以该月下旬的平均日气温作为地区制冷需求的平衡点。考虑温度舒适区的电力需求—温度响应函数的线性模型如图 11 – 1 所示。

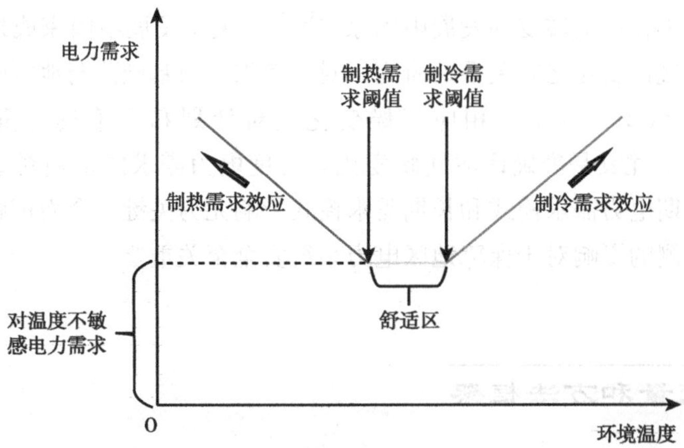

图 11 – 1　考虑温度舒适区的电力需求—温度响应线性模型

如图 11 – 1 所示，左侧最低点是空间制热需求平衡阈值，右侧最低点是空间制冷需求平衡阈值。社会经济因素（如地区 GDP 和当地居民生活习惯等）

会影响温度舒适区的位置和电力需求—温度响应函数的斜率[425,430,431]。根据许多研究中广泛使用的模式，本章也选择用制热需求度（HDD）和制冷需求度（CDD）作为温度的代理变量来建立电力需求与温度之间的量化关系。根据Gupta（2012）的研究[261]，制热需求度（HDD）和制冷需求度（CDD）可以分别通过以下公式表示：

$$HDD = \sum_{i=1}^{d}(T_{bh} - T_i), if(T_{bh} > T_i) \tag{11-1}$$

$$CDD = \sum_{i=1}^{d}(T_i - T_{bc}), if(T_{bc} < T_i) \tag{11-2}$$

其中，d是研究尺度所含的天数，T_{bh}表示制热需求阈值，T_i表示第i天的日平均气温，T_{bc}表示制冷需求阈值。

2. 非气候因素变量选取与处理。

电力是社会生产和人们日常生活最依赖的能源形式。许多研究指出，经济增长和国民收入的增加会促进地区电力需求[432-434]。另外，还有其他一些社会因素会影响一个地区的电力需求。在非气候因素中，一些因素如经济增长和国民收入增加会促进地区电力需求增加，一些因素如技术进步可能对地区电力需求有一个消减作用[435]。此外，还有一些其他因素，如居民的生活习惯，很难确定它的改变是否会促进地区电力需求。由于有些非气候因素与地区电力需求之间关系的复杂性，很难对所有这些非气候因素进行定量测量。尽管这些影响很难有效量化，但它们在短时间内的变化也比较小[436-438]。考虑到对电力需求影响的重要性和数据的可获取性，本章只考虑地区经济增长这一非气候因素，并以GDP作为经济增长的代理变量。

二、建模思路与模型框架

本章通过建立一个计量经济学模型将气候因素纳入电力需求模型中，利用多年度12个月的面板数据评估气候变化对地区月度电力需求的影响。该模型可以从微观角度研究气候变化对具体地区月度电力需求的影响。模型研究框架如图11-2所示，建模过程中的关键步骤如下：

第一步，利用Mann-Kendall趋势检验法对研究区域的气温是否存在变化趋势进行检验。

第二步，根据地区日平均气温数据计算该地区HDD和CDD。

第三步，根据数据可获取性和计量经济学理论构建合适的面板数据回归模型。

第四步，基于构建的模型，评估气候变化对月度电力需求的长期影响。在这一步骤中，固定效应模型、随机效应模型和混合模型均被构建用于面板数据模型估计，并通过 F 检验和 Hausman 检验来探讨在具体情况下的最优模型形式。

第五步，将模型实证结果与 IPCC 气候评估报告中提出的未来气候变化预测情景结合，模拟不同气候变化情景下地区未来月度电力需求的变化。

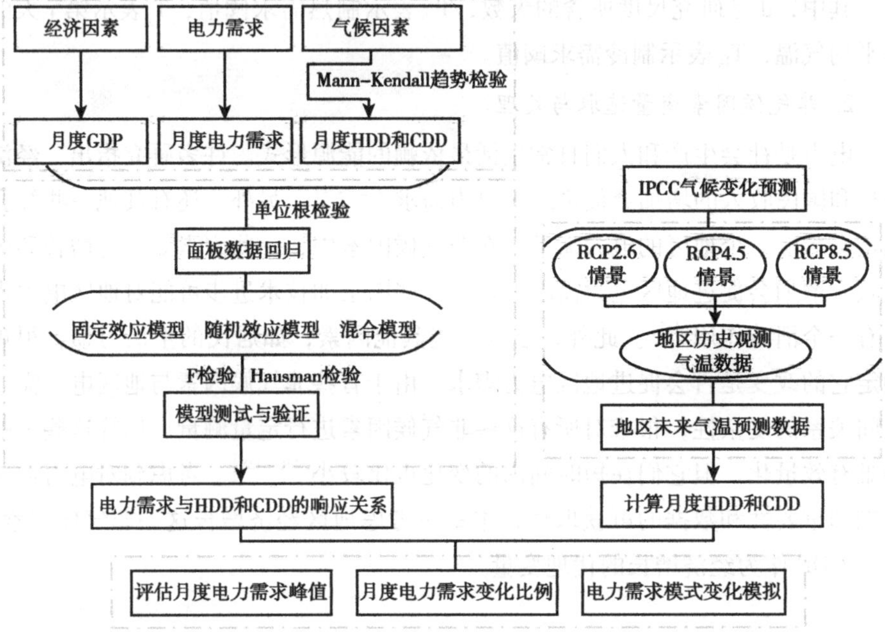

图 11-2　气候变化对地区月度电力需求影响评估和模拟模型框架

1. Mann - Kendall 趋势检验法。

探讨气候变化对地区电力需求的影响，首先需要评估当地气温是否存在变化趋势。检测时间序列变量趋势的方法主要有两类：参数法和非参数方法。其中，参数方法适用于独立的正态分布变量，而非参数方法仅要求变量满足独立分布即可。由于本章检验的地区每日平均气温不是正态分布数据，因此采用非参数方法。Mann - Kendall 趋势检验方法是曼（Mann）[433] 和肯德尔（Kendall）[434] 提出的一种经典的非参数统计方法。它的优点是所检测数据不需要服从特定的分布，且检验结果不易受到少数异常值的干扰。Mann – Kendall 趋势检验法可以有效地识别自然现象是处于自然波动还是存在显著变化趋势，该方法已经得到世界气象组织认可，并广泛应用于气温等气候变化因素的趋势分析[440 - 441]。鉴于 Mann – Kendall 存在的这些优点，本章采用 Mann – Kendall 趋势检验法来检测所研究地区的气温是否存在显著变化趋势。

Mann – Kendall 检验统计量 S 由如下公式给出：

$$S = \sum_{k=1}^{n-1} \sum_{j=k+1}^{n} \mathrm{sgn}(x_j - x_k) \tag{11-3}$$

其中，n 是时间序列 X 中所包含数据点的个数，x_k和 x_j分别是时间序列 X 中第 k 个和第 j 个时间点的数据值，$\mathrm{sgn}(x_j - x_k)$ 是一个由下式给出的符号函数。

$$\mathrm{sgn}(x_j - x_k) = \begin{cases} +1, \text{if } x_j - x_k > 0 \\ 0, \text{if } x_j - x_k = 0 \\ -1, \text{if } x_j - x_k < 0 \end{cases} \tag{11-4}$$

Mann – Kendall 趋势检验的统计参数为 Z 值，Z 值可由下式给出：

$$Z_s = \begin{cases} \dfrac{S-1}{\sqrt{\mathrm{Var}(S)}}, \text{if } S > 0 \\ 0, \text{if } S = 0 \\ \dfrac{S+1}{\sqrt{\mathrm{Var}(S)}}, \text{if } S < 0 \end{cases} \tag{11-5}$$

其中，Var(S) 是统计量 S 的方差。当时间序列 X 包含数据点的数量很大（通常大于 10[441]）时，Var(S) 的值可以由下式给出：

$$\mathrm{Var}(S) = \frac{n(n-1)(2n+5) - \sum_{i=1}^{m} t_i(t_i - 1)(2t_i + 5)}{18} \tag{11-6}$$

其中，n 是时间序列 X 中所包含数据点的个数，m 是时间序列中相同组的个数（相同组是由时间序列里所有等值数据组成的一组数组），t_i是相同组 i 中所包含数据的个数。

根据 Mann – Kendall 趋势检验方法，Z_s为正表示该时间序列有上升趋势，而 Z_s为负表示该时间序列存在下降趋势。当 $|Z_s| > |Z_{1-\alpha/2}|$ 时则认为变化趋势在显著性水平 α 是显著的，其中 $|Z_{1-\alpha/2}|$ 的值可以从正态分布表中获取。显著性水平 α = 0.01 和 α = 0.05 将用于本章的研究。如果 $|Z_s| > 2.576$ 或 $|Z_s| >$

1.96，则分别在1%或5%显著性水平上拒绝无趋势的零假设。

2. 电力需求计量模型。

本章利用横跨20年的月度面板数据来反映用电量与气候变化之间的关系。选择月度尺度进行研究的动机主要体现在以下两个方面：一方面是尽量消除其他难以测定的非气候因素的影响，因为它们在月度尺度水平上变化很小[442]；另一方面，月度面板数据可用于全面评估季节变换引起的温度变化对电力消耗的短期影响以及气候变化引起的平均气温上升对电力需求的长期影响。此外，为了消除每月所含天数不同对回归结果的影响，面板数据回归模型中使用的月度数据做如下处理：1月、3月、5月、7月、8月、10月、12月数据除以31，4月、6月、9月、11月数据除以30，闰年2月数据除以29，其他2月数据除以28。为了避免"伪回归"，保证估计结果的有效性，在回归之前对模型所有变量进行了Levin－Lin－Chu（LLC）单位根检验[443]和ADF－Fisher单位根检验[444]。为了保证回归结果的可靠性，本章分别建立了固定效应模型（FEM）、随机效应模型（REM）和混合效应模型（MM）来估计面板数据回归模型。然后进行F检验和Hausman检验[445,446]，以探讨最合适的模型形式。面板数据回归方程如下：

$$EC_{it} = c + \alpha_i + \gamma_t + \beta_1 \cdot GDP_{it} + \beta_2 \cdot HDD_{it} + \beta_3 \cdot CDD_{it} + \varepsilon_{it} \tag{11-7}$$

其中，EC_{it}为该地区第t年第i月的地区用电量，c为截距项。α_i为横截面效应，衡量了特定横截面中的不同个体对回归模型中截距项的影响。γ_t为时间固定效应，反映了模型中截距项的时间差异。β_1、β_2和β_3分别是对应变量回归系数，GDP_{it}表示该地区的月度国内生产总值，HDD_{it}和CDD_{it}是前面提到的气候变量，ε_{it}为模型随机误差项。

3. 气候变化对地区电力需求影响模拟。

将计量经济模型的实证结果与政府间气候变化专门委员会（IPCC）第五次报告预测的气候变化情景相结合来模拟未来气候变化对地区月度电力需求的影响。首先将IPCC第五次评估报告提出的三条代表性浓度路径（RCP2.6、RCP4.5和RCP8.5情景）[447,448]中预测的气候变化幅度与地区历史观测气温数据结合，模拟未来该地区的气温序列值；其次，基于一组模拟的气温时间序列数据可以得到一组该地区气候变量的预测时间序列；最后，将气候变量模拟数据结合评估的回归模型可以对地区未来月度电力需求进行模拟预测。

第三节 实证分析

一、研究区域与数据收集

1. 天津。

本章以天津为例做实证分析。使用天津市地域边界来界定研究地区的电力需求和日平均气温，因为行政地理边界合理地界定了研究区域的电力基础设施，并且相关数据通常以这种地域边界的形式呈现。天津是中国四个直辖市之一，位于华北平原东北部（北纬38°34′—40°15′，东经116°43′—118°04′）[449]。天津市拥有大规模的电力基础设施，其气候对周围地区具有一定的代表性。近年来，天津市的用电负荷在每年7月的高温天气影响下不断刷新历史纪录[450]。评估气候变化对天津市电力需求的影响，对于应对气候变化造成的临时性供电短缺具有十分重要的意义。因此，本章以天津作为实证案例，以期为华北地区其他城市电力部门应对气候变化提供经验。

2. 变量描述与数据来源。

本章的研究需要天津市月度用电量、月度GDP、月度HDD和月度CDD数据。其中，2000~2018年月度用电量数据搜集于天津市统计局每月发布的天津市政府信息公开专栏网站。由于天津市的月度地区生产总值数据从未发布过，本章通过将季度GDP数据除以3近似作为相应月份的月度GDP。2000~2018年天津市每月HDD和CDD数据根据从国家气象信息中心提供的天津市每日平均气温计算获得。这里以每日平均气温为依据的原因是每日平均气温是一天中每小时气温观测值的平均值，比日最高气温更能代表一天的气温。表11-1总结了本章中使用的每个变量的描述性分析。

表11-1 变量描述性统计

变量	定义	单位	数量	平均值	中位数	最大值	最小值	标准差
EC	月度电力消费	100百万kWh	228	45.96	46.56	85.76	13.35	19.74
GDP	月度GDP	十亿元	228	76.07	59.67	171.53	11.82	52.24
HDD	月度热度日	℃*日	228	103.32	4.15	511.60	0.00	142.08
CDD	月度冷度日	℃*日	228	110.43	28.85	392.80	0.00	131.98

二、实证结果与讨论

1. 天津市气温变化趋势。

气候变化主要表现为地表气温升高，而气温是影响地区用电量的主要气候因素，因此，在建立气候变化与天津市电力需求关系之前，需要掌握天津市气温的变化趋势。本节应用 Mann - Kendall 趋势检验方法对天津市日平均气温时间序列进行趋势检验。本章同时从整体尺度和月度尺度上检验了研究期内天津市日平均气温的变化趋势。其中整体尺度检验的是整个研究期内所有日平均气温数据组成的时间序列。月尺度是对研究期内每年同一月份的日平均气温数据组成的时间序列进行检验（例如，1 月的日气温变化趋势是对 2000 ~ 2018 年所有 1 月的日气温数据组成的时间序列进行趋势检验）。表 11 - 2 给出了 2000 ~ 2018 年天津市整体尺度日平均气温和月度尺度日平均气温的趋势检验结果。

表 11 - 2　　天津市日平均气温趋势检验结果

时间序列尺度	Z_s
整体尺度	2.8225 ***
一月	4.8636 ***
二月	2.5809 ***
三月	1.9643 **
四月	1.9608 **
五月	2.5958 ***
六月	2.2591 **
七月	2.0166 **
八月	4.7121 ***
九月	3.8916 ***
十月	2.9160 ***
十一月	2.7672 ***
十二月	3.5557 ***

注：Z_s是 Mann - Kendall 趋势检验统计参数，** 表示在 5% 显著性水平上存在趋势，*** 表示在 1% 显著性水平上存在趋势。

从整体尺度上看，2000 ~ 2018 年天津市日平均气温在 1% 显著水平上表现为上升趋势。从月度尺度上看，2000 ~ 2018 年天津市每月日平均气温组成的新时间序列在 1% 或 5% 显著水平上表现为上升趋势。上述综合结果表明，天津市日平均气温有明显的上升趋势，应进一步研究气候变化对天津市电力需求的影响。

2. 天津市月度 HDD 和 CDD 变化情况。

根据天津市平均日气温资料，计算了 2000 ~ 2018 年天津市月度 HDD 和 CDD 数据。为了直观显示，图 11 - 3 和图 11 - 4 分别描绘了以 2000 年、2003 年、2006 年、2009 年、2012 年、2015 年和 2018 年为例的 7 个等时间跨度的代表性年份的月度 HDD 和 CDD 曲线。

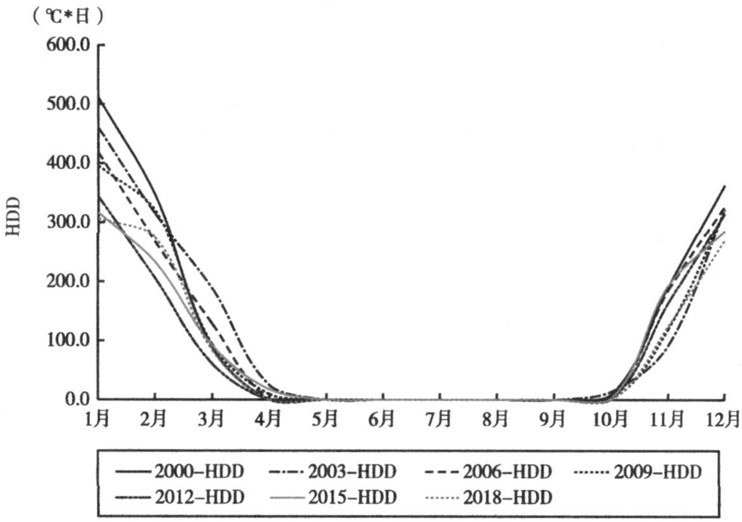

图 11 - 3　2000 ~ 2018 年天津市月度 HDD 变化情况

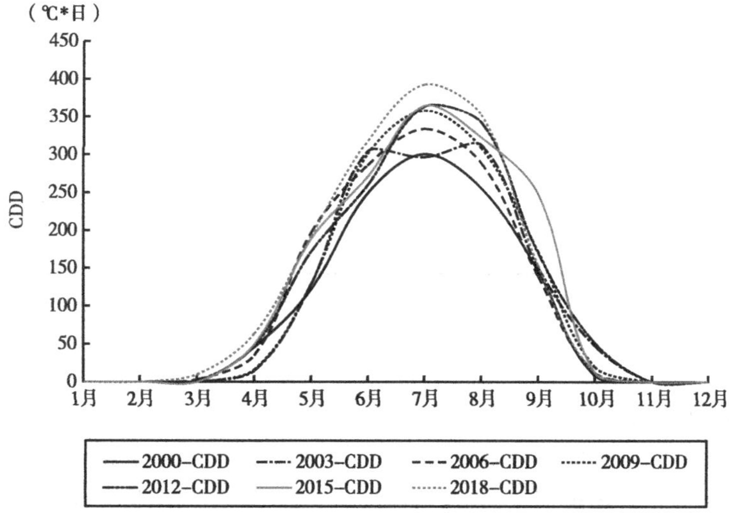

图 11 - 4　2000 ~ 2018 年天津市月度 CDD 变化情况

如图 11-3 所示，天津市每年的月度 HDD 数据近似呈“U”形曲线，每年 1~4 月呈下降趋势，5~9 月几乎为零，10~12 月呈上升趋势。在研究期 2000~2018 年，天津市 HDD 的“U”形曲线形态越来越平缓。这也直观地表明，虽然存在波动，但 2000~2018 年天津市月度 HDD 确实存在下降趋势。从中也可以看出，1 月和 12 月的下降趋势最为明显（具体来说，1 月的月度 HDD 从 2000 年的 511.68℃ * 日下降到 2018 年的 306.8℃ * 日）。如图 11-4 所示，天津市每年的月度 CDD 数据近似呈倒“U”形曲线，每年 4 月到 7 月呈上升趋势，8 月到 10 月呈下降趋势，每年 1~3 月和 11~12 月几乎为零。2000~2018 年，HDD 的“U”形曲线形态峰值越来越高、跨度越来越宽。这也直观地表明，虽然存在波动，但 2000~2018 年天津市月度 CDD 存在明显的上升趋势。从中也可以看出，7~8 月的上升趋势尤为明显（具体来说，7 月的月度 CDD 已经从 2000 年的 300.6℃ * 日上升到了 2018 年的 392.8℃ * 日）。

3. 面板数据模型估计。

为了避免“伪回归”，保证估计结果的有效性，在对面板数据模型估计之前，对数据进行了 Levin-Lin-Chu（LLC）单位根检验[443]和 ADF-Fisher 单位根检验[451]，以检验所有变量的时间序列是否平稳。平稳性检验结果如表 11-3 所示。LLC 单位根检验和 ADF-Fisher 单位根检验的结果表明，所有变量的原始序列在 5% 显著性水平上都是平稳的。

表 11-3　　　　平稳性检验结果

变量	Levin-Lin-Chu 单位根检验		ADF-Fisher 单位根检验		原始序列
	Statistic	P value	Statistic	P value	
EC	-2.86401***	0.0021	26.4574**	0.0239	I(0)
GDP	-9.40362***	0.0000	45.5071***	0.0051	I(0)
HDD	-6.20569***	0.0000	48.5915***	0.0000	I(0)
CDD	-3.04867***	0.0011	45.6846***	0.0001	I(0)

注：** 表示在 5% 水平上有显著统计学意义，*** 表示在 1% 水平上有显著统计学意义。

本章同时构建了固定效应模型（FEM）、随机效应模型（REM）和混合效应模型（MM）进行面板数据模型估计。然后进行了 F 检验和 Hausman 检验，以探讨在这种情况下哪种模型是最优模型。回归结果汇总如表 11-4 所示。在混合模型和固定效果模型之间进行选择时，基于 F 检验结果，原假设在 1% 的显著性水平上被拒绝，因此固定效应模型应该更合适。在随机效应模型和固定效应模型之间进行选择时，基于 Hausman 检验的结果，原假设在 1% 显著性水平上被拒绝，这表明随机效应模型的基本假设不满足。因此，该面板模型系数评估过程中固定效应模型是最佳评估模型。此外，对比三个模型的回归系数，发现模型间的估计系数彼此十分接近，这也证明了整体回归模型结果的可靠性。

表 11-4　　面板数据回归结果汇总

变量/系数	FEM	REM	MM
GDP(β_1)	0.320450*** (0.012204)	0.360048*** (0.007033)	0.360212*** (0.008020)
HDD（β_2）	0.064964*** (0.018432)	0.005425* (0.007409)	0.015738*** (0.003710)
CDD（β_3）	0.094146** (0.029823)	0.018094** (0.008279)	0.023257*** (0.003990)
截距项	17.41151*** (2.737129)	15.78034*** (1.841507)	14.01929*** (1.059469)
截面固定效应	Yes	None	None
时间固定效应	None	None	None
截面随机效应	None	Yes	None
时间随机效应	None	None	None
观测值数量	228	228	228
R - squared	0.968383	0.956706	0.959923
调整 R - squared	0.963676	0.955590	0.958582
F - 检验	7.695094*** [0.0000]		
Hausman 检验		17.447359*** [0.0006]	

注：FEM 代表固定效应模型；REM 代表随机效应模型；MM 代表混合模型；圆括号内为相应系数的标准误差；方括号内为 F 检验或 Hausman 检验的概率值。* 表示在 10% 显著性水平上有统计学意义；** 表示在 5% 显著性水平上有统计学意义；*** 表示在 1% 显著性水平上有统计学意义。

模型回归结果表明，GDP 对天津市月度用电量有显著影响。具体而言，月度 GDP 每增加 1 个单位，月度电力需求将增加约 0.32 个单位，这表明经济增长将显著增加电力需求。通过对模型中 GDP 的系数与气候变量（HDD 和

CDD）的系数进行比较，发现 GDP 的系数大于气候变量系数，说明 2000～2018 年天津市经济增长对电力需求的影响大于气候变化的影响。这一结果与 Ruth 和 Lin（2006）[444] 以及 Fan 等（2019）[228] 的研究一致，他们的研究也表明，在当前阶段宏观经济变量对电力需求的影响大于气候变量。

HDD 和 CDD 同样对天津市月度电力需求有显著影响。具体而言，HDD 和 CDD 的升高都会增加地区电力需求。HDD 每增加 1 个单位，月度电力需求将增加约 0.065 个单位。CDD 每增加 1 个单位，月度电力需求将增加约 0.094 个单位。需要指出的是，CDD 的系数明显高于 HDD，这说明天津市制冷需求行为对地区电力需求的影响大于制热需求行为。换句话说，高温对电力需求的边际影响要大于低温。这主要归因于天津市目前的供热和制冷模式现状，天津市供暖系统主要来自煤炭和天然气，电气设备仅作为辅助制热设备[452]，而制冷系统主要由空调等电气设备组成。

4. 气候变化对天津市月度用电量的影响。

本节根据面板数据回归模型结果进一步分析气候变化对天津市月度电力需求的影响。根据表 11－4 中面板数据回归结果估计的天津市月度电力需求的气候变量响应函数。当控制非气候变量不变时，图 11－5 直观描绘了月度电力需求对 HDD 和 CDD 的响应函数，其中电力需求是以相对值的形式描绘（以 4 月电力需求为基准）。同时 HDD 和 CDD 分布的堆叠面积图也绘制在图 11－5，以直观显示月度电力需求与 HDD 和 CDD 的关系。

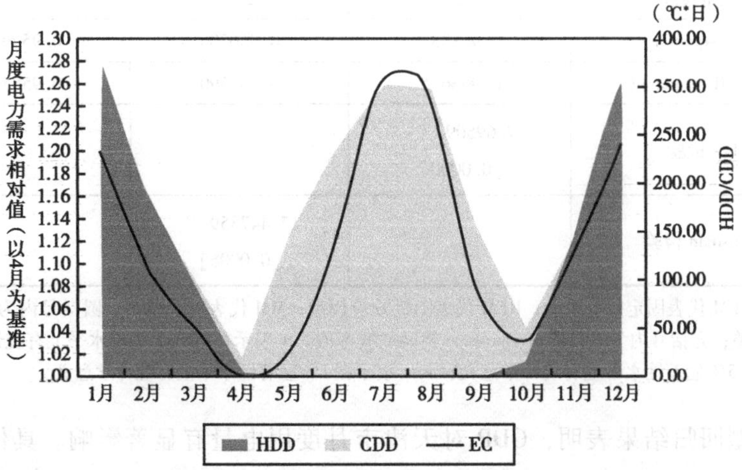

图 11－5 天津市月度电力需求（EC）与 HDD 和 CDD 的响应关系

如图 11－5 所示，EC 的高度代表每月电力需求相对于 4 月的比值。1 月 HDD 最高，1 月电力需求比 4 月高 20.5%。7 月 CDD 最高，7 月电力需求比 4 月高 26%。当控制非气候因素时，地区电力需求主要由地区制热需求度和制冷需求度决定。天津市月度电力需求对 HDD 和 CDD 具有近似对称的响应函数。与 HDD 相比，电力需求对 CDD 的变动更为敏感。这主要因为回归模型中 CDD 的系数比 HDD 的系数大。另外，需要指出的是，EC 曲线始终位于 HDD 区域内，但在制冷需求较高的 7 月和 8 月，EC 曲线会超出 CDD 区域。这个相对形状的差异对揭示气候变化对电力需求的影响具有特殊的意义。同时，2000～2018 年，天津市 1 月和 7 月电力需求的年增长率分别为 8.3% 和 9.6%。最热月份（7 月）的电力需求增速高于最冷月份（1 月）的增速。因此，可以合理预测，气候变化将会进一步加剧 7 月的电力需求高峰。

5. 月度电力需求模拟。

为了预测未来气候变化对电力需求的影响，本章将实证模型的回归结果与气候变化情景相结合，来模拟 21 世纪末不同气候变化情景下天津市月度电力需求。基于政府间气候变化委员会（IPCC）在第五次评估报告中提出的三条代表性浓度路径（RCP2.6、RCP4.5 和 RCP8.5）情景中的气候变化预测[453]，并在假设气候变化速度平稳和稳定的前提下，使用统计降尺度技术对预测的气候变化进行了降尺度。然后通过将降尺度的气候变化添加到天津市每日平均温度变化的历史基线上来模拟 RCP2.6、RCP4.5 和 RCP8.5 情景下天津市未来每日平均气温。此方法生成的每日平均气温模拟序列根据 RCP 情景预测的气候变化进行调整，并保留当地历史观测的每日平均温度的代表性季节波动变化。然后应用预测的每日平均气温计算天津市的月度 HDD 和 CDD，将其输入评估的经验模型，以模拟未来天津市月度电力需求的变化。为了直观显示，通过将月度结果以年度单位进行了汇总，表 11－5 以表格的形式呈现了 RCP2.6、RCP4.5 和 RCP8.5 气候情景下天津市电力需求的模拟结果。需要指出的是，此处的模拟结果旨在说明在其他条件不变情况下气候变化驱动的电力需求变化情况，这种分析模式也已经在许多建模环境中使用[3]。

表 11－5 的前 1/3 总结了低气候变化情景（RCP2.6）下天津市电力需求相关结果。在 RCP2.6 情景下，与 2018 年相比，气候变化导致 2099 年的电力需求增长为 10.17 亿 kWh，占天津市 2018 年总用电量的 1.2%。表 11－5 中间 1/3 汇总了中度气候变化情景（RCP4.5）的结果。在 RCP4.5 情景下，气候变化导致 2099 年的电力需求增长 22.1 亿 kWh，占 2018 年天津市总用电量的 2.6%。

表 11－5 不同气候情景下天津市 HDD、CDD 和月度电力需求模拟结果

气候变化情景	变量	2050 年	2099 年
RCP2.6	气温变化	+0.5℃	+1.2℃
	HDD	－6.0%	－14.9%
	CDD	+5.6%	+14.3%
	EC	+372 百万 kWh（0.4%）	+1017 百万 kWh（1.2%）
RCP4.5	气温变化	+0.9℃	+2.6℃
	HDD	－11.4%	－28.0%
	CDD	+10.9%	+27.8%
	EC	+762 百万 kWh（0.9%）	+2210 百万 kWh（2.6%）
RCP8.5	气温变化	+2.0℃	+4.8℃
	HDD	－25.4%	－59.9%
	CDD	+25.0%	+66.2%
	EC	+1939 百万 kWh（2.2%）	+7935 百万 kWh（9.2%）

注：括号内的数字是相应变量相对于基准年的百分比变化，对应气候情景温度变化来源于政府间气候变化委员会（IPCC）在第五次评估报告，所有变量的变化都以 2018 年为基准。

表 11－5 的下方 1/3 总结了高气候变化情景（RCP8.5）下的结果。在 RCP8.5 情景下，气候变化导致 2099 年的电力需求增长为 79.35 亿 kWh，占 2018 年天津市总用电量的 9.2%。三种气候变化情景下的电力需求差异表明，在缺乏气候政策干预的情况下，天津市电力部门需求侧很容易受到气候变化的影响。模拟结果表明，RCP2.6、RCP4.5 和 RCP8.5 情景下天津市的电力需求都会发生不同程度的增加，这反映了气候变化将对该地区电力需求产生实质性影响。特别值得注意的是，在三种气候情景下，CDD 对天津电力需求的影响远大于 HDD。如果不采取措施应对气候变化，那么天津市电力部门应对气候变化的成本将会进一步增加。

接下来，进一步分析气候变化影响下 21 世纪末天津市月度电力需求分布。图 11－6 描绘了 RCP2.6、RCP4.5 和 RCP8.5 情景下的 21 世纪末天津市月度电力需求分布。除 RCP8.5 情景外，其余情景中，天津市月度电力需求在 1～4 月呈下降趋势，4～7 月呈上升趋势，7～10 月呈下降趋势，10～12 月呈上升趋势，7 月为每年的月度用电高峰。在 RCP8.5 情景下，天津市月用电量 1～2 月呈下降趋势，2～7 月呈上升趋势，7～11 月呈下降趋势，11～12 月呈上升的趋势，同样 7 月为每年的月度用电高峰。

不同气候情景下月度电力需求分布曲线的形状差异反映了气候变化对天津

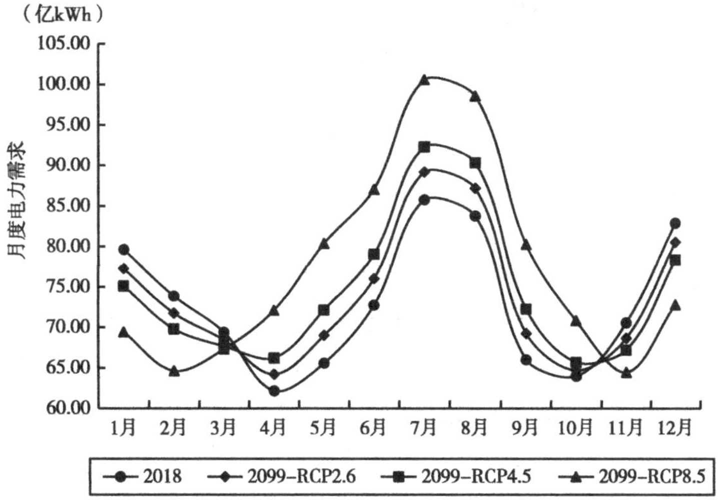

图 11-6　RCP2.6、RCP4.5 和 RCP8.5 情景下天津市月度电力需求分布

市电力需求的影响。预计到 2099 年，RCP8.5、RCP4.5 和 RCP2.6 情景下气候变化将分别使天津市 7 月份的电力需求增加 14.81 亿、6.55 亿和 3.42 亿千瓦时，占天津市 2018 年 7 月电力需求的 16.1%、7.3% 和 4.0%。基准情景中制热需求较多的月份的电力需求始终高于模拟的三个气候情景，制冷需求较多的月份的电力需求始终低于模拟的三个气候情景。在制冷负荷需求明显的月份，RCP8.5 情景的月度电力需求明显高于 RCP2.6 和 RCP4.5 情景。受气候变化的影响，冬季的月度电力需求高峰越来越平缓，而夏季的月度电力需求高峰却越来越突出。另外，需要指出的是，与其他情景不同，RCP8.5 情景下用电需求最低的月份是 11 月，该气候变化情景下 7 月电力需求比 11 月高出 56%。这些发现支持了前面关于气候变化将会进一步加剧炎热月份的峰值电力需求的早期预测。

本节在模拟天津市月度电力需求分布时仅考虑的气候变化因素对其影响，模拟过程保持经济等其他因素不变。总体而言，如果天津市未来将经历气候科学家所预测的气候变化，本章的研究结果表明，天津市将需要更大的发电装机容量来应对气候变化引起的该地区电力需求增加和更高的月度电力需求高峰。

第四节

结论与政策启示

本节总结主要研究结果并根据气候变化对地区电力需求模式的影响讨论地

区电力需求侧应对气候变化的潜在方案。

面板数据回归分析表明，天津市月度电力需求受气候因素影响显著。HDD和CDD的回归系数分别为0.065和0.094，说明制冷需求行为对地区电力需求的影响大于制热需求行为。因此，如果气候变化一直持续，天津市电力系统需求侧应对气候变化的难度将会进一步增加。在RCP2.6、RCP4.5和RCP8.5气候变化情景下，天津市2099年电力需求将分别增加10.17亿、22.10亿和79.35亿千瓦时。在制冷需求突出月份RCP8.5情景下天津市月度电力需求远高于RCP2.6和RCP4.5情景。在RCP2.6、RCP4.5和RCP8.5情景下，天津市月度电力需求的分布曲线差异表明气候变化将对未来地区电力需求结构产生实质影响。在缺乏气候政策干预的情况下，地区电力系统需求侧极易受到气候变化的影响。受气候变化影响，夏季月用电高峰将越来越突出。例如，在RCP8.5情景下，到21世纪末，天津市7月的电力需求将比11月高出56%。电力需求峰值的突出将威胁地区供电安全，需要制订应对措施。

气候变化会推动电力需求侧发生重大变化，需要根据电力需求模式的变化采取应对策略。高效率空调技术的发展可以缓解日益严重的月度电力需求差距。空调技术效率的进步将使图11－6的月度电力需求分布趋于平稳。尤其是当空调技术更加高效时，平均月度电力需求和峰值电力需求都会降低，这应该是未来技术研究和金融资助的重点。

根据气候变化对电力需求模式的影响及时增加各类形式发电装机是在未来任何气候变化条件下维持地区供电安全的关键。尤其是大力发展可再生能源，提高可再生能源发电装机容量。可再生能源发电的增加可以帮助满足气候变化导致的电力需求高峰的同时也可以降低碳排放，进一步减缓气候变化速度。面对气候变化造成的短期超负荷问题，实施可再生能源分布式微电网可能是满足与热浪相关的临时用电高峰需求最经济有效的方式。此外，天津市太阳能和风能资源相对丰富，可再生能源微电网在天津市具有很大的发展潜力。进行电力需求侧管理，降低或转移高峰用电负荷也是应对气候变化引起地区电力需求模式改变的潜在方法。总之，可以合理地设想电力供应链的若干变化，以提高电力部门的应对气候变化能力。

第五节

本章小结

本章提出了一个用于研究气候变化对电力需求模式影响的方法框架，可以分析气候变化对地区月度电力需求、需求峰值和需求变化幅度的综合影响。将该方法应用于天津市的实证结果表明，受气候变化影响，每年平均电力需求增加的同时，年内月度电力需求之间的差距也会越来越大，夏季用电高峰将越来越突出，用电高峰的时间跨度也会越来越长。在高排放代表性浓度路径（RCP8.5 气候情景）下，到 21 世纪末天津市 7 月的电力需求将比 11 月高 56%。电力需求峰值的突出将威胁地区供电安全，需要根据气候变化对电力需求侧的影响有针对性地制订长期应对计划和策略。气候变化将推动电力需求模式发生重大变化，需要根据电力需求模式变化及时增加各类形式的发电装机容量保证供电安全。

第十二章

电力负荷预测方法研究

科学的电力负荷预测方法可以提高电力需求侧应对气候变化的能力。本章的研究能较好地反映季节因素对电力负荷影响程度的定量分析方法。但是，由于数据的较难获取性，加上电力数据统计在时间序列上与相关数据的不一致性，增加了建立考虑气候因素的电力负荷预测方法的难度。

第一节

电力负荷预测理论与方法

气候变化对电力需求负荷的影响主要集中在气候变化引起的气象因子如气温、降水变化造成用电量的波动，以及极端天气气候事件对电力负荷的影响。考虑气候变化影响的电力系统负荷预测是一项重要且复杂的工作，在电力系统控制、运行、规划等方面起重要作用。气候变化背景下电力负荷预测是在充分考虑主系统运行特性、气候变化引起的人类生产生活方式调整等因素下，研究和应用一套系统的处理方法，来建立气候变化对未来电力负荷的某种映射关系，在满足一定精度要求的前提下，确定未来某特定时刻的负荷值。

气候变化对气候系统因素的影响较为复杂，有温度、湿度、气压、降水量、日照情况、天气情况等。电力负荷的变化，经受着各种气象要素的综合作用，尽管人们通常用气温的高低来表示环境冷热，但是气象对电力负荷的影响，不能仅仅根据气温或者其他单一的气象因素来评价。通常人的皮肤温度比体温略低一些，大约是32℃，理论上讲，当气温高压32℃时，人体就应该产生炎热的感觉，然而事实并非如此。例如，在35℃的环境中，如果空气的相对湿度在40%~50%，风速在3m/s以上，人们就不会感到很热，空调负荷不会太高；但是同样的温度环境下，当湿度若达到70%以上、风速很小时，就会产生闷热难熬的感觉，甚至出现中暑现象，空调负荷会迅速增高。同样的道理，在低温环境下，不同的湿度和风速也会给人们带来不同的寒冷感受，从而引起不同电力负荷变化，也就是说，温度、相对湿度、气压、辐射、风力等气象因素都会对电力负荷造成不同程度的影响。

电力负荷预测就是指从已知的社会、经济发展以及电力系统的需求情况出发，通过人们对历史负荷数据的研究和分析，对电力负荷需求量做出预先的推测和估计。按照预测的时间长短，电力负荷预测可以分为以下四类：第一类，超短期电力负荷预测。此预测主要是对未来1小时内，未来0.5小时内甚至未来10分钟内的负荷量进行预测。其预测意义在于可以对电网运行情况进行在线监控，通过计算机实现对发电容量进行合理调度，来满足既定的运行要求的同时来实现发电成本的最小化。第二类，短期电力负荷预测。此预测主要是指在一年的时间之内以月为单位对某地区用电量的预测，还指以周、天、小时为时间单位的用电量预测，通常是用来预测未来一个月时间、未来一周或未来一天的用电负荷。其预测意义在于确定燃料的供应计划，以及对运行中电厂的电力输出要求提出预告，可以经济、合理地安排本网内发电机组的启停，有效减低储备容量，并努力实现在保证电力的正常供应的前提下，合理地安排机组轮换检修计划。第三类，中期负荷预测。此预测是指10年以下并以年为时间单位的地区用电量的预测。中期负荷预测需要考虑的因素比短期预测要多一些，特别是未来的一些因素及气候的条件。它的实际意义在于帮助我们决定新的发电机组的区域安装以及地区之间电网的规划和改建，中期负荷预测是电力部门规划地区间电力调度平衡的重要工作之一。第四类，长期负荷预测。此预测通常是指10年以上，并且以年为单位的地区用电量预测。此种预测受到地区的社会、经济、气候、人口等因素的影响，涉及了一些不确定性的问题。

受天气变化、社会活动等各种因素的影响，电力负荷相关的时间序列表现为非平稳的随机过程，但是影响电力系统负荷的各因素中大部分具有规律性，从而为实现有效的预测奠定了基础。近年来，电力预测方法得到了快速发展，除了经典预测方法和灰色预测方法外，一些基于人工智能算法的数据挖掘技术也被广泛应用于电力负荷预测。

一、时间序列预测方法

通常将统计指标的数值按时间顺序排列所形成的数列，称为时间序列。时间序列预测法是一种历史引申预测法，也即将时间数列所反映的事件发展过程进行引申外推、预测发展趋势的一种方法。时间序列分析是动态数据处理的统计方法，主要基于数理统计与随机过程方法，用于研究随机数列所服从的统计学规律。时间序列预测及其分析是将系统观测所得的时数据，通过参数估计与曲线拟合来建立合理数学模型的方法，包含谱分析与自相关分析在内的一系列统计分析理论，涉及时间序列模型的建立、推断、最优预测、非线性控制等原理。时间序列预测法可用于短期、中期和长期预测，依据所采用的分析方法，时间序列预测又可以分为简单序时平均数法、移动平均法、季节性预测法、趋势预测法、指数平滑法等方法。时间序列预测就是利用过去一段时间的数据来预测未来一段时间内的信息，包括连续型预测（数值预测，范围估计）与离散型预测（事件预测）等，常用于电力负荷预测、气象预报、污染源监控、地震预测、农林病虫灾害预报、天文学等方面，具有非常高的应用价值。

时间序列预测法就是通过编制和分析时间序列，根据时间序列所反映出来的发展过程、方向和趋势，进行类推或延伸，借以预测下一段时间或以后若干年内可能达到的水平。其内容包括收集与整理某种社会现象的历史资料；对这些资料进行检查鉴别，排成数列；分析时间数列，从中寻找该社会现象随时间变化而变化的规律，得出一定的模式；以此模式去预测该社会现象将来的情况。时间序列预测利用获得的数据按时间顺序排成序列，分析其变化方向和程度，从而对未来若干时期可能达到的水平进行推测。时间序列预测的基本思想，就是将时间序列作为一个随机变量的一个样本，用概率统计的方法，从而尽可能地减少偶然因素的影响。时间序列预测法可用于短期、中期和长期预测。根据对资料分析方法的不同，又可分为：简单序时平均数法、加权序时平均数法、移动平均法、加权移动平均法、趋势预测法、指数平滑法、季节性趋势预测法等。

时间序列模型有自回归（AR）模型、动平均（MA）模型、自回归移动平均（ARMA）模型和累积式自回归移动平均（ARIMA）模型。ARIMA是一种非常流行的时间序列预测统计方法，它是自回归综合移动平均（Auto－Regressive Integrated Moving Averages）的首字母缩写。ARIMA模型建立在以下假设的基础上：数据序列是平稳的，这意味着均值和方差不应随时间而变化。通过对数变换或差分可以使序列平稳。指数平滑法和回归法的实质都是进行曲线拟合的方法。指数平滑法即根据历史资料的上期实际数和预测值，用指数加权的办法进行预测。此法实质是由内加权移动平均法演变而来的一种方法，优点是只要有上期实际数和上期预测值，就可计算下期的预测值，这样可以节省很多数据和处理数据的时间，减少数据的存储量，方法简便。回归预测方法是根据历史的负荷数据的变化规律来寻找自变量与因变量之间存在的回归方程式，以此为基础进行预测。根据所包含的自变量个数的数量和回归方程的类型可将回归分为一元的线性回归、多元的线性回归、一元的非线性回归和多元的非线性回归四种。指数平滑法可用来分析负荷数据的变化趋势，但此方法只适应于负荷数据变化不大的平稳时间序列。通过对原始时间序列均值的计算，自相关和偏相关函数得以确定模型的类型，并利用原始的样本数据对模型的参数进行辨识分析，以便利用最优的模型来对负荷进行预测。这些传统的负荷预测方法的主要优点就是计算简单方便，要求需要的历史数据少，故此方法在相当长的一段时间里成为进行中期负荷预测的主要方法之一。由于它们的结果是根据统计模型进行预测的，故预测的精度较低。

二、模糊预测方法

模糊预测是建立在模糊数学理论基础上的一种预测方法。模糊预测控制是近几十年发展起来的一类新型控制算法，将模糊模型引入预测控制，是模糊控制理论与预测控制理论相结合的产物，体现了预测控制向智能控制方向拓展的趋势。对于模糊预测控制中的模型，强调其包含的对象信息和预测功能，不限制对象信息的表达形式。把模型的概念拓展为一般的信息集合，为进一步建立高质量的预测方法提供了新思路，为各种信息处理手段（如神经网络、模糊技术、遗传算法）进入预测控制领域提供了可能性。模糊预测控制的出发点是利用模糊推理对不确定性过程信息良好的处理和决策能力来改善预测控制性能，或者是将预测模型引入模糊控制之中，对传统模糊控制算法进行修正，使之适应那些具有大滞后特性的不确定对象的控制。

模糊数学又称 Fuzzy 数学，是研究和处理模糊性现象的一种数学理论和方法。由于模糊性概念已经找到了模糊集的描述方式，人们运用概念进行判断、评价、推理、决策和控制的过程也可以用模糊性数学的方法来描述。模糊集理论（Fuzzy Theory）起源于 20 世纪 70 年代贝尔曼（Bellman）教授和扎德（Zadeh）教授提出的模糊决策的理论概念和模糊环境下进行的决策模型。随着科学技术的发展，各学科领域对于这些模糊概念有关的实际问题往往都需要给出定量的分析，就需要利用模糊数学这一工具来解决。模糊数学是一个较新的现代应用数学学科，它是继经典数学、统计数学之后发展起来的一个新的数学学科。统计数学是将数学的应用范围从确定性领域扩大到随机领域，即从必然现象到随机现象，而模糊数学则是把数学的应用范围从确定性的领域扩大到模糊领域，即从精确现象到模糊现象。在各科学领域中，所涉及的各种量总是可以分为确定性和不确定性两大类。对于不确定性问题，又可分为随机不确定性和模糊不确定性两类。模糊数学就是研究属于不确定性，而又具有模糊性的量的变化规律的一种数学方法。

现代数学是建立在集合论基础之上的。集合论的重要意义就在于它能将数学的抽象能力延伸到人类认识过程的深处：用集合来描述概念，用集合的关系和运算表达判断和推理，从而将一切现实的理论系统都纳入集合描述的数学框架中。毫无疑问，以经典集合论为基础的精确数学和随机数学在描述自然界多种客观现象的内在规律中，获得了显著的效果。但是，与随机现象一样，在自然界和人们的日常生活中普遍存在着大量的模糊现象，如多云、小雨、大雨、贫困、温饱等。由于经典集合论只能把自己的表现力限制在那些有明确外延的现象和概念上，它要求元素对集合的隶属关系必须是明确的，不能模棱两可，因而对于那些经典集合无法反映的外延不分明的概念，以前人们都是尽量回避它们。然而，随着现代科技的发展，我们所面对的系统日益复杂，模糊性总是伴随着复杂性出现；此外，人文、社会学科及其他“软科学”的数学化、定量化趋向，也把模糊性的数学处理问题推向中心地位；更重要的是，计算机科学、控制理论、系统科学的迅速发展，要求计算机像人脑那样具备模糊逻辑思维和形象思维的功能。凡此种种，迫使人们再也无法回避模糊性，必须寻求途径去描述和处理客观现象中非清晰、非绝对化的一面。

模糊集理论适用于来描述广泛的存在的不确定性，同时它又具有非常强大的非线性的映射能力，它能以任意精度来一致地逼近所有任何定义在致密集上的那些非线性的函数，并且它能够用以从大量的历史数据中来进行提取它们之间的相似性。由于电力负荷数据的变化受到温度、相对湿度、降水量等大量的随机性的和非线性的因素影响，因此其几乎不可能建立精确的数学分析模型，而恰好模糊逻辑系统就可以将数据的和语言的两类信息以规则的形式来表达，所有的这些特点恰好适合于中期负荷预测的特点。模糊预测法是将模糊的信息和模糊经验以规则的形式表示出来，并将其转换成可以在大型计算机上进行运行的算法，因而此方法在电力系统的许多领域中得到了广泛应用。将模糊理论方法应用于电力负荷预测可以很好地进行处理电力负荷变化的一些不确定性，所以将这一理论应用于电力负荷预测是一个很合理的选择。目前模糊集理论

(Fuzzy Theory) 应用于电力负荷预测主要有以下几种应用方法：模糊聚类法、模糊相似优先比法和模糊最大贴近度法等。

三、灰色预测方法

灰色预测方法是基于灰色理论的预测模型。灰色预测模型在即使少到只有 4 个数据时也有很好的预测能力，由此成为最重要的处理小样本的预测模型之一。灰色预测方法可以用来处理信息不足和不确定的问题。它的主要原理是通过累加生成间接处理数据，确定隐藏的信息。由于易于建模，灰色理论已成功地应用于工程、运输和工业等多个领域。信息完全已知的系统被称为白色系统，信息完全未知的系统被称为黑色系统，介于上述两者之间的系统，即部分的信息已知，部分的信息未知的系统被称为灰色系统。例如，对于常见的电力系统而言，对其有影响的供电机组情况、电网容量情况、生产能力情况、大用户情况、某些主要产品的耗电量情况等信息是已知的，但是对于如天气变化情况、产业结构调整情况、地区经济活动情况等都是难以确切知道的，因此，电力系统是一个灰色系统。

灰色系统理论预测技术作为当下的一种新兴的预测技术方法，是一种进行负荷预测的有力的模型工具。灰色系统的理论者认为任何随机的过程都是在一定幅值范围内、一定时区内变化的灰色量，我们称此随机过程为灰色过程，在处理的技术上，灰色过程通过对原始数据的整理（或生成）来寻找数的规律性，这个过程称为数的生成过程，这是一种就原始数据生成数的现实规律的一种途径。而基于概率统计的随机过程即一般的统计过程，则是按照统计的规律，按照先验规律来处理解决问题的，要作这种处理，要求的原始数据越多越好，或者说这个过程是建立在大样本量的基础上的。然而，事实上，在电力负荷系统上即使有了大样本量也并不一定能够找到统计规律，即使找到了统计规律此规律也不一定是典型的，而那些非典型的过程（如非平稳的、非高斯的分布，非白噪声等）都是难以进行处理的，电力负荷系统就是非平稳的随机过程。而灰色过程则无此种限制，事实证明将许多未做任何处理的历史数据作累加处理后便会出现明显的指数变化规律。这是因为尽管客观系统表面现象复杂，数据离散混乱，但它们总是有整体的功能的，总是有序的，因此它们必然潜藏着某种内在的规律。我们的关键在于要用某些适当方式去把它挖掘出来，然后利用它。例如，数据经过处理后呈现出了指数的规律，这是因为大多数的系统都是广义的能量变化系统，而指数规律就是能量系统变化的一种规律之一。由于经过生成的数据序列有了较强的规律性，有可能对变化的过程作较长时间的描述，因此有可能在此基础上建立微分方程模型进行分析。GM(1, 1)模型是我们最常用的灰色模型之一，它是由仅包含一个变量的一阶微分方程构成的模型，是作为进行电力负荷预测的一个有效模型，是 GM(1, n) 模型的一个特例。

灰色预测具有要求的历史负荷数据少、不考虑原始数据的分布规律、不考虑原始数据的变化趋势、进行运算方便、中期预测精度高、易于检验等优点，因此其在电力负荷预测中得到了广泛的应用，并取得了令人们满意的效果。但是，任何事情都不是完美的，它与所有其他的负荷预测方法相比，也存在着一定的局限性。一是历史数据离散程度越大，即原始数据的灰度越大，则预测的精度越差；二是虽然 GM（1，1）模型也可以用来作为长期预测的模型，但其真正具有实际的意义且精度较高的预测值，仅仅是预测最近的一两个数据，而其他更远的预测数据则只是反映趋势值或称规划值（即长期规划性预测）。为了解决此类的问题，我们必须对灰色预测模型作一些改进。常见的改进方法有改造原始数据列或是改进灰色预测理论的模型。

四、数据挖掘方法

数据挖掘技术是一类人工智能算法，通过创建数学模型，可以将分类、预测、回归和决策过程应用于各个领域。机器学习算法由于其特有属性与较高的训练成功率，相较经典的电力预测方法具有更高的预测精度，如人工神经网络、支持向量机等。在数据挖掘的发展过程中，数据挖掘不断地将诸多学科领域知识与技术融入当中，目前数据挖掘方法与算法已呈现出极为丰富的多种形式。从使用的广义角度上看，数据挖掘常用分析方法主要有分类、聚类、估值、预测、关联规则、可视化等。从数据挖掘算法所依托的数理基础角度归类，目前数据挖掘算法主要分为三大类：机器学习方法、统计方法与神经网络方法。机器学习方法分为决策树、基于范例学习、规则归纳与遗传算法等；统计方法细分为回归分析、时间序列分析、关联分析、聚类分析、模糊集、粗糙集、探索性分析、支持向量机与最近邻分析等；神经网络方法分为前向神经网络、自组织神经网络、感知机、多层神经网络、深度学习等。在具体的项目应用场景中，通过使用上述这些特定算法，可以从大数据中整理并挖掘出有价值的数据，经过有针对性的数学或统计模型的进一步解释与分析，提取出隐含在这些大数据中潜在的规律、规则、知识与模式口。

数据挖掘方法中的一种重要方法就是分类，在给定数据基础上构建分类函数或分类模型，该函数或模型能够把数据归类为给定类别中的某一种类别，这就是分类的概念。在分类过程中，通常通过构建分类器来实现具体分类，分类器是对样本进行分类的方法统称。一般情况下，分类器构建需要经历以下四步：①选定包含正、负样本在内的初始样本集，所有初始样本分为训练与测试样本；②通过针对训练样本生成分类模型；③针对测试样本执行分类模型，并产生具体的分类结果；④依据分类结果，评估分类模型的性能。在评估分类模型的分类性能方面，有以下两种方法可用于对分类器的错误率进行评估：①保留评估方法。通常采用所有样本集中2/3部分样本作为训练集，其余部分样本作为测试样本，也即使用所有样本集中2/3样本的数据来构造分类器，并采用该分类器对测试样本分类，评估错误率就是该分类器的分类错误率。这种评估方法具备处理速度快的特点，然而仅用2/3样本构造分类器，并未充分利用所有样本进行训练。②交叉纠错评估方法。该方法将所有样本集分为N个没有交叉数据的子集，并训练与测试共计N次。在每一次训练与测试过程中，训练集为去除某一个子集的剩余样本，并在去除的该子集上进行N次测试，评估错误率为所有分类错误率的平均值。一般情况下，保留评估方法用于最初试验性场景，交叉纠错法用于建立最终分类器。

随着科技的进步，数据收集变得相对容易，从而导致数据库规模越来越庞大，如各类网上交易数据、图像与视频数据等，数据的维度通常可以达到成百上千维。在自然社会中，存在大量的数据聚类问题，聚类也就是将抽象对象的集合分为相似对象组成的多个类的过程，聚类过程生成的簇称为一组数据对象的集合。聚类源于分类，聚类又称为群分析，是研究分类问题的另一种统计计算方法，但聚类又不完全等同于分类。聚类与分类的不同点在于：聚类要求归类的类通常是未知的，而分类则要求事先已知多个类。对于聚类问题，传统聚类方法已经较为成功地解决了低维数据的聚类，但由于大数据处理中的数据高维、多样与复杂性，现有的聚类算法在大数据或高维数据的情况下，经常面临失效的窘境。受维度的影响，在低维数据空间表现良好的聚类方法，运用在高维空间上却无法获得理想的聚类效果。在针对高维数据进行聚类时，传统聚类方法主要面临两个问题：①相对低维空间中的数据，高维空间中数据分布稀疏，传统聚类方法通常基于数据间的距离进行聚类，因此，在高维空间中采用传统聚类方法难以基于数据间距离来有效构建簇。②高维数据中存在大量不相关的属性，使在所有维中存在簇的可能性几乎为零。目前，高维聚类分析已成为聚类分析的一个重要研究方向，也是聚类技术的难点与挑战性的工作。

关联规则属于数据挖掘算法中的一类重要方法，关联规则就是支持度与置信度分别满足用户给定阈值的规则。所谓关联，反映一个事件与其他事件间关联的知识。支持度揭示了A和B同时出现的频率。置信度揭示了当B出现时，A有多大的可能出现。关联规则最初是针对购物篮分析问题提出的，销售分店经理想更多了解顾客的购物习惯，尤其想获知顾客在一次购物时会购买哪些商品。通过发现顾客放入购物篮中不同商品间的关联，从而分析顾客的购物习惯。关联规则的发现可以帮助销售商掌握顾客同时会频繁购买哪些商品，从而有效帮助销售商开发良好的营销手段。1993年，阿格拉沃尔（R. Agrawal）首次提出挖掘顾客交易数据中的关联规则问题，核心思想是基于二阶段频繁集的递推算法。起初关联规则属于单维、单层及布尔关联规则，如典型的Aprior算法。在工作机制上，关联规则包含两个主要阶段：第1阶段先从资料集合中找出所有的高频项目组，第2阶段由高频项目组中产生关联规则。随着关联规则的不断发展，目前关联规则中可以处理的数据分为单维和多维数据。针对单维数据的关联规则中，只涉及数据的单个维，如客户购买的商品；在针对多维数据的关联规则中，处理的数据涉及多个维。总体而言，单维关联规则处理单个属性中的一些关系，而多维关联规则处理各属性间的关系。

传统的负荷预测的方法用显式的数学方程表达式来描述的，然而负荷和其影响的因素之间呈现了高度的非线性函数关系，但却很难找出它们之间存在的非线性的函数量化关系。人工神经网络是从模仿人脑智能的角度出发的，来探询新的信息的表示、储存和进行处理的方式，此涉及全新智能的计算机结构模型，构造了一种更接近于人类智能信息处理的系统来进行解决计算机所难以解决的一些问题。人工神经网络的方法利用神经网络可以用来任意地逼近那些非线性系统的特性，对历史数据的负荷曲线进行高度拟合，它主要有进行反向传播神经网络算法，还有改进的反向传播算法，以及遗传算法等，它的明显缺点是要求具有足够多的负荷历史数据，并且计算量比较大，算法比较复杂。但它的明显优点是预测精度较其他模型法比较高。同时，此种预测结果过度依赖于训练数据的数量与其代表性，在一定程度上限制了其在电力负荷预测中的应用。

上述不同电力负荷预测方法，影响预测性能的关键因素是实例的数量，其限制了对某一状况的准确预测的适用性。电力负荷按用途可分为居民、商业、农业和工业用电负荷，具有明显的增长趋势和季节性周期变化特征。近年来，随着国家现代化进程的日新月异，人们生活水平的日益提高和国家经济（特别是第三产业）的快速发展，商业用户、居民家庭降温设备及取暖设备的拥有率和使用率快速提高，这两类负荷的变化对电网负荷变化的影响越来越明显。这不但带动气象敏感负荷（如降温负荷和取暖负荷等对气候变化非常敏感的负荷）比重不断上升，而且使气象条件对电力短期负荷的影响日趋明显。对于一个快速变化的情景，尽管有一定量的历史数据可以使用，但却与实际电力需求的增长差距太大。由于电力需求通常沿着指数趋势增长，惯常的方法，数据缺乏，基本的时间序列方法如移动平均法、指数平移法，线性回归都不适用。因此，在非确定条件下，利用有限的实例建立新模型来预测电力消费，或许会有帮助。

第二节

电力负荷预测模型分析

一、SARIMA 模型

中期电力需求在一定程度上受气候因素、季节性因素、历史用电量和突发事件引起的用电量峰值的影响。根据目前的预测技术，这些因素暂时被归类为长期趋势（L）、季节性波动（S）、周期波动因素（C）以及不规则波动因素（I）。这些因素的影响相互叠加，成为模型构建中的一个难题。

考虑气候因素的 ARIMA 模型能够充分考虑序列的所有气候因素、季节性波动。然而，由于这四种波动的相互作用“L”“S”“C”以及“I”，由于气候因素和季节性因素之间的相互作用，在大多数情况下，气候参数在实际应用中并不重要。HP 滤波器基于光谱分析来分离数据序列，并减轻波动的叠加影响。在研究中，通过使用 HP 过滤器，我们得到了序列｛G｝具有显著的趋势和顺序｛C｝具有显著的周期性。该模型采用分离建模和综合分析相结合的方法，成功地消除了变化趋势的相互影响，提高了预测精度。此外，为了解决模型排序问题，本章对原始数据序列进行了长记忆测试。结果表明，该序列不符合标准随机游走过程，为考虑气候因素的电力负荷预测提供了新思路。

考虑季节因素的 ARIMA 可以表示为 SARIMA(p,d,q)(P,D,Q)^S，是基于传统 ARIMA(p, d, q) 构建的，SARIMA 可以消除预测过程中的周期性影响，是一种广泛应用于考虑季节因素的时间序列预测模型。SARIMA 可用公式描述为以下形式：

$$\phi_p(L)\Phi_P(L^s)(1-L)^d(1-L^s)^D y_t = \theta_q(L)\Theta_Q(L^s)\varepsilon_t \quad (12-1)$$

其中，L 是后向移动运算符，整数型变量 p、q、P 和 Q 分别为 $\phi_p(L)$、$\theta_q(L)$、$\Phi_P(L^s)$ 和 $\Theta_Q(L^s)$ 的阶，整数变量 d 和 D 分别为规律性差异和季节性差异的值。对于非平稳时间序列 y_t，$(1-L)^d y_t$ 通过使用差分算子 1 - L 可以得到一个平稳序列。L 满足公式 $L^k y_t = y_{t-k}$。ε_t 是一个随机干扰项，服从方差为 σ^2 且均值为 0 的独立正态分布，也被认为是时间 t 的估计残差。其他变量的定义如下：

$$\phi_p(L) = 1 - \phi_1 L - \phi_2 L^2 - \phi_3 L^3 - \cdots - \phi_p L^p \quad (12-2)$$

$$\theta_q(L) = 1 - \theta_1 L - \theta_2 L^2 - \theta_3 L^3 - \cdots - \theta_q L^q \quad (12-3)$$

式（12 - 2）和式（12 - 3）分别为在 L 上幂次为 p 和 q 的多项式函数：

$$\Phi_P(L^s) = 1 - \Phi_1 L^s - \Phi_2 L^{2s} - \Phi_3 L^{3s} - \cdots - \Phi_P L^{Ps} \quad (12-4)$$

$$\Theta_Q(L^s) = 1 - \Theta_1 L^s - \Theta_2 L^{2s} - \Theta_3 L^{3s} - \cdots - \Theta_Q L^{Qs} \quad (12-5)$$

式（12 - 4）和式（12 - 5）分别为在 L 上幂次为 P 和 Q 的多项式函数。

在季节性时间序列分析过程中，有三个关键问题需要进行说明。

（1）平稳性测试。时间序列 $\{y_t\}$ 的平稳性是建立 S - ARIMA 模型的前提。当它满足以下条件时：公式（12 - 6）中 μ、σ_2 和 γ_l 是常数，我们可以定义 $\{y_t\}$ 是弱平稳或协方差平稳。

$$E(y_t) = \mu$$
$$var(y_t) = \sigma_2 \quad (12-6)$$
$$cov(y_t, y_{t-1}) = \gamma_l$$

ADF 单位根检验可用于测试序列 $\{y_t\}$ 的平稳性。如果序列是非平稳的，则需要使用差分变换，直到差分序列是平稳的。差分变换后的平稳序列定义为 $w_t = \Delta^d y_t$。

（2）季节分析。在进行季节性分析之前，应该定义自相关函数。它可以表示为：

$$\rho_k = \frac{\sum_{t=k+1}^{n}(w_t - \bar{w})(w_{t-k} - \bar{w})}{\sum_{t=1}^{n}(w_t - \bar{w})^2} \quad (12-7)$$

其中，w_t是一个平稳时间序列，$\bar{w}$是序列$\{w_t\}$的平均值。通过判断自相关函数和置信区间，可以得到$\{w_t\}$的周期性和周期S。根据定义为（12-8）的累加模型，序列$\{w_t\}$可进行季节性调整。

$$w_t = TC_t + S_t + I_t \tag{12-8}$$

其中，TC_t指长期趋势和周期波动，S_t指季节性波动，I_t指不规则波动。

（3）模型阶数选择和模型预测。定义季节性调整序列为：$\{w_{SA}\}$。首先，分析内生函数的滞后区间、自相关函数和偏自相关函数的置信区间，确定AR(p)、MA(q)、SAR(P)和SMA(Q)的阶数和构建$ARIMA(p,d,q)(P,D,Q)^S$模型。然后，根据最小均方差原理，预测值可以表示为y_{T+1}的条件期望：

$$\hat{y}_T(l) = E(y_{T+1}, y_T, y_{T-1}, \cdots, y_1) \tag{12-9}$$

当$ARIMA(p,d,q)(P,D,Q)^S$模型中存在高阶问题时，我们可以对平稳序列$\{w_t\}$进行长记忆测试。

二、R/S长记忆性非线性分析

长记忆性分析是赫斯特于1951年在研究水库水流与库容关系时提出的一种针对随机游走过程的分析方法。随后，其进一步提出了重标极差（R/S）分析用于长记忆分析。然后研究人员经常使用这种方法进行金融序列分析，并建立自回归分数积分移动平均（ARFIMA）模型[453]。R/S方法的分析过程如下。

首先，将时间序列$\{w_t\}$划分为无限多个区间，每个区间的长度为n。每个区间的定义如下：

$$w_{t,n} = \sum_{u=1}^{t}(w_u - M_n) \tag{12-10}$$

其中，M_n是区间序列w_u的平均值，$w_{t,n}$是区间序列w_u的累积偏差。令R为$w_{t,n}$的最大值与最小值之间的差，S为序列$\{w_t\}$的标准差，则R/S分析可表达为：

$$K(n)^H = \frac{R}{S} = \frac{\max(w_{t,n}) - \min(w_{t,n})}{\sqrt{(1/n)\sum_{t=1}^{n}(w_t - \bar{w})^2}} \tag{12-11}$$

其中，H是n的赫斯特指数，K是一个常数。对式（12-11）两侧取对数，并按如下方式调整方程式：

$$H = \frac{[\log(R/S) - \log(K)]}{\log(n)} \tag{12-12}$$

然后，根据最小二乘法，求解赫斯特指数 H 的值。根据长记忆性的判断准则（12－13），判断序列的长记忆性。

$$\begin{cases}\{w_t\}\text{存在均值回复过程,如果 } 0\leqslant H<0.5,\\ \{w_t\}\text{满足标准随机游走过程,如果 } H=0.5,\\ \{w_t\}\text{存在长记忆性,如果 } 0.5<H<1.\end{cases} \tag{12-13}$$

当 $0.5<H<1$ 时，原始序列可能有较长的长记忆性[236]。但是，是否存在适用于大多数中期负荷预测的 ARFIMA 模型仍然无法保证。

三、正交多项式曲线拟合

正交多项式曲线拟合是普通最小二乘法（OLS）的改进。在使用 OLS 方法之前，有一个前提，即自变量必须是准确的值，但在大多数情况下，这是一个相对较难满足的条件。当自变量的误差达到一定程度时，OLS 方法的预测模型会产生一定的误差。针对这种情况，提出了正交多项式曲线拟合方法。其基本原理是各点到拟合曲线的正交距离的平方和最小。在 OLS 方法中，拟合的多项式可以表示为：

$$\hat{y}_t=f(a,x_t),t=1,2,\cdots, \tag{12-14}$$

根据最小二乘法拟合准则，预测值和实际值之间的距离平方和最小，可以表示为：

$$\min\sum e_t^2=\min\sum(y_t-\hat{y}_t)^2=\min\sum(y_t-\hat{a}_0-\hat{a}_1x_t-\cdots-\hat{a}_nx_t^n)^2 \tag{12-15}$$

然后利用中值定理得到待定系数。这种正交多项式曲线拟合方法是在 OLS 方法的基础上改进的，并考虑因变量和自变量的误差来建立预测模型。拟合多项式可以表示为：

$$\hat{y}_t=f(a,\hat{x}_t),t=1,2,\cdots, \tag{12-16}$$

其中，$\hat{x}_t$ 是自变量 x_t 的预测值。正交距离误差可以表示为：

$$\varepsilon_t=\sqrt{\delta_t^2+\sigma_t^2} \tag{12-17}$$

其中，δ_t 和 σ_t 分别是 x_t 和 y_t 的随机误差项。正交多项式曲线拟合的标准可以表示为：

$$\min\sum\varepsilon_t^2=\min\sum[\delta_t^2+(y_t-\hat{a}_0-\hat{a}_1x_t-\cdots-\hat{a}_nx_t^n)^2] \tag{12-18}$$

将正交多项式与 OLS 方法相结合，可以提高多项式模型的拟合效果。目标函数可以表示为：

$$D = \sum_{i=1}^{n} d(P_i, L)^2 \tag{12-19}$$

其中，P_i代表了真实值，L 表示拟合曲线，$d(P_i, L)$ 表示从实际点到拟合曲线的正交距离。拟合曲线的参数方程 L 可定义为：

$$\begin{aligned} x(\gamma) &= \alpha + \gamma\cos\theta \\ y(\gamma) &= \beta + \gamma\sin\theta \end{aligned} \tag{12-20}$$

其中，$\{\alpha, \beta\}$ 是拟合曲线 L 上的一个点，θ 是切线与横坐标轴的夹角，因此目标函数可以表示为：

$$D = \sum_{i=1}^{n} [(x_i - \alpha) \times \sin\theta - (y_i - \beta)\cos\theta]^2 \tag{12-21}$$

接着求 D 分别对 α、β 和 θ 求偏导得到最小误差和拟合曲线。方程组可表示如下：

$$\begin{aligned} \frac{\partial D}{\partial \alpha} &= -2n(\bar{x} - \alpha)\sin^2\theta + n(\bar{y} - \beta)\sin2\theta = 0 \\ \frac{\partial D}{\partial \beta} &= n(\bar{x} - \alpha)\sin2\theta - 2n(\bar{y} - \beta)\cos^2\theta = 0 \\ \frac{\partial D}{\partial \theta} &= \left[\sum_{t=1}^{n}(x_i - \alpha)^2 - \sum_{t=1}^{n}(y_i - \beta)^2\sin2\theta\right] \\ &\quad - 2\left[\sum_{t=1}^{n}(x_i - \alpha)(y_i - \beta)\right]\cos2\theta = 0 \end{aligned} \tag{12-22}$$

其中，$\bar{x}$ 和 $\bar{y}$ 是分别是序列 $\{x\}$ 和 $\{y\}$ 的平均值。

四、Hodrick - Prescott 滤波法

Hodrick - Prescott（HP）滤波法是由霍德里克（Hodrick）和普雷斯科特（Prescott）在分析战后美国经济周期的论文中首次提出，是一种将经济时间序列看作波谱并进行分析的方法[454]。这种方法将原序列分为两组：带长期趋势性的序列 $G = \{g_1, g_2, \cdots, g_n\}$ 和带短期波动性的序列 $C = \{c_1, c_t, \cdots, c_n\}$，它们与原序列的关系如下：

$$y_t = g_t + c_t \tag{12-23}$$

序列分离过程必须满足以下损失函数最小原则：

$$\min\left\{\sum_{t=1}^{n}(y_t - g_t)^2 + \lambda\sum_{t=1}^{n}[(g_{t+1} - g_t) - (g_t - g_{t-1})]^2\right\} \tag{12-24}$$

其中，$\lambda=\sigma_1^2/\sigma_2^2$为平滑参数，$\sigma_1^2$和$\sigma_2^2$分别是序列｛G｝和序列｛C｝的标准差。当λ增加时，估计的总趋势变化会随着序列变化而减小。这意味着λ取一个较大值时，估计的趋势会更平滑，当λ趋于无穷大时，估计的趋势将接近线性函数。根据一般经验法则，当我们分析月度数据时，λ的值可以取为14400。本章将HP滤波法应用于非季节性调整序列，将原始序列分为两个具有显著频谱频率的序列，并通过削弱两个序列之间的交互效应来更准确地建立模型。

五、序列分析和综合模型构建

模型基于滤波分析分离原始序列，根据每个序列的特点，建立综合预测模型。具体步骤如下：

（1）根据HP滤波法，原始序列｛y_t｝可以定义为不同频率波的叠加，并按波谱频率高低进行分离，得到序列｛G｝和序列｛C｝过程中遵循损失函数最小原则。

（2）序列｛G｝为时间"T"的函数，同时用散点图表示出来。从每个点到拟合曲线的误差项为δ_1，δ_2，…，δ_n，σ_1，σ_2，…，σ_n。然后利用正交多项式和OLS方法进行多项式曲线拟合，使误差平方和最小$\min\sum\varepsilon_t^2=\min\sum[(\sqrt{\delta_t^2+\sigma_t^2})^2]$。

（3）根据上一步的多项式拟合，可以得到序列的预测值，定义为$\hat{g}_t$。

（4）检验序列｛C｝的平稳性。如果是平稳的，可以对序列进行相关分析；否则，对序列进行｛C｝差分变换直到它平稳。平稳序列表示为｛w_c｝。

（5）通过季节波动的相关分析，可以获得自相关和移动平均项[238]。根据结果，ARIMA模型可以定义为：

$$y_c=\phi_p^{-1}(L)\Phi_p^{-1}(L)(1-L)^{-d}(1-L^s)^{-D}\theta_q(L)\Theta_Q(L)\cdot\varepsilon_C \tag{12-25}$$

（6）通过检验残差序列，判断ARIMA模型的合理性。

（7）根据ARIMA模型，可以得到序列的预测值并表示为$\hat{c}_t$。

（8）根据HP滤波分析原理，可以得到原序列的最终预测结果：

$$\hat{y}_t=\hat{g}_t+\hat{c}_t \tag{12-26}$$

改进后的模型在理论上会存在增加误差和降低预测精度的可能性。但在实际分析中，HP滤波法削弱了趋势性、季节性等的相互影响，且采用组合预测的方法，根据序列｛G｝和序列｛C｝的不同特点分别建立模型，即很有效地拟合了序列的趋势性，也降低了季节性对趋势性的影响，并得到了较为精确的预测结果。改进模型的具体预测过程如图 12－1 所示。

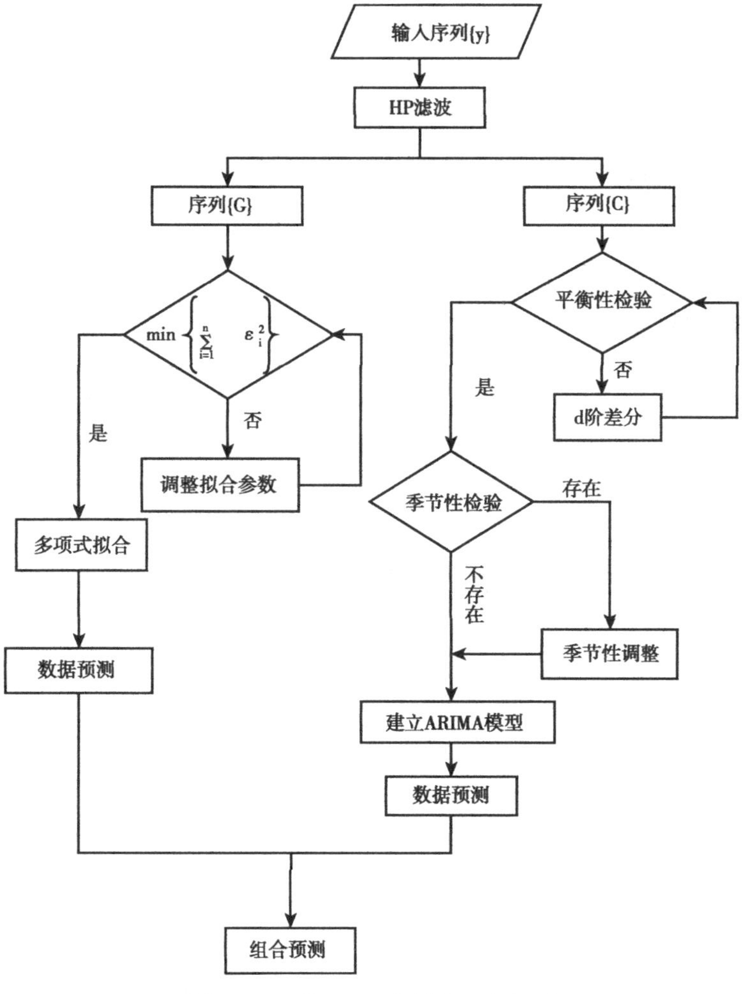

图 12－1　基于 HP 滤波的组合模型

六、误差估计方法

在误差估计中，可以通过相对误差（RE）、平均绝对百分比误差（MAPE）、均方根误差（RMSE）和平均绝对误差（MAE）来评估模型的预测误差，其可表示为：

$$RE_i = \frac{\hat{y}_i - y_i}{y_i} \times 100\%$$

$$MAPE = \frac{1}{n}\sum_{i=1}^{n}\left|\frac{\hat{y}_i - y_i}{y_i} \times 100\%\right| \tag{12-27}$$

$$RMSE = \sqrt{\frac{1}{n}\sum_{i=1}^{n}(\hat{y}_i - y_i)^2}$$

$$MAE = \frac{1}{n}\sum_{i=1}^{n}|\hat{y}_i - y_i|$$

第三节 实证案例分析

实证案例选取2004年1月～2014年11月中国全社会电力消费量作为研究数据，其中基于2004年1月～2013年12月数据进行建模，2014年1～11月数据进行预测误差检验。

一、考虑季节性因素的ARIMA模型预测

图12－2绘制了2004年1月至2013年12月的月度用电量数据。正如图12－2所示，原始序列存在截距项与趋势项，并且原始序列是非平稳的。对原始数据做截距项和趋势项的ADF单位根检验，表12－1显示了原始序列具有截距和趋势的检验结果。

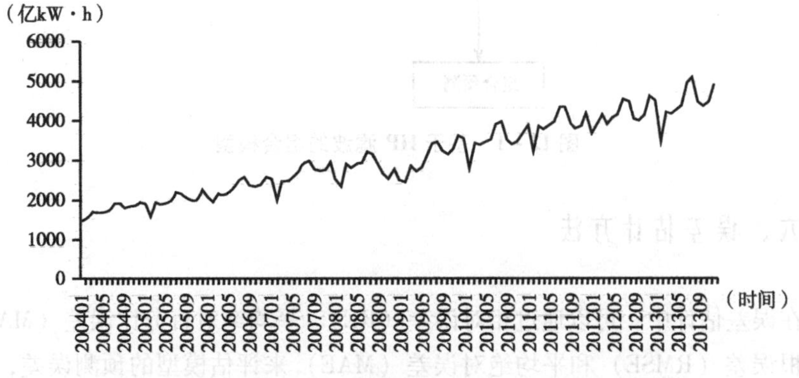

图12－2　2004年1月至2013年12月中国月度用电量

表 12 -1　　　　月度用电量一阶差分的 ADF 单位根检验

置信水平	t 统计量（-3.726070）	P 值（0.0248）
1%	-4.046925	
5%	-3.452764	
10%	-3.151911	

通过 ADF 单位根检验可知，原始序列是非平稳的，原始序列的一阶差分在 5% 显著水平下是平稳的。通过观察一阶差分序列的自相关函数图，我们发现该序列的季节周期为 12。又由于一阶差分序列存在负值，选择季节型加法模型对原序列进行调整，并对调整后的序列进行相关性分析。偏自相关和自相关的分析结果如图 12 -3 所示。

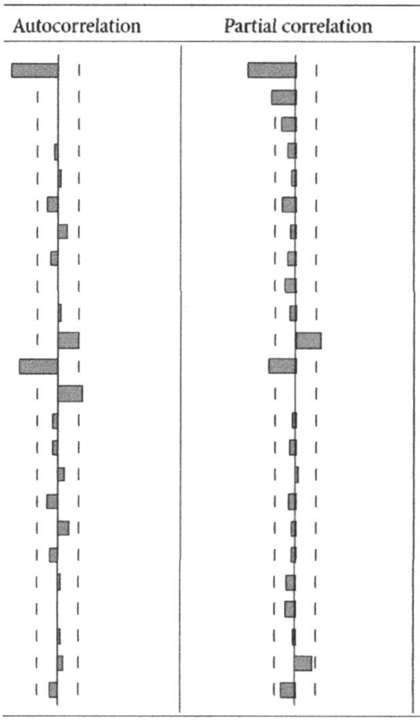

	AC	PAC	Q-Stat	Prob.
1	-0.411	-0.411	20.593	0.000
2	-0.004	-0.208	20.595	0.000
3	-0.001	-0.111	20.595	0.000
4	-0.011	-0.075	20.611	0.000
5	0.016	-0.028	20.643	0.001
6	-0.090	-0.124	21.670	0.001
7	0.069	-0.036	22.281	0.002
8	-0.059	-0.082	22.727	0.004
9	-0.008	-0.090	22.735	0.007
10	0.018	-0.056	22.778	0.012
11	0.185	0.207	27.320	0.004
12	-0.340	-0.230	42.834	0.000
13	0.207	-0.002	48.644	0.000
14	-0.037	-0.019	48.835	0.000
15	-0.030	-0.051	48.961	0.000
16	0.054	0.020	49.371	0.000
17	-0.097	-0.065	50.704	0.000
18	0.088	-0.042	51.809	0.000
19	-0.073	-0.032	52.586	0.000
20	0.016	-0.075	52.622	0.000
21	-0.005	-0.085	52.626	0.000
22	0.020	-0.021	52.687	0.000
23	0.051	0.136	53.082	0.000
24	-0.069	-0.128	53.800	0.000

图 12 -3　自相关图和偏自相关图

在 95% 的置信水平上，相关系数的置信区间为：

$$\left[\frac{-2}{\sqrt{n}},\frac{2}{\sqrt{n}}\right]=[-0.183,0.183] \tag{12-28}$$

结合图 12 -3，我们可以发现 1、2、11 中的偏自相关系数和 1、11、13 中的自相关系数不在置信区间内。基于自相关图和偏自相关图，采用 OLS 方法建立季节性 ARIMA 模型，并根据相关系数的显著性调整模型参数。参数估计如表 12－2 所示。

表 12－2　　季节型 ARIMA 模型的参数估计值

模型类型		$ARIMA(11,1,13)(1,1,1)^{12}$	$ARIMA(2,1,11)(1,1,0)^{12}$
AR(1)	系数	-0.742	-0.368
	t 统计量	-3.265	-2.353
AR(2)	系数	-0.225	-0.277
	t 统计量	-1.699	-2.488
AR(11)	系数	0.345	—
	t 统计量	4.954	
SAR(1)	系数	0.543	-0.660
	t 统计量	4.956	-3.991
MA(1)	系数	-1.148	0.614
	t 统计量	-17.508	5.127
MA(11)	系数	-0.421	0.341
	t 统计量	-6.468	3.251
MA(13)	系数	0.536	—
	t 统计量	7.110	
SMA(1)	系数	0.401	—
	t 统计量	1.638	
R^2		0.677	0.397
AIC		12.991	13.460
SC		13.206	13.588

通过参数显著性检验确定模型阶数后，我们得到的时间序列模型是 $ARIMA(2,1,11)(1,1,0)^{12}$。在该模型中，非季节性自回归项为 AR(1) 和 AR(2)，非季节性移动平均项为 MA(1) 和 MA(11)，季节性自回归项为 SAR(1)。

二、考虑季节性因素的 ARFIMA 模型预测

在模型阶次选择过程中，MA(11) 对建模和预测有重要影响。这一现象表明，即使距离预测值较远的数据，所产生的误差等随机因素对现期预测也是

有影响的。因此，推断每月的耗电量可能具有长期记忆特征，这一推测得到了R/S长期记忆测试的证实：

$$H=\frac{\log(R/S)-\log(K)}{\log(n)}=0.837 \tag{12-29}$$

根据序列长记忆性判断准则有：$0.5<0.837<1$，因此电力消耗的月度时间序列存在长记忆过程。即，较远时段的观测值会对现期预测产生影响，除了受季节性和周期性的影响外，与数据序列存在长记忆性也相关。

三、综合模型预测

应用HP滤波法分析原始序列，根据月度数据的趋势性特点，平滑参数λ赋值为14400。根据损失函数最小原则对电能消耗量进行滤波分析，将原时间序列分离为带趋势性的序列｛G｝与带其他变动性质的序列｛C｝。分解结果如图12－4所示。深色曲线表示原始序列。浅色曲线表示长期趋势，我们可以发现2004～2013年用电量的增长率基本保持不变。点线曲线表示周期和不规则的变化，而且随着时间的推移，波动幅度更加显著。

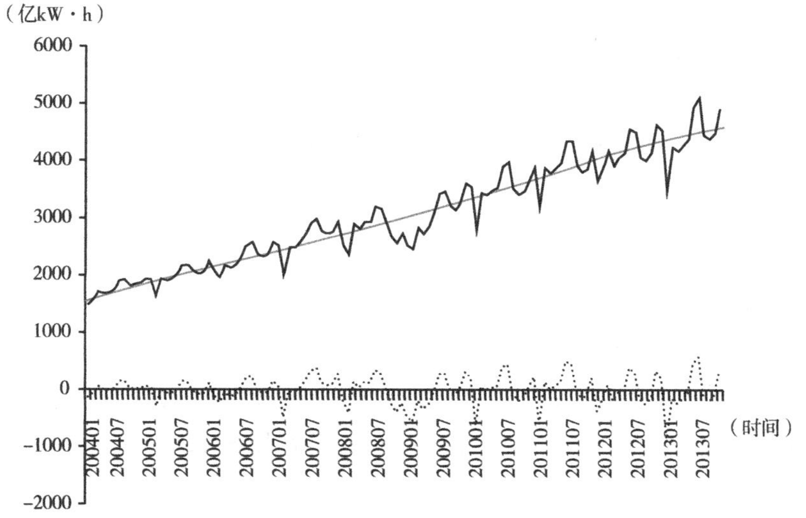

图12－4　电力消费数据序列的HP滤波分析

根据HP滤波分析，原始序列可以分为具有长期趋势的序列｛G｝和具有其他波动性质的序列｛C｝。HP滤波分析的数据分离结果如图12－5所示。我

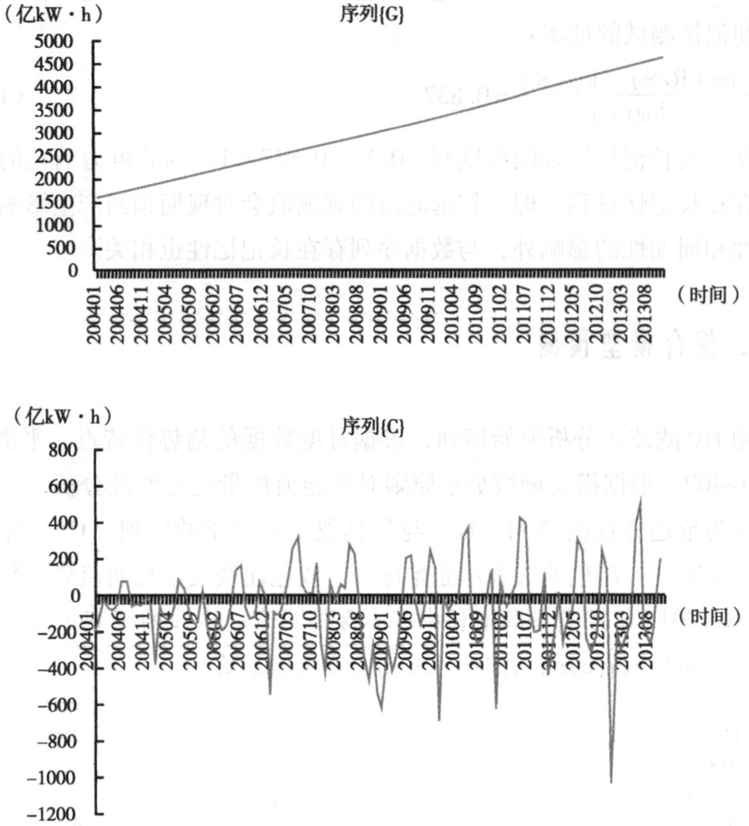

图 12-5　基于 HP 滤波法的序列分离结果

们可以看到序列｛G｝近似于一条平滑曲线，其中序列｛C｝的曲线围绕 0 上下波动。

从统计学的角度来看，序列｛G｝可以转化为与 T 相关的函数。让自变量 T(T=1，2，…，120) 表示时间，并让序列｛G｝表示系统的因变量。将序列｛G｝对时间 T 进行拟合，并根据曲线拟合的结果调整次数，当定义拟合次数是 4 时，拟合效果较好，曲线拟合的相对误差如图 12-6 所示。拟合多项式为：

$$G = -0.0000152 \times t^4 + 0.0036290 \times t^3 - 0.2397875 \times t^2 + 28.156179 \times t + 1564.2922986 \quad (12-30)$$

根据拟合的多项式，可以预测 2014 年 1 月至 11 月的序列｛G｝，结果如表 12-3 所示。

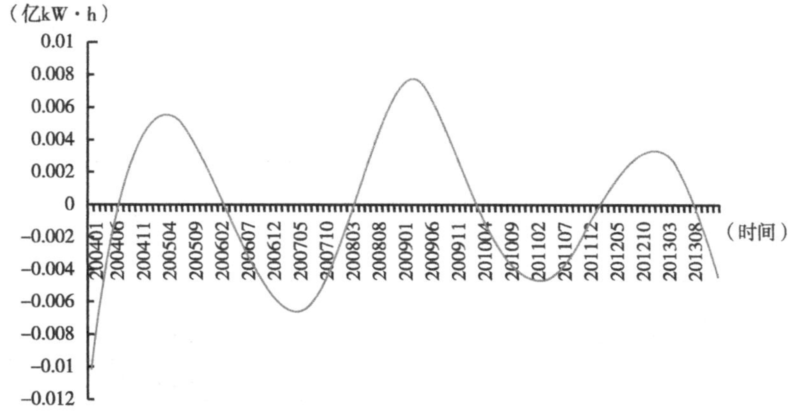

图 12-6　2004 年 1 月至 2013 年 12 月序列｛G｝曲线拟合的相对误差

表 12-3　　序列｛G｝的预测值

时间	预测值
2014 年 1 月	4634.08
2014 年 2 月	4655.72
2014 年 3 月	4676.84
2014 年 4 月	4697.49
2014 年 5 月	4717.36
2014 年 6 月	4736.73
2014 年 7 月	4755.47
2014 年 8 月	4773.55
2014 年 9 月	4790.96
2014 年 10 月	4807.66
2014 年 11 月	4823.63

进一步基于时间序列模型对序列｛C｝进行分析。根据重要性，我们可以调整参数并记录在表 12-4 中。最后，模型是 ARIMA(11，1，1)(0，1，0)^{12}。

表 12-4　　ARIMA 模型的参数估计值

参数	参数值	t 统计量	P 值
AR(1)	-0.967	-6.212	0.000
AR(2)	-0.389	-3.973	0.000
AR(11)	0.330	3.834	0.000
MA(1)	0.513	2.939	0.004
R^2 = 0.394　　AIC = 13.527　　SC = 13.570			

根据 ARIMA(11，1，1)(0，1，0)^{12}，序列｛C｝在2014年1～11月的预测结果如表12－5所示。

表12－5　序列｛C｝的预测值

时间	预测值
2014年1月	－326.44
2014年2月	－834.04
2014年3月	－394.18
2014年4月	－378.59
2014年5月	－258.20
2014年6月	－208.90
2014年7月	418.57
2014年8月	402.21
2014年9月	－186.52
2014年10月	－336.92
2014年11月	－263.55

最后，根据HP滤波原则 $\hat{y}_t = \hat{g}_t + \hat{c}_t$，可以得到2014年1～11月的用电量预测。上述多个模型的预测结果汇总如表12－6所示。

表12－6　多个模型的电力负荷预测结果

时间	实际值	模型类型					
		SARIMA		曲线拟合		综合模型	
		预测值	相对误差（%）	预测值	相对误差（%）	预测值	相对误差（%）
2014年1月	4407.06	4524.87	2.650	4632.17	5.084	4307.64	－2.256
2014年2月	3835.00	3713.78	－3.161	4653.01	21.330	3821.68	－0.347
2014年3月	4544.15	4439.32	－2.307	4673.24	2.841	4282.66	－5.754
2014年4月	4356.27	4431.63	1.730	4692.83	7.726	4318.90	－0.858
2014年5月	4492.04	4503.10	0.246	4711.76	4.891	4459.16	－0.732
2014年6月	4638.50	4699.41	1.313	4730.00	1.973	4527.83	－2.386
2014年7月	5096.96	5282.25	3.635	4747.51	－6.856	5174.04	1.512
2014年8月	5025.34	5348.25	6.426	4764.28	－5.195	5175.76	2.993
2014年9月	4569.73	4730.72	3.523	4780.28	4.607	4604.44	0.760
2014年10月	4508.40	4591.07	1.834	4795.47	6.367	4470.74	－0.834
2014年11月	4632.24	4736.44	2.249	4809.83	3.834	4560.08	－1.558

四、模型误差分析

根据表 12 -6，除 3 月、5 月和 6 月外，综合模型的相对误差小于 SARIMA 模型。从 7 ~11 月的长期预测来看，综合模型的预测结果优于 SARIMA 模型的预测结果。在 3 月、5 月和 6 月，拟合值的优化模型没有得到优化。一方面，这是实验数据的客观结果；另一方面，改进后的方法还不够完善。预测数据在 3 月大幅浮动，这种波动是由序列预测引起 {C} 的。

根据预测结果，我们对预测误差进行了分析，结果如表 12 -7 所示。通过对比分析可以发现，改进后的模型预测精度有显著提高。改进模型的均方误差最小，这意味着改进模型的预测能力最稳定。通过对 MAPE 的观测，改进后的模型为 1.817%，小于 SARIMA 模型为 2.643%，表明改进后的模型预测结果接近实际值。MAE 误差测量也显示了相同的结果。

表 12 -7　模型预测误差分析

变量	SARIMA	曲线拟合	综合模型
均方误差（%）	3.052	8.129	2.342
平均绝对百分误差（%）	2.643	6.428	1.820
平均绝对误差	122.386	282.246	84.401

第四节 结论与政策启示

本章将 HP 滤波法应用到时间序列数据的调整中，从而将原始序列分解成带不同周期性和趋势走向的序列，构建 SARIMA 模型和多项式曲线拟合综合预测的方法，减弱了时间序列不同波动项之间的相互干扰。从预测结果中分析，随着预测时段的延长，综合模型具有更精确的预测效果，同时也保证了多步预测的精度。

R/S 长记忆性检验结果说明，月用电量具有长记忆过程的特点。这一结论，可能是由于受到数据量的干扰产生的。而从实际定阶分析上看，高阶 AR 或 MA 确实会影响电力负荷预测结果。因此，可以考虑电力需求时间序列的长记忆性，以便在中期电力负荷预测中建立 SARFIMA 模型。

第五节 本章小结

本章聚焦电力负荷预测方法，考虑季节性成分一直是中期电力负荷预测时间序列建模的关键因素。本章建立了一个季节性 ARIMA 模型，在模型定阶和参数显著性检验过程中发现，SAR 和 SMA 的参数在大多数情况下并不显著。为了解决这一问题，利用基于 HP 滤波器的混合时间序列模型提取不同频率的频谱序列，对原序列进行修整，并运用 OLS 法分别建立模型进行分析，弱化趋势性、季节性等因素之间的相互作用。从预测结果看，这种方法可以降低由序列趋势性、季节性等因素相互影响产生的相对误差，提高预测精度，并分析各种因素之间的相互作用。实证结果表明，采用 HP 滤波的方法可以减小趋势分量与季节分量相互作用所造成的相对误差。本章的模型方法对于中期电力负荷预测更加科学，有利于提高电力供给侧应对气候变化的能力，具有实际指导意义。

第十三章

可再生能源发展策略与激励机制：以光伏微电网为例

减缓气候变化是电力部门的重要责任，也是电力部门提高应对气候变化能力的内在要求。减缓气候变化的重点是降低电力部门的温室气体排放，主要途径是提高可再生能源发电比例。可再生能源的生产在很大程度上取决于气候条件，由于全球气候变化，气候条件在未来可能会受到影响。促进可再生能源电力发展既可以丰富地区供电结构、提高电力供给侧应对气候变化的能力，也可以降低电力部门的温室气体排放、减缓气候变化。本章以光伏微电网为例，分析影响可再生能源发展的关键因素和探索政府如何通过市场机制促进可再生能源的发展。本章工作的可能贡献如下：通过结合太阳能资源禀赋分布与光伏微电网的广义成本收益构成，分析了光伏微电网在不同地区的最优发展策略；并通过构建一个领导者（政府）—追随者（居民）斯塔克尔伯格（Stackelberg）博弈模型，研究了政府如何制订激励政策来促进光伏微电网的发展，并对政府激励机制的效率和局限进行了分析。

第一节 可再生能源发展的意义与障碍

为了促进中国电力部门的脱碳步伐和丰富我国的供电结构，发展可再生能源发电是未来的必经之路。同时，能源结构调整、温室气体排放控制和大气污染防治的紧迫性也为可再生能源发电在我国的发展提供了足够的机遇。随着气候变化对地区电力需求侧的影响越来越明显和地区电气化率的提高，电力需求模式也趋于多样化[454-457]。为了应对气候变化引起电力需求峰值的增加和满足地区电气化率提高引起的日益多样化的电力需求，可再生能源发电也将成为一种重要的供能形式[53]。

目前，可再生能源发电在我国的发展仍然面临一系列问题：第一，电网建设与可再生能源发展的不协调，无法满足可再生能源发电的输电需求，导致部分风能和太阳能发电的废弃。图 13－1 直观地显示了近年来我国风力发电和太阳能发电的运行情况。2011～2018 年，我国弃风弃光率均超过6%，2018 年弃风弃光总量达到332 亿千瓦时。第二，由于缺乏适当的输电和消费模式，可再生能源发电的低边际成本优势没有得到充分的利用。解决这些问题的最佳途径是通过微电网促进当地对可再生能源发电的消纳。可再生能源微电网可以整合更多的可再生能源发电进入当地电力系统，促进可再生能源发电的消纳。

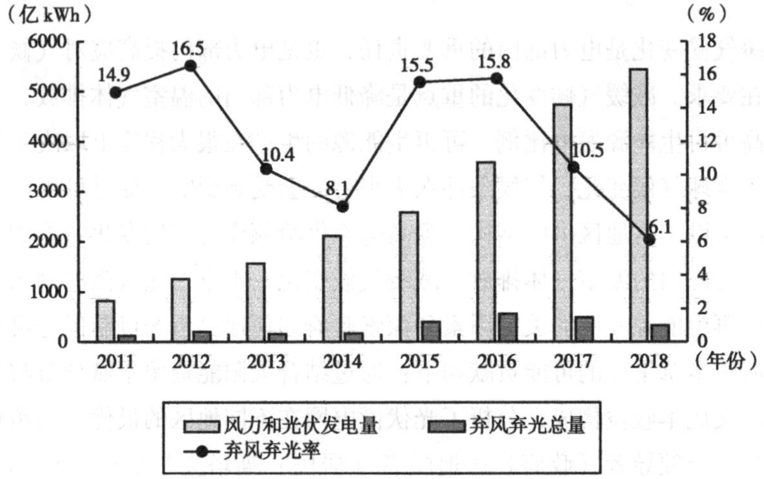

图 13－1　中国风电和光伏发电的运行情况

资料来源：根据国家能源局每年发布的可再生能源并网运行情况数据整理。

虽然可再生能源微电网存在巨大的发展前景，但是由于可再生能源微电网具有前期投资较大和对可再生能源资源禀赋的依赖性比较强等特点，可再生能源微电网在发展中也遇到了一系列“瓶颈”。本章以光伏社区微电网为例，研究影响光伏社区微电网发展的关键因素，通过构建激励机制来促进光伏社区微电网项目的选择。

第二节

光伏社区微电网主要利益相关者的成本和收益

在探索地区光伏微电网最优发展策略之前，需要分析主要利益相关者及与之相关的成本和利益。光伏微电网具有多种投资模式，为了分析方便，本章以我国目前应用较多的并网型业主自投资模式微电网为例进行分析[292]。在并网型业主自投资社区微电网模式下，业主拥有微电网所有权。微电网内多余或短缺的电力通过与电网公司交易达到平衡状态。一个典型的并网型社区微电网项目如图 13－2[289]。光伏社区微电网主要由光伏发电系统组件、储能设备和电力需求侧组成，并与主电网连接。在光伏社区微电网系统内，光伏发电系统是微电网内的电源，储能设备用以平滑太阳能间歇发电和调节系统内的电力峰值以使微电网系统平稳[59]。

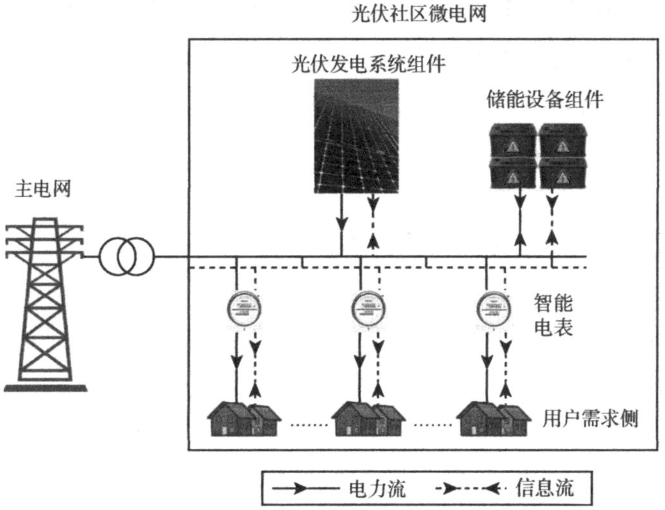

图 13－2　典型光伏社区微电网项目主要组成部分

一、光伏社区微电网主要利益相关者

1. 社区居民。

社区居民（业主）是微电网的投资者和所有者。他们通过自有资金或融资方式投资建设光伏社区微电网，其建设光伏微电网的目的是节约用电成本和出售多余电力。光伏社区微电网可以为他们的日常生活提供电力，当微电网供电能力大于用电负荷时，还可以向电网公司出售额外的电力。当微电网供电电力低于用电负荷时，需要向电网公司购买电力。光伏社区微电网是否具有盈利能力是社区居民要关心的问题。

2. 政府。

政府在促进光伏社区微电网发展方面扮演着引导者的角色。由于光伏社区微电网需要大量的初始投资，因此政府制订激励政策促使居民对光伏社区微电网的选择至关重要。政府在光伏社区微电网的发展中起着重要的推动作用，政府拥有各种激励政策工具，如电价补贴、碳排放权交易等。政府作为全社会的利益代表，其追求目标由两个方面组成：减少温室气体排放量，提高地区社会福利。

3. 电网公司。

电网公司以建设和运营电网为核心业务，其同时拥有输配电权和售电权，在整个电力部门扮演着重要角色。电网公司通过运营输配电线路构建了一个发电企业与用电客户之间的桥梁。由于本章所研究的光伏社区微电网是并网型微电网，因而电网公司也是一个密切相关的利益相关者。微电网通过与电网公司交易保持网内电力供需平衡。

二、光伏社区微电网成本分析

光伏社区微电网项目的成本主要包括光伏发电设备成本、储能设备成本和日常运行维护成本。

1. 光伏发电设备成本。

本章中，光伏发电系统是光伏社区微电网中唯一的发电设备。光伏发电设备的成本表示如下：

$$I_1 = G_1C_1 \tag{13-1}$$

其中，I_1表示光伏社区微电网中发电设备的成本，G_1表示光伏发电的装机容量，C_1表示光伏发电的单位容量成本。

2. 储能设备成本。

由于光伏发电输出的间歇性以及居民用电负荷的波动性，光伏社区微电网内的发电负荷和用电负荷有时难以匹配平衡[458]。因此，除了光伏设备组件外，光伏社区微电网还需要配备储能装置。蓄电池是目前微电网中应用最广泛的储能方法之一[459]。储能设备系统既可用于调节微电网内部电力供需平衡，也可用于辅助抑制电压波动和闪变。储能设备的成本如下：

$$I_2 = G_2C_2 \tag{13-2}$$

其中，I_2表示微电网系统内的储能设备成本，G_2表示储能设备容量，C_2表示储能设备的单位容量成本。

3. 日常运营和维护成本。

运营和维护成本是指光伏社区微电网的日常运营过程中需要的人工和检修成本。本章中，社区微电网的运营和维护成本表示如下：

$$M_1 = (I_1 + I_2) R_1 \tag{13-3}$$

其中，M_1表示社区微电网的运营和维护成本，R_1表示社区微电网的年维护率，其余变量如前所述。

三、光伏社区微电网收益分析

目前，我国的电力供应主要以燃煤发电为主，电力部门产生了大量的二氧化碳排放。与燃煤发电相比，光伏发电具有近乎零排放的优势。同时，微电网紧挨需求侧，可以降低输电损耗。因此，发展光伏社区微电网具有广泛的经济收益和环境收益。

1. 光伏社区微电网经济收益。

光伏社区微电网的经济收益包括两个方面：①光伏发电可以为居民提供日常用电，降低居民用电支出；②当微电网光伏发电设备供电能力大于网内需求负荷时，可以向电网公司出售多余电力。光伏社区微电网的经济利益由项目的投资者—居民所拥有。光伏社区微电网的经济收益如下：

$$B_g = P_1 w_1 + P_2 w_2 \tag{13-4}$$

其中，B_g代表光伏社区微电网的经济收益；w_1和w_2分别代表为微电网内光伏发电自用电量和出售给电网公司的电量；P_1和P_2分别为当地居民用电价格和上网电价。

2. 降低输电线损收益。

我国能源资源储备主要集中在中西部地区，能源供给与能源需求地区不平衡。因此，需要实施大规模的跨区域、长距离电力传输以满足东部地区电力需求[236]。对于光伏社区微电网来说，由于其电力供给紧挨电力需求侧，电力传输损耗几乎为零。因此，与主电网相比，微电网可以降低输电损耗。依据 Lin 和 Wu[270]的研究，这部分收益可以表示为：

$$S_g = L_r (w_1 + w_2) \tag{13-5}$$

其中，S_g表示节约输电线损收益，L_r表示我国输电平均损耗率。

3. 光伏社区微电网环境收益。

为了量化光伏社区微电网的环境收益，本章引入了一个环境福利函数，其可以从经济角度衡量降低的温室气体排放的环境收益。这个环境收益等于降低的二氧化碳排放量乘以社会“环境关切”参数 ε。参数 ε 为社会对二氧化碳排放的关注程度。“环境关切”参数 ε 量化了二氧化碳排放的社会代价，可以将减排的二氧化碳（1 吨）转化为货币形式的经济收益（1 元人民币）。光伏社区微电网的环境收益表示如下：

$$B_e = \varepsilon(w_1 + w_2)Q_e \tag{13-6}$$

其中，B_e表示光伏社区微电网的环境收益；ε 表示社会对二氧化碳排放的环境关切参数；Q_e表示燃煤发电机组每单位发电量的二氧化碳排放量；w_1和w_2如前所述。

第三节

政府—居民 Stackelberg 博弈分析

Stackelberg 博弈是一个序贯的完全信息动态博弈。其主要思想是博弈双方都根据对方可能的策略来选择自己的策略以保证自己在对方策略下的利益最大化。Stackelberg 博弈可以分析两个参与者之间围绕一系列问题的互动过程[460]。其中一个参与者（领导者）首先做出决策，并知道另一个参与者（追随者）会根据其做出的决策以最佳方式做出反应[461]。在社区微电网推广问题上，政府和居民就如同两个 Stackelberg 博弈者。在这一部分中，本章考虑一个政府—居民 Stackelberg 博弈模型来分析居民在政府的激励政策下对光伏社区微电网的选择。该模型包括两个关键角色：追求社会福利最大化的政府（领导者）和符合“经济人”假设的居民（追随者）。

政府是 Stackelberg 博弈中的领导者，其选择制订一系列激励政策来鼓励光伏社区微电网的发展。政府的激励政策工具主要包括：电价补贴、碳排放权交易和优惠利率等。政府的目标是使整个地区社会福利最大化，同时社会福利也是政府在此 Stackelberg 博弈中的收益。

居民是 Stackelberg 博弈中的追随者，其根据当前技术条件和政策环境下能否通过投资建设社区微电网项目获得利益，来选择光伏社区微电网项目。居民根据地区太阳能资源禀赋和政府制订的激励政策来判断光伏社区微电网是否具有盈利能力。居民的策略隐含地假设居民掌握社区微电网项目的成本和收益信息。居民的参与动机是光伏社区微电网项目所能获得的经济利润。

在本章 Stackelberg 博弈模型求解过程中，首先求解居民（追随者）对政府（领导者）激励政策的反应，然后将居民的策略选择嵌入政府的收益目标函数中，以分析最优激励政策。

一、居民策略选择

在本部分中，首先分析在没有政府激励政策情况下居民（追随者）的策略选择，然后研究居民对政府激励政策的最优反应。如前面所分析，居民的收益函数如下：

$$Pr_g = P_1 w_1 + P_2 w_2 - \rho_{(i,T)}(I_1 + I_2) - M_1 \quad (13-7)$$

其中，Pr_g为居民的收益，也是光伏社区微电网的年利润；$\rho_{(i,T)}$是利率为 i 和周期为 T 时的贴现函数；其他变量同前。

在现有技术条件下，光伏社区微电网的最大发电量取决于所在地区的太阳辐射强度（SRI）[71]。因此，居民的收益函数是受当地太阳能资源禀赋约束的。约束函数如下：

$$w_1 + w_2 = \varphi(SRI) \quad (13-8)$$

其中，φ（＊）是光伏发电系统关于 SRI 的发电函数，φ（＊）是一个关于 SRI 的递增函数，其具体函数形式由该微电网内光伏组件的性能决定。

1. *无政府激励政策下的居民策略。*

在没有政府激励政策的情况下，居民的最优选择取决于光伏社区微电网项目是否有利可图。令居民收益 $Pr_g=0$，在式（13－8）的约束下，可以得到居民的收益为 0 时当地太阳能资源的一个临界值 SRI^*。该临界值 SRI^* 如下：

$$SRI^* = \varphi^{-1}\left[\frac{(I_1 + I_2)\rho_{(i,T)} + M_1 + (P_1 - P_2)w_2}{P_1}\right] \quad (13-9)$$

此时居民的决策面临以下两种情况：

情景 1：$SRI \geqslant SRI^*$。

在情景 1 下，$Pr_g = P_1 w_1 + P_2 w_2 - \rho_{(i,T)}(I_1 + I_2) - M_1 \geqslant 0$，此时，在没有政府激励政策的情况下，光伏社区微电网内发电收益也足以支付成本，即该微电网项目是可以盈利的。此时，居民的最优决策是投资建设光伏社区微电网。

情景 2：$SRI < SRI^*$。

在情景 2 下，$Pr_g = P_1 w_1 + P_2 w_2 - \rho_{(i,T)}(I_1 + I_2) - M_1 < 0$，此时，在没有政府激励政策的情况下，光伏社区微电网内发电收益不足以支付成本，即该项目是无法盈利的。此时，居民的最优决策是不投资建设光伏社区微电网。

当居民用电价格、上网电价和光伏社区微电网投资总成本不变时，光伏社区微电网的利润取决于所在地区的太阳辐射强度（SRI）。通过式（13－7）和式（13－8）可以得出光伏社区微电网的利润与当地太阳辐射强度（SRI）之间的关系，如图13－3所示。

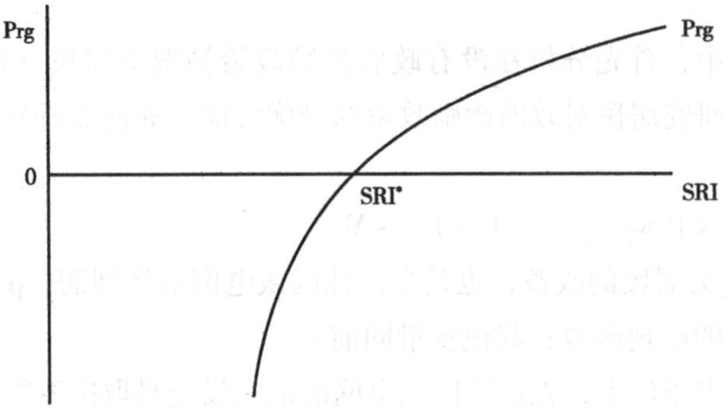

图13－3　光伏社区微电网利润与所在地区太阳辐射强度的关系

注：Pr_g为光伏社区微电网年利润，SRI为地区太阳辐射强度。

如图13－3所示，存在一个临界值SRI^*。当所在地区太阳辐射强度小于SRI^*时，光伏社区微电网的利润为负。也就是说，在没有政府激励政策情况下，在这些地区建设光伏社区微电网对居民来说是无利可图的。当所在地区的太阳辐射强度大于SRI^*时，光伏社区微电网的利润大于零。也就是说，在这些地区，即使没有政府激励政策，光伏社区微电网也具有较强的盈利能力，此时居民会自发地投资建设光伏社区微电网。

2. *居民对碳排放交易政策的反应。*

首先关注碳排放交易政策（其他条件都不变时）对居民策略选择的影响，然后分析其他政策的影响。注意到当$Pr_g \geq 0$时，即使没有政府激励政策，居民也会选择投资建设光伏社区微电网。因此，此处以$Pr_g < 0$为例，研究碳排放交易政策对居民策略选择的影响。

在碳排放交易许可下，如果居民选择投资光伏社区微电网项目，居民可以在碳排放交易市场上出售其核证的减排量（CER）。此时光伏社区微电网项目新的利润函数如下：

$$Pr_g = P_1 w_1 + P_2 w_2 - (I_1 + I_2)\rho_{(i,T)} - M_1 + P_e(w_1 + w_2)Q_e \qquad (13-10)$$

其中，P_e代表碳排放权交易价格，Q_e代表燃煤发电机组单位发电的二氧化碳排放量，其他变量与前相同。需要指出的是，本章假定碳排放价格介于0到

$\bar{P}_e$之间，其中$\bar{P}_e$是碳排放价格上限。这在现实社会中也是一个合理假设[462]，因为过高的碳排放价格会损害地区经济[463]。

居民对一个给定碳排放价格的最优决策反应可以看作是一个两阶段问题。首先，居民要考虑在地区 SRI 水平下光伏社区微电网的发电能力和所能获得的核证减排量。然后，居民衡量光伏社区微电网在此碳价格水平和发电能力下是否可以盈利，即是否可以实现 $Pr_g \geqslant 0$。因此，居民的策略由地区太阳能资源禀赋和碳排放价格 $\{SRI, P_e\}$ 共同决定。因此，对于一个具体的地区，居民会根据政府碳交易政策下碳排放价格能否使光伏社区微电网盈利做出选择。从式（13－10）可以看出，碳排放交易政策会影响居民的光伏社区微电网项目选择，较高的碳排放价格会给居民更大的选择动机。图 13－4 描绘了碳排放价格与地区太阳能资源禀赋共同影响下居民选择光伏社区微电网的利润情况。

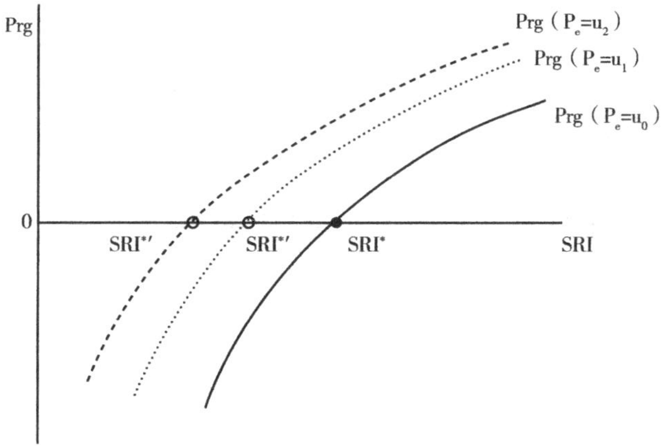

图 13－4　碳排放交易政策对居民选择光伏社区微电网策略的影响

注：$Pr_g(P_e=\mu_1)$ 和 $Pr_g(P_e=\mu_2)$ 表示当碳排放价格分别为u_1和u_2时光伏社区微电网的利润函数曲线（$u_1<u_2$）；$Pr_g(P_e=0)$ 表示当没有碳排放交易政策时光伏社区微电网的利润函数曲线。

如图 13－4 所示，碳排放交易政策可以使临界值 SRI^* 在一定程度上变小，从而使光伏社区微电网在原本无法盈利的地区变得具有盈利能力。因此，对于一个具体地区来说，如果当地 SRI 大于 $SRI^{*\prime}$，居民将选择投资建设光伏社区微电网。较高的碳排放价格对临界值 SRI^* 的影响更大。从式（13－10）中可以看出，Pr_g是一个关于 P_e的递增函数。但是通常情况下碳交易市场存在一个碳排放价格上限，因此碳排放交易政策对居民策略选择的影响也是有限度的。

3. 居民对电价补贴政策的反应。

如果居民投资建设光伏社区微电网能够获得政府的电价补贴，则居民投资建设微电网的利润函数调整如下：

$$Pr_g = P_1 w_1 + P_2 w_2 - (I_1 + I_2)\rho_{(i,T)} - M_1 + F_t(w_1 + w_2) \quad (13-11)$$

其中，F_t表示政府给光伏社区微电网的电价补贴，其余变量如前所述。

从式（13－11）可以看出，当存在电价补贴时，居民投资建设光伏社区微电网的利润将增加。结合式（13－11）和式（13－8）可以看到，当存在电价补贴时，使微电网具有盈利能力的太阳能资源禀赋阈值将变小，此时这个较小的临界值 SRI*″为：

$$SRI^{*\prime\prime} = \varphi^{-1}\left(\frac{(I_1 + I_2)\rho_{(i,T)} + M_1 + (P_1 - P_2)w_2}{P_1 + F_t}\right) \quad (13-12)$$

这表明，政府的电价补贴政策可以有效地提高光伏社区微电网的盈利能力。电价补贴政策是推动光伏社区微电网项目发展的有效政策。但是，电价补贴政策也是政府促进居民选择光伏社区微电网项目“最昂贵”的政策工具。理论上，通过提供足够的电价补贴，无论所在地区的太阳能资源是否丰富，居民投资建设光伏社区微电网都是可以盈利的。但是电价补贴政策是一种政府转移支付，其效率很难得到保证，并且可能会给政府带来巨大的财政压力。

二、政府决策空间：社会福利最大化模型

本部分探讨政府为了推动光伏社区微电网发展的决策空间。政府作为 Stackelberg 博弈的领导者，知晓居民对其激励政策工具的反应，从而战略性地制订激励政策，以实现地区社会福利的最大化。

此处先定义光伏社区微电网的社会福利函数，该社会福利函数也是政府在 Stackelberg 博弈中的收益函数。社会福利函数由两个部分组成：光伏社区微电网的经济效益和环境效益。政府的目标就是追求光伏社区微电网经济效益与环境效益的和最大化。因此，光伏社区微电网的社会福利包括光伏社区微电网的利润、环境收益和降低的输电损耗。光伏社区微电网的社会福利函数表示如下：

$$W_g = P_1 w_1 + P_2 w_2 - (I_1 + I_2)\rho_{(i,T)} - M_1 + L_r(w_1 + w_2) + \varepsilon(w_1 + w_2)Q_e \quad (13-13)$$

其中，W_g代表光伏社区微电网的社会福利函数，也是政府在博弈中的收益函数，其他变量如前所述。

根据式（13－13），光伏社区微电网的社会福利函数同样与微电网的发电

量正相关。根据前面研究结果，光伏社区微电网的发电量取决于当地的太阳辐射强度（SRI）。同时，光伏社区微电网的社会福利函数也受到“环境关切”参数 ε 的影响。当其他情况不变时，光伏社区微电网的社会福利与太阳辐射强度之间的关系可由式（13－13）和式（13－8）得出，如图 13－5 所示。

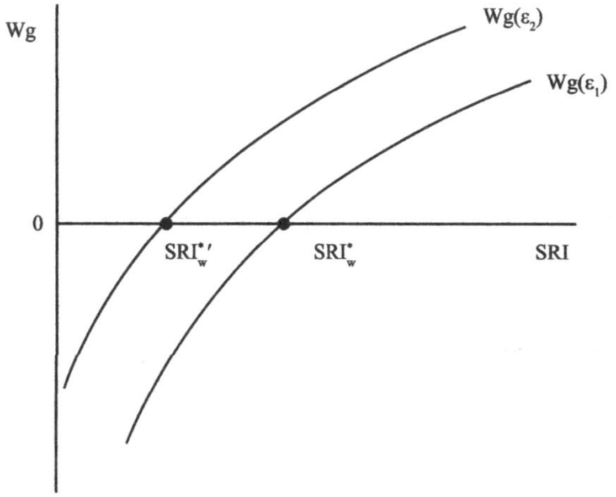

图 13－5 光伏社区微电网社会福利与太阳辐射强度的关系

注：W_g 为光伏社区微电网的社会福利函数，SRI 为所在地区的太阳辐射强度，$\varepsilon_2>\varepsilon_1$。

如图 13－5 所示，存在一个临界值 SRI_w^*。当光伏社区微电网所在地区的太阳辐射强度小于 SRI_w^* 时，光伏社区微电网的社会福利为负。地区 SRI 超出 SRI_w^* 的部分就是政府激励政策的决策空间。一个较大的“环境关切”参数 ε 可以使临界值 SRI_w^* 变小，从而扩大政府的决策空间。

三、社会最优激励政策

本部分进一步研究政府与居民围绕光伏社区微电网选择问题的 Stackelberg 博弈过程，并探讨使地区社会福利最大化的激励机制。即，回答政府的激励政策在什么情况下可以促使居民选择光伏社区微电网，并增加当地社会福利。结合式（13－7）和式（13－13）可以看出，光伏社区微电网项目中居民的利润（Pr_g）与政府的社会福利（W_g）之间存在差距。政府与居民之间 Stackelberg 博弈过程中各自的收益函数如图 13－6 所示。

如图 13－6 所示，政府与居民之间围绕光伏社区微电网的选择问题被两个

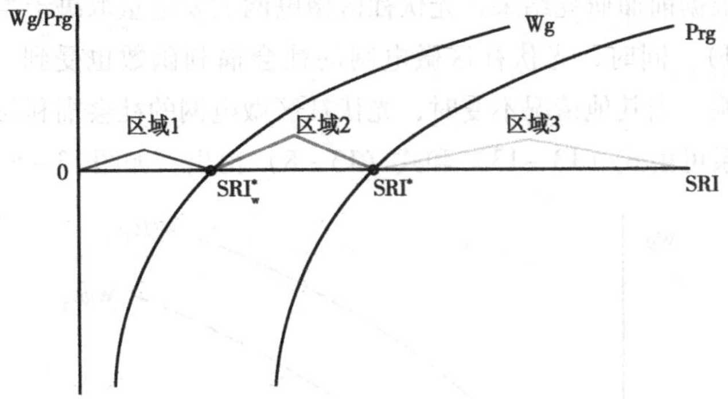

图 13－6　政府与居民 Stackelberg 博弈中的收益函数示意图

临界值（SRI^* 和 SRI_W^*）分为三个区域。三个区域详情如下：

区域 1：$0<SRI<SRI_W^*$，政府和居民都不能从光伏社区微电网中获利。

区域 2：$SRI_W^*<SRI<SRI^*$，政府可以从光伏社区微电网中获利，但是在没有政府激励政策时居民的收益为负。

区域 3：$SRI^*<SRI$，政府和居民都可以从光伏社区微电网中获利，即使在没有激励政策的情况下居民也是有利可图的。

如图 13－6 所示，区域 1 的存在是容易理解的。在目前的技术水平和社会经济环境下，由于区域 1 的太阳能资源禀赋太低，在该地区建设光伏社区微电网对社会的效率太低。同时，在区域 1 政府和居民对待光伏社区微电网的态度是统一的，也就是，居民不会选择投资建设光伏社区微电网，政府也不会制订相关激励政策。

区域 2 的主要特点是，政府的收益函数大于零，居民的收益函数小于零。在区域 2 建设光伏社区微电网可以增加地区社会福利但是却不能使居民获利。政府作为 Stackelberg 模型的领导者，为了提高社会福利，应该制订激励政策，使居民能够在区域 2 选择光伏社区微电网项目并使其获利。但政府也应该关注激励政策的成本，其在区域 2 的博弈策略是在政策成本尽可能小的前提下促进居民投资建设光伏社区微电网，尤其是其政策成本不应该超过 SRI^* 减去 SRI_W^*。

区域 3 是政府与区民的共识区域。在不改变任何现状情况下博弈双方都可以从光伏社区微电网项目获利。区域 3 的特点是，太阳能资源禀赋较高，光伏社区微电网有较强的盈利能力。在区域 3，即使没有政府的激励政策，投资建设光伏社区微电网对居民来说也是有利可图的。也就是说，由于光伏社区微电网在区域 3 具有很强的盈利能力，居民会自发投资建设光伏社区微电网。同时，政府和居民也都期待光伏社区微电网项目。此时政府的最优政策是制订成本较小或根本不制订激励政策，因为居民会自发地投资建设光伏社区微电网。

通过以上分析，得出政府和居民在光伏社区微电网项目中的收益。在没有任何激励政策的情况下，政府和居民的收益如下：

$$\pi_g = \int_{SRI*}^{SRI^{\Delta}} W_g d(SRI) \tag{13-14}$$

$$\pi_r = \int_{SRI*}^{SRI^{\Delta}} Pr_g d(SRI) \tag{13-15}$$

其中，π_g和 π_r分别为政府和居民的收益，SRI^{Δ}表示最大 SRI，其他变量如前所述。

政府与居民之间博弈的焦点主要集中于光伏社区微电网在区域 2 的选择问题。政府作为地区社会福利的代理人，希望光伏社区微电网在区域 2 也可以得到发展。然而在没有激励政策下，居民无法从投资建设光伏社区微电网中获利。作为“理性经济人”，居民不会自发地投资建设光伏社区微电网。除非政府能够构建一个政策环境使居民在区域 2 投资光伏社区微电网有利可图。因此，政府应该制订激励政策使居民可以获利，以引导居民在区域 2 投资建设光伏社区微电网。政府与居民之间的博弈过程分析如图 13 -7 所示。

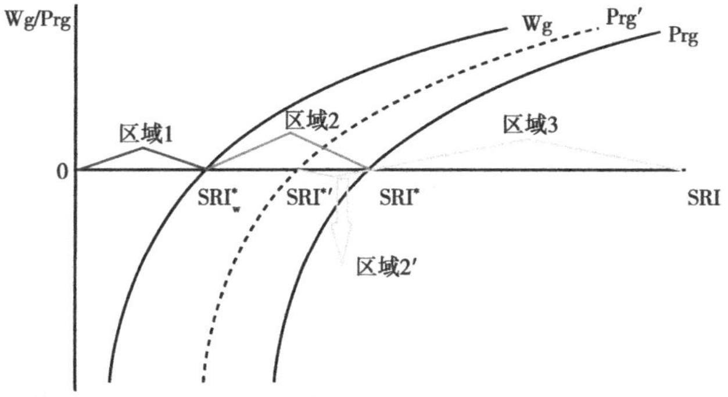

图 13 -7 政府与居民的 Stackelberg 博弈过程

如图 13 -7 所示，政府的激励政策可以使居民的收益函数向左移动。受政府激励政策的影响，居民在区域 2′（区域 2 的右侧部分）投资建设光伏社区微电网会变得可以获利。此时，政府和函数的收益如下：

$$\pi_g = \int_{SRI*'}^{SRI*} W_g d(SRI) + \int_{SRI*}^{SRI^{\Delta}} W_g d(SRI) \tag{13-16}$$

$$\pi_r = \int_{SRI^{*\prime}}^{SRI^*} Pr_g d(SRI) + \int_{SRI^*}^{SRI^\Delta} Pr_g d(SRI) \qquad (13-17)$$

比较式（13－16）、式（13－17）和式（13－14）、式（13－15）可以看到，通过此次 Stackelberg 博弈，政府和居民的收益都会增加。

综上所述，有两个因素决定了光伏社区微电网在一个具体地区能否被选择：地区 SRI 和激励政策。政府激励政策可以使居民投资建设光伏社区微电网的收益增加，即使区域 2 缩小，区域 3 扩大。这样，区域 3 与区域 2′都将成为政府与居民的共识区域，政府和居民都可以从这两个区域的光伏社区微电网中获益。这同时也表明，政府的激励政策可以有效地扩大光伏社区微电网的获利区间，推动光伏社区微电网的应用。以下本章进一步分析影响政府与居民决策的关键参数及其对两者决策的影响。

四、博弈模型关键参数分析

本部分讨论模型关键参数，并分析关键参数对 Stackelberg 模型结果的影响。通过对式（13－7）、式（13－8）、式（13－10）、式（13－11）和式（13－13）的分析，可以得出区域 1、区域 2 和区域 3 之间的相对位置如何随着环境关切参数 ε 和激励政策的变化而变化，如图 13－8 所示。

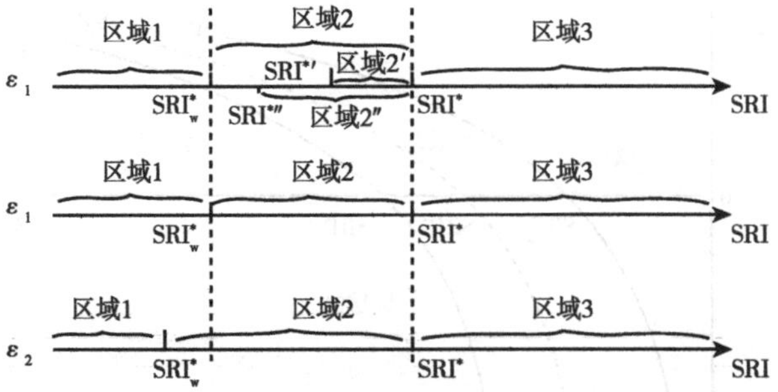

图 13－8　环境关切参数 ε 和激励政策对居民策略选择的影响

注：$\varepsilon_1 < \varepsilon_2$；区域 2′对应的是碳排放交易政策的影响；区域 2″对应的是碳排放交易与电价补贴联合政策的影响。

在环境关切参数相对较高的情况（$\varepsilon_1 < \varepsilon_2$），区域 1 可以在一定程度上变小，区域 2 在同样的程度上变大，区域 1 的缩小幅度正好等于区域 2 的增加幅度，区域 3 不会发生任何变化。这个相对位置变化可以由式（13－8）和式（13－13）来解释。结合式（13－8）和式（13－13），可以看到较高的参数 ε

可以增加政府的收益，这可以使阈值 SRI_w^* 向左移动。由于参数 ε 对居民的收益函数没有任何影响，因此区域 3 不会随环境关切参数的变化而变化。

根据式（13－10），碳排放交易政策可以增加居民投资建设光伏社区微电网的利润，使光伏社区微电网在区域 2′具有盈利能力。区域 2″大于区域 2′，这是因为碳排放交易和电价补贴联合政策可以在更大程度上增加居民投资建设光伏社区微电网的利润。从理论上讲，通过提供一个足够大的电价补贴，无论地区太阳能资源是否丰富，居民投资光伏社区微电网项目都是可以盈利的。但这可能是低效率的，并且可能会损害社会福利。这将在以下部分进一步详细讨论。

五、光伏社区微电网的社会最优发展策略

本部分讨论光伏社区微电网的社会最优发展策略和相对应的政府激励政策。从式（13－13）可以看出，政府的收益与社会环境关切参数 ε 正相关。作为 Stackelberg 博弈模型的外生变量，社会环境关切（ε）仅对政府的光伏社区微电网推广策略产生影响。政府在不同区域的社会最优推广策略如下：

区域 1：政府的社会最优发展策略是在该区域放弃光伏社区微电网。

区域 2：政府的社会最优发展策略是在增加的地区社会福利能够弥补激励政策成本的前提下，营造合适的政策环境来引导居民投资建设光伏社区微电网。

区域 3：政府的社会最优发展策略是积极引导居民投资建设光伏社区微电网，但不需要制订任何需要成本的激励机制。因为光伏社区微电网在区域 3 有较强的盈利能力，居民自发投资建设光伏社区微电网的意愿比较强。

为了评价政府激励政策的效率，本章将具体政策情景与“统一（最佳）”情景相比较。“统一”情景假定政府可以直接控制居民的策略选择，因此可以做出对整个社会最有利的决策。“统一”情景是光伏社区微电网在最优发展策略下收益的理论上限。Stackelberg 博弈中的政府激励政策所能增加的社会福利与“统一”情景下的社会福利价值之间的差距可以用来衡量政府激励政策的效率。以碳排放交易政策为例，分析其在提高地区社会福利的效率，很容易证明碳排放权价格越高效率越高，因此政府倾向于让碳排放权价格（P_e）达到其上限（$\overline{P}_e$）。根据式（13－13）和式（13－16），当碳排放价格为 $\overline{P}_e$ 时，碳排放交易政策在推动光伏社区微电网项目方面的效率如下：

$$Ef_p = \frac{\int_{SRI'}^{SRI^{\Delta}} W_g d(SRI)}{\int_{SRI_w^*}^{SRI^{\Delta}} W_g d(SRI)} \tag{13-18}$$

其中，Ef_p是碳排放交易政策的效率，其余变量如前所述。

第四节
中国的实证分析

本节运用第三节中构建的政府—居民 Stackelberg 博弈模型来探讨我国的光伏社区微电网最优发展策略和激励政策。对一个具体地区来说，光伏社区微电网的装机容量与成本成一定比例，因此光伏社区微电网的装机容量对实证分析的结果没有影响。由于 2MW 光伏装机容量的社区微电网在我国比较常见，本节以 2MW 光伏社区微电网为例进行实证分析。

一、数据来源与描述

实证分析所需的数据如表 13－1 所示。

表 13－1　相关变量描述

变量	描述	值
G_1	光伏装机容量	2MW
C_1	光伏装机单位成本	6500 元/kW
I_2	储能设备成本	800 万元
R_1	光伏发电系统年维护率	0.57%
P_1	居民电价	0.52 元/kWh
P_2	光伏社区微电网上网电价	0.415 元/kWh
T_1	光伏发电系统寿命周期	25 年
T_2	储能设备寿命周期	8 年
P_s	光伏发电组件单位安装面积	$11m^2$/kW
φ	光伏发电系统发电效率	0.169
i	收益率	8%

续表

变量	描述	值
L_r	我国输电平均线损率	6.64%
Q_e	燃煤发电机组单位发电排放量	0.83kg/kWh
P_e	碳排放权交易价格	21.35 元/吨

数据来源：光伏装机单位成本、储能设备成本、光伏发电系统年维护率、居民电价、上网电价、光伏发电系统寿命周期、光伏发电组件单位安装面积、光伏发电系统发电效率等均收集自中国光伏产业协会（http：//www.chinapv.org.cn/）和相关企业报告；收益率参照《建设项目经济评价方法与参数》（第3版）[458]；我国输电平均线损率和燃煤发电机组单位发电碳排放数据源于电力发展“十三五”规划（2016－2020年）[459]；碳排放交易平均价格来自中国碳排放交易网。

二、我国光伏社区微电网社会最优发展策略

为了探索光伏社区微电网的社会最优发展策略，首先分析我国各地区的SRI的分布。

由式（13－9）可知，在没有政府激励政策的条件下，居民投资建设光伏社区微电网是否可以盈利的阈值 SRI^* 为 1632.55kWh/m² · 年。

根据式（13－13）和式（13－8）还可以得到光伏社区微电网是否可以增加地区社会福利的阈值 SRI_w^*，SRI_w^* 的值受社会环境关切参数影响，具体分析如下：

情形一：低社会环境关切情景。

$$SRI_w^* = 1289.53\text{kWh/m}^2 \cdot \text{年} \qquad (13-19)$$

此处，$\varepsilon = 99.8$ 元/吨，为 2015～2019 年我国碳排放权交易的最高成交价格①。

将式（13－19）和式（13－20）与我国太阳能资源禀赋分布相结合，可以得到区域1、区域2和区域3在我国的分布状况。地区SRI低于1289.53的地区为区域1，地区SRI在1289.53～1632.55的地区为区域2，地区SRI高于1632.55的地区为区域3。

在低社会环境关切情景，我国政府在华南大部分地区（区域1）的最优策略是不鼓励光伏社区微电网。在华北、东北和新疆等地区（区域2）的社会最

① 数据来自中国碳排放交易网。

优发展策略是，在增加的社会福利能够弥补激励政策成本的前提下，制订适当的激励政策来引导居民对光伏社区微电网的选择。在西藏、甘肃和内蒙古地区（区域3），政府的社会最优发展策略是在不花费任何成本的前提下引导居民对光伏社区微电网的选择。

情形二：高社会环境关切情景。

$$SRI_w^* = 1009.81 kWh/m^2 \cdot 年 \quad (13-20)$$

此处，$\varepsilon = 275.15$ 元/吨，参考的是 EU－ETS 的碳排放交易最高价格[465]。

地区 SRI 低于 1009.81 的地区为区域1，地区 SRI 在 1009.81～1632.55 的地区为区域2，地区 SRI 高于 1632.55 的地区为区域3。

因此，社会环境关切参数的大小对区域1在我国的分布有很大影响。与低环境关切情景相比，在高环境关切情景中区域1由原来的华南大部分地区缩小为贵州和重庆部分地区。当社会对环境的关切程度提高时，临界值 SRI_w^* 会变小，从而扩大政府激励政策的决策空间。这也表明，政府在制订促进光伏社区微电网发展策略时，应考虑社会环境关切的影响。

三、碳排放交易政策效率

当碳排放价格为 21.35 元/吨（2015～2019 年我国碳排放交易平均价格）时，使居民选择光伏社区微电网的策略可以盈利的太阳能禀赋阈值 $SRI^{*\prime}$ 为 1565.69kWh/m² · 年。当碳排放价格为 99.8 元/吨（2015～2019 年我国碳排放交易最高成交价格）时，使居民盈利的太阳能禀赋阈值 $SRI^{*\prime}$ 为 1360.92kWh/m² · 年。可以看出，碳排放交易政策可以有效扩大区域3的面积，碳排放交易价格越高，效果越显著。当碳排放交易价格等于社会环境关切参数时，区域3的面积可以达到最大值。此时碳排放交易政策产生的社会福利将十分接近于前面所定义的“统一（最佳）”情景。

第五节 结论与政策启示

在目前技术经济条件下，光伏社区微电网项目并非在我国所有地区都具有盈利能力。存在两个太阳能资源禀赋阈值（SRI^* 和 SRI_W^*），其中，SRI^* 是光伏社区微电网可以使居民获利的太阳能资源禀赋阈值，SRI_W^* 是光伏社区微电网可以增加地区社会福利的太阳能资源禀赋阈值。SRI^* 和 SRI_W^* 可以根据其太阳能资源禀赋将一个具体地区划归为三类区域（区域1、区域2和区域3）。在区域1（$0 < SRI < SRI_W^*$），光伏社区微电网既不能使居民获利，也不能增加地区社会福利。在区域2（$SRI_W^* < SRI < SRI^*$），光伏社区微电网可以增加地区社会福利，但在没有政府激励政策条件下居民无法从中获利。政府在区域2的社会最优发展策略是在激励政策成本小于增加的地区社会福利前提下，营造合适的政策环境引导居民投资建设光伏社区微电网。在区域3（$SRI^* < SRI$），光伏社区微电网具有较强的盈利能力，即使没有政府激励政策，居民也会自发投资建设光伏社区微电网。

两个因素决定了居民是否会选择投资建设光伏社区微电网：地区太阳能资源禀赋和政府的激励政策。区域2是政府和居民博弈的焦点，因为光伏社区微电网在区域2可以增加地区社会福利，却不能使居民盈利。为了增加地区社会福利，政府在区域2要营造合理的政策环境来引导居民对光伏社区微电网的选择。

碳排放权交易政策可以使阈值 SRI^* 在一定程度上变小，从而增加光伏社区微电网的盈利能力，促进居民对光伏社区微电网的选择。碳排放权交易价格越高对光伏社区微电网的盈利能力的提升就越高。一个足够高的碳排放权交易价格可以达到任何形式的电价补贴政策的效果。与电价补贴政策相比，碳排放权交易政策是一种市场化激励机制，其可以将二氧化碳排放的外部成本内部化。同时，也可以降低政府的财政压力，未来有很大的应用潜力。

社会环境关切参数（ε）可以影响光伏社区微电网的社会最优发展策略。当社会对环境的关切程度提高时，使地区社会福利增加的太阳能资源禀赋阈值 SRI_W^* 会变小，这会缩小区域1的面积，同时扩大区域2的面积。政府在制订促进光伏微电网的发展策略时，要密切关注社会对环境的关切程度，并根据其变化及时调整。

第六节

本章小结

本章以光伏微电网为例，研究了促进可再生能源发展的策略与激励机制。通过结合太阳能资源禀赋分布与光伏社区微电网的广义成本收益构成，分析了光伏社区微电网的社会最优发展策略。并通过构建政府（领导者）—居民

(追随者) Stackelberg 博弈模型，研究了如何制订激励政策来引导居民选择光伏社区微电网，以促进可再生能源发展和丰富地区电力供给结构。结果表明，光伏社区微电网项目并非在我国所有地区都具有盈利能力。社会环境关切(ε) 对光伏社区微电网的社会最优发展策略有很大影响。两个因素共同决定光伏社区微电网在具体地区能否成功：地区太阳能资源禀赋和政府的激励政策。碳排放交易可以实现电价补贴政策一样的激励效果，碳交易机制在降低电力部门温室气体排放和促进可再生能源发展方面有很大的应用潜力。

第十四章

燃煤发电厂适应气候变化决策与激励机制

燃煤发电是我国当下最依赖的电力来源，提高燃煤发电厂的适应气候变化能力对促进电力部门应对气候变化至关重要。本章综合运用运筹学理论，同时从日常运营策略和适应气候变化技术改造策略两个视角构建燃煤发电厂适应气候变化决策模型。在理论模型的基础上，对一个现实燃煤发电厂进行了数值求解，分析实际电厂的适应气候变化决策，并通过该实际案例对理论模型进行验证。本章工作的可能贡献如下：综合从短期视角和长期视角分析了燃煤发电厂在一系列条件下的适应气候变化决策问题，这有助于电厂运营商在电厂整个生产寿命周期内做出正确的适应气候变化决策，降低气候变化对电厂的负面影响；分析了政府激励机制对电厂决策的可能影响，有助于政府及时引导电厂运营商做出对社会有利的适应气候变化决策；通过现实案例研究，分析不同气候变化情景下电厂运营商的适应气候变化决策，更好地体现燃煤发电厂适应气候变化的现实需求和实践基础。

第一节 气候变化与燃煤发电厂

煤炭是目前全球火力发电最主要的化石燃料，燃煤发电在未来几十年里仍将是中国电力供应的主要方式。根据国际能源署的世界主要能源统计数据，2018 年燃煤发电的发电量占全球总发电量的 38.2%[466]。在中国，燃煤发电厂在电力供应中更是占据着重要地位。截至 2019 年底，我国发电装机容量为 20.1 亿千瓦，其中燃煤发电装机容量为 11.9 亿千瓦，占总发电装机容量的 59.2%[467]。

燃煤发电厂主要工作技术路线为以燃煤为动力的蒸汽轮机发电过程：水由

燃煤经锅炉加热为高温高压水蒸气，进入汽轮机做功从而带动发电机发电，做功后的乏汽须经冷却重新变为液态水才能重新进入锅炉形成循环。做功后的乏汽在冷凝器中释放大量低温废热，需要由冷却系统将废热带出并释放到周边水域或大气中。基于当下主流装机电厂，电煤的热量仅有约40%转化为电能，其余废热需要借助冷却水排出。我国许多燃煤发电厂依靠冷却水系统进行废热处理，燃煤发电厂的这个技术特征使其容易受气候变化的影响。冷却水温度高低会影响发电厂的发电效率，冷却水温度越低，汽轮机的低压端乏汽凝结所形成的真空度就越高，电厂发电效率就越高。每个发电厂在设计和建造时都会基于当地冷却水的可用性和运行的周边环境温度。由于气候变化可能会影响这些环境条件，这是电厂运营商必须处理的一个不确定性来源。

无论减缓气候变化的努力程度和行动速度如何，一定程度的气候变化在21世纪似乎已经不可避免[224]。在电力供应主要由燃煤发电厂提供的地区，气候变化可能会影响该地区未来几十年的电力供应安全[468]。

第二节

燃煤发电厂适应气候变化决策问题描述

燃煤发电厂的气候脆弱性引出了这样一个问题：燃煤发电厂如何在电厂整个生产寿命周期内做出正确的适应气候变化决策（日常运营策略和技术改造投资策略），降低气候变化对电厂的不利影响？燃煤发电厂是一个大型的资本密集型生产工厂，其技术和经济寿命较长，通常在50年左右。在如此长的生产寿命周期内考虑燃煤电厂的适应气候变化机制与策略是一个复杂的问题。本章的研究核心问题就是电厂运营商在做气候变化适应决策时会重点考虑哪些因素，这些因素将如何影响运营商决策。

在此背景下，本章考虑燃煤发电厂运营商的适应气候变化决策问题，该运营商考虑如何使电厂在整个电厂生产寿命周期中获得的利润最大。在短期内，电厂运营商考虑如何利用发电厂的现有技术通过调整日常运营策略来适应环境条件。在长期，电厂运营商考虑如何选择适应气候变化技术改造，如增加辅助冷却塔数量或采用新技术（如干式冷却技术），来应对气候变化带来的不利的环境条件，以维持电厂的产能。具体分析当电厂运营商做出气候变化适应决策时，哪些因素会影响其决策，这些因素会产生什么影响。

为了理解冷却水供应、水温和发电量之间的关系，本节构建了一个简化的燃煤发电厂生产函数：一次能源燃料（煤）燃烧释放热量 Q，该热量所含的能量为 $e(Q\equiv e)$，能量通过汽轮机和发电机转化为电能 y 和废热 Q_w（均以 MJ/s 或 MW 计），如下：

$$Q = y + Q_w \tag{14-1}$$

按照能量守恒定律，式（14-1）是一个恒等式。根据热力学第二定律①，热量 Q 只有一部分（η）被转换成有用功，即转化为电能（y）。因此，有 $y = \eta \cdot e$ 和 $Q_w = (1-\eta) \cdot e$。构建热力发电厂转换效率 η 与冷却水温度 T[℃] 的关系如下：

$$\eta = \eta_D - \delta \cdot (T - T_D) \tag{14-2}$$

其中，η_D为热电厂设计时的额定转换效率，$\delta(>0)$ 是热电厂转换效率对温度的敏感性，而 T_D为电厂设计建造时当地的平均气温。在电厂运营时煤炭消耗和电力产出受以下约束：

$$e \leqslant \bar{e} \tag{14-3}$$

$$y \leqslant k, \ k \equiv \eta_D \bar{e} \tag{14-4}$$

式（14-3）中，$\bar{e}$ 是电厂发电运营中的最大燃料摄入消耗所含的能量；式（14-4）中，k 是指当燃料消耗最大且 $T = T_D$时电厂所达到的最大电力输出或铭牌输出。值得注意的是，如果进水温度低于设计时的核定温度（$T < T_D$），那么电厂的输出仍会被限制在铭牌输出，同时煤炭的消耗量将低于其最大值。如果实际进水温度超过设计时的核定温度（$T > T_D$），则电厂以低于其设计效率的状态运行（$\eta < \eta_D$）。

在电厂废热处理过程中，需要冷却水吸收处理的热量 Q_w[MJ/s]，冷却水摄入流量 l[m^3/s] 和冷却水温升幅度 ΔT 的数量关系如下：

$$Q_w = \frac{l\Delta T}{\xi_i} \tag{14-5}$$

其中，ξ_i是不同冷却技术的综合效率修正系数（i 代表不同的技术，如直流冷却系统、封闭循环冷却技术、干式冷却技术等），ξ_i的值越小表明 i 技术可以用更少的水处理相同量的废热。在相同环境条件下，i 技术越高效，ξ_i就越小，装备 i 技术冷却系统的电厂就需要越少的水资源。

电厂运营商通过选择冷却水摄入流量 l 和冷却水流升温幅度 ΔT，来处理

① 热量不能自发地从低温物体转移到高温物体，不可能把热量从低温物体传向高温物体而不引起其他变化。

电厂运营过程中的全部废热。通常情况下，冷却水的最大升温幅度ΔT_{max}和最大允许温度T_{max}也有一个上限。同时电厂冷却水的供应也会有一个限制，因为水的需求不能超过供给。

$$\Delta T \leqslant \min(T_{max} - T, \Delta T_{max}) \equiv \bar{h} \tag{14-6}$$

$$l \leqslant \bar{l} \equiv \gamma L \tag{14-7}$$

式（14-6）中，$\bar{h}$代表冷却水最大升温幅度；式（14-7）中，$\bar{l}$代表冷却水供应上限，L 和γ分别代表当地总供水量和可用于电厂冷却水供应的最大允许份额。从式（14-5）和式（14-6）我们发现，较高的环境温度（气温）会导致较高的电厂冷却水需求。联合式（14-6）和式（14-7）可以注意到，$\bar{h}$ $\bar{l}$可以解释为热电厂的“废热处理能力”。

令$y_D \equiv \left(\frac{1}{365}\right)y$为发电厂每日发电量，则电厂每日营业利润$\pi$等于发电收入减去成本：

$$\pi = \left(p - \frac{c}{\eta}\right)y_D \tag{14-8}$$

其中，p 为售电电价，c 和$\frac{c}{\eta}$分别为电力生产的总边际发电成本和净边际发电成本（两者均以元/GWh 为单位）。

在电厂日常运营中，电厂运营商通过选择煤炭燃烧能量 e、冷却水输入量 l 和冷却水流升温ΔT，来使电厂利润最大化，并受燃料摄入量、生产能力、冷却水升温幅度和冷却水供应量的限制。

燃煤发电厂通常有几十年的使用寿命。电厂对水的消耗主要用于满足电厂冷却过程，会随着气候变化进程而发生变化。本章从短期和长期两个视角构建燃煤发电厂适应气候变化决策模型，分析电厂运营商应对气候变化可能采取的适应措施。下面分别从短期和长期分析燃煤发电厂运营商的适应气候变化决策。

第三节 燃煤发电厂短期适应气候变化决策

在短期，对于一个已建成运行的成熟燃煤热电厂，电厂的适应气候变化技术改造无法实现，即电厂现有冷却技术的综合效率修正系数 ξ 是不变的。电厂可以通过控制燃料摄入量、冷却水摄入量和冷却水升温幅度等来获取气候变化影响下的最大收益。通过将第二节描述的多个选择变量的优化问题转化为一个单变量（冷却水摄入量 l）的优化问题，本节说明了电厂运营商在短期内是如何选择气候适应策略的。

命题一：当气候变化引起水温升高时，尽管电厂效率降低，电厂运营商仍可以通过增加冷却水取水量来维持其最大发电能力。但是环境法规（对排水温度的限制）、电厂冷却水系统容量和当地水资源供应能力都限制了这种短期适应策略的使用。因此，在某些情况下，电厂必须减少发电量（负荷损失效应）。尤其当燃料成本和冷却水成本超过发电收入时，电厂运营商也可能停止生产。

证明：为了利润最大化，电厂运营商在运营电厂过程中一定会使冷却水保持在最大升温幅度，即 $\Delta T = \bar{h}$。通过将 $Q_w = (1-\eta)\cdot e$ 代入式（14－5）得到 $e = \frac{1}{(1-\eta)}\frac{\bar{h}}{\xi_i}l$。此时将 $e = \frac{1}{(1-\eta)}\frac{\bar{h}}{\xi_i}l$ 和 $y = \eta \cdot e$ 代入式（14－8），即可以得到电厂每日营业利润的拉格朗日函数如下：

$$L = \left(\frac{1}{365}\right)\left(p - \frac{c}{\eta}\right)\frac{\eta}{(1-\eta)}\frac{\bar{h}}{\xi_i}l + \lambda_k\left(k - \frac{\eta}{1-\eta}\frac{\bar{h}}{\xi_i}l\right) + \lambda_e\left(\bar{e} - \frac{\eta}{1-\eta}\frac{\bar{h}}{\xi_i}l\right) + \lambda_l(\gamma L - l) \tag{14-9}$$

由式（14－9）可得，使电厂利润最大化的最优解 l^* 包括以下几种不同情况。

（1）$\lambda_k > 0$，$\lambda_e = 0$，$\lambda_l = 0$（电厂铭牌发电能力限制情景）。

在这种情况下，电厂铭牌产能限制了发电量，即 $y = \eta \cdot e = k$ 且 $e \leqslant \bar{e}$。此时较高的气温会降低电厂效率，并增加了对冷却水和燃料的需求。为了达到电厂的最大产出，电厂运营商只能增加电厂的冷却水和燃煤的投入。电厂运营商通过增加燃料输入和冷却水的摄入量来保持最大产能，直至燃料或冷却水供给受到限制，或电厂的边际利润变为负值。

（2）$\lambda_k = 0$，$\lambda_e > 0$，$\lambda_l = 0$（发电效率影响情景）。

在这种情况下，电厂发电过程中燃料摄入量已达最大，$e = \bar{e}$。但由于气温升高带来的发电效率损失，此时的电厂发电量低于其设计的铭牌产量，$y =$

$\eta \cdot e < k$。气温的进一步升高（$\bar{h}$降低）会降低发电效率 η，但是如果冷却水供给没有限制，此时可以通过增加冷却水的摄入量（l）使电厂发电量达到效率损失后的最大产值。

（3）$\lambda_k = 0$，$\lambda_e = 0$，$\lambda_l > 0$（冷却水供给限制情景）。

在这种情况下，由于冷却水供给受到限制，电厂运营商被迫减少电厂冷却水的摄入量（$l = \gamma L$）。此时，由于与热电厂发电相关的废热排出能力受到限制，导致运营商不得不降低燃料投入量（$e < \bar{e}$），从而电厂发电输出受到约束，这使 $y < \eta \cdot \bar{e} < k$。如果冷却水供给被限制在一个很低的水平，就可能会使电厂发电产出严重下滑。

（4）$p \leqslant \frac{c}{\eta}$（成本限制情景）。

此时，电厂运营的边际成本超过电价，运营商可能会通过降低发电量或暂停生产来避免损失。

装配不同冷却系统的燃煤发电厂短期决策时面临的冷却水需求阈值条件也不同。为了分析装配不同冷却技术的电厂短期运营决策，本章选择了三种热电厂冷却技术：开放式直流冷却系统、装配冷却塔的封闭式循环冷却系统和干式空气冷却系统。参考 Bogmans 等（2017）[469]的观点，分别对以上三种冷却技术的综合效率修正系数（ξ_i）做出如下假设：

$$\xi_1 = \frac{1 - \alpha}{\rho C_p} \tag{14-10}$$

$$\xi_2 = \frac{(1 - \alpha)(1 - \varepsilon) \cdot De}{\rho C_p} \tag{14-11}$$

$$\xi_3 = 10^{-\infty} \tag{14-12}$$

其中，ξ_1、ξ_2和ξ_3分别代表开放式直流冷却系统、封闭式循环冷却系统和干式空气冷却系统的综合效率修正系数，α 为不需要经冷却水排放的废热占比份额，ρ 是淡水密度，C_p为水的比热容，ε 是经循环冷却水释放到环境中的废热份额，De 代表循环冷却水系统的补水系数。尽管封闭式循环冷却系统使用冷却塔，其仍需要补充大量淡水，以避免凉水塔水蒸发引起的盐碱化。$\xi_3 = 10^{-\infty}$ 意味着干式空气冷却系统需要的水很少，与前两种冷却技术相比几乎可以忽略不计。装配不同冷却系统的电厂在各个情境下使利润最大化面临不同的冷却水需求阈值条件。尤其是冷却水供给限制情景（$\lambda_k = 0$，$\lambda_e = 0$，$\lambda_l > 0$），装配更高效率冷却技术的电厂可能会不受冷却水供给限制影响（如装配干式空气冷却系统的电厂），或所受影响比较小（如装配封闭式循环冷却系统的电厂）。

为了直观分析电厂运营商的短期适应气候变化决策，图 14－1 显示了装配不同冷却技术的燃煤发电厂关于冷却水摄入的生产函数和面临不同情景的决策空间①。将 $Q_w=(1-\eta)\cdot e$ 代入式（14－1）、式（14－4）和式（14－5），得到电厂的废热处理所需的冷却水总需求为 $\xi_i Q_w = D_i \cdot k$，其中 $D_i=\xi_i\frac{\eta}{1-\eta}$是对电厂冷却水需求强度的度量。图 14－1a 展示了分别装配开放式直流冷却系统（ξ_1）、封闭式循环冷却系统（ξ_2）和干式空气冷却系统（ξ_3）燃煤发电厂在设计条件下关于冷却水摄入的生产函数，γL 线代表当地冷却水的供给限制。如图 14－1 所示，在相同的冷却水供给限制情况下，装配封闭式循环冷却系统的电厂可以获得比装配直流冷却系统的电厂更高的产出。由于本章假定干式空气冷却系统几乎不消耗冷却水，因而装配干式空气冷却系统发电厂关于冷却水摄入的生产函数曲线是一条位于零点的垂直线。图 14－1b 中的深色线代表了电厂满负荷发电的等产量线（$D_i \cdot k$），即电厂在保证满负荷发电时所需的冷却水摄入和冷却水温升幅度的组合。等产量线上 a 和 b 之间的线段代表所有可行的组合。当电厂运营商选择在 a 点时，冷却水的摄入量最小，冷却水的温升幅度达到最大值。电厂运营商选择在 b 点时，冷却水的摄入量最大，此时可以使冷却水的温升幅度最小。

当电厂所在地供水量降低（$L'<L$）时，尽管电厂仍以当地规定的可用于电厂冷却水供应的最大允许份额（γ）取水，此时热电厂的最大冷却水摄取量（$\gamma L'$）仍可能无法满足发电量为 k 的等产量线。如图 14－1c 所示，由于冷却水升温幅度不能超过ΔT_{max}以上，因此电厂发电能力被限制在 c 点（$k'<k$），只有在浅色等产量线上的 c 点才能达到目前限制条件下的最大产出（k′）。此外，当地表水温度较高时，引起冷却水的升温幅度变小（$\Delta T'_{max}<\Delta T_{max}$），此时热电厂的最大冷却水摄取量仍可能无法满足发电量为 k 的等产量线。如图 14－1d 所示，由于地表水温度升高，冷却水的取水量必须增加到生产等值线的 d 点，但受到当地供水量的限制（$\gamma L<\gamma L''$），因此电厂发电量能力被限制在 e 点（$k''<k$），只有在浅色等产量线上的 e 点才能达到目前限制条件下的最大产出（k″）。由于 e 点位于深色等产量线以下的浅色等产量线上，此时该电厂需要在低于铭牌产出的情况下运营。

① 这里没有考虑效率损失，即 $\delta=0$，根据等式（4－2）此时 $\eta=\eta_D$。

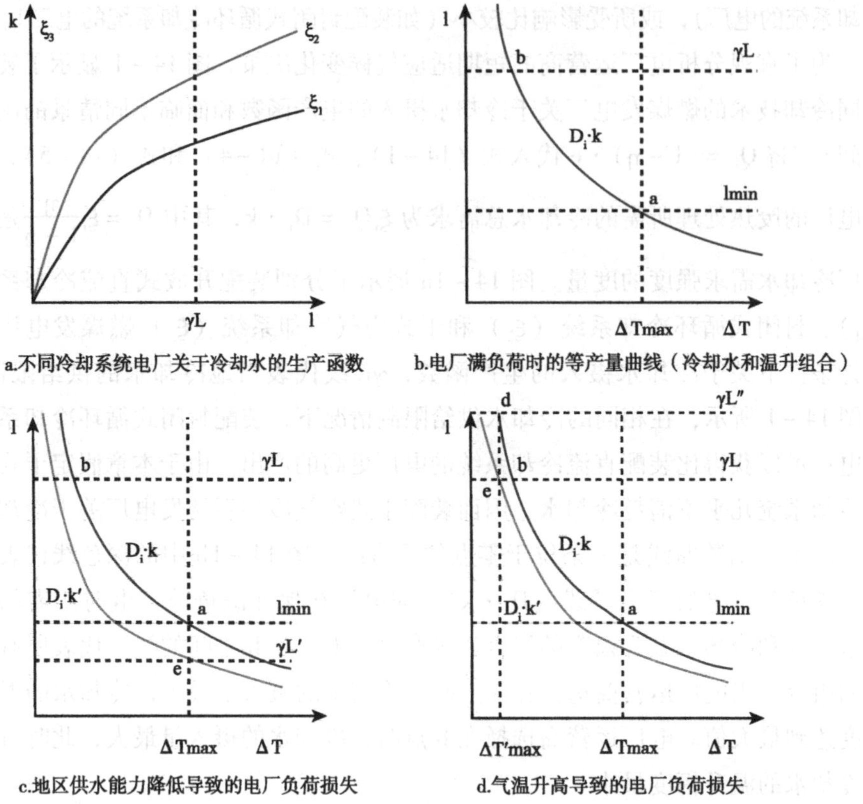

a.不同冷却系统电厂关于冷却水的生产函数　　b.电厂满负荷时的等产量曲线（冷却水和温升组合）

c.地区供水能力降低导致的电厂负荷损失　　d.气温升高导致的电厂负荷损失

图 14－1　燃煤发电厂关于冷却水摄入的生产函数和等产量线

第四节

燃煤发电厂长期适应气候变化决策

在长期，为了适应气候变化，电厂运营商可以选择投资新的冷却技术对电厂进行技术改造，以应对冷却水供给限制和地表水温度升高对电厂产出的影响。为了分析电厂运营商如何根据气候变化信息进行电厂技术改造的投资决策，本节构建了两个运营商长期投资决策模型：确定性模型和政府激励模型。每个模型从不同角度分析了对运营商适应气候变化决策产生重要影响的关键因素。

一、确定性模型

考虑一个在运营期 t 内营业利润为 $p_t k_t$ 的燃煤发电厂，其中，k_t 和 p_t 分别表示电厂在运营期 t 的发电能力和电价，$t\in[t_0, t_1]$，t_0代表当下时期，t_1代表该电厂剩余生命周期，电厂的剩余寿命等于 t_1-t_0。构建模型考虑在未来某个时间点 $t_c(t_c>t_0)$，气候变化将该电厂从设计建造时的铭牌发电能力（k_0）永久性地降低到 $k_c(k_c<k_0)$①，电厂运营商将如何决策。

运营商可以选择在当下时期 t_0到电厂退役时 t_1之间的任意时间 t_A，通过以成本 I 投资电厂技术改造（如增加冷却塔、装备干式空气冷却系统等），以适应气候变化。为了便于建模分析，假设技术改造可以使发电厂免于气候变化影响，保障电厂可以提供一个恒定的生产能力 $k_A(k_A>k_c)$，直至电厂生命周期结束。另外，本节也考虑了这样一种情况，适应气候变化技术改造可能会使电厂提高生产效率，即适应气候变化技术改造可能存在额外收益（这里定义为与适应气候变化无关的附加收益）。这个与气候变化无关的附加收益通过定义 $k_A>k_0$来体现。

令 r 为银行贴现利率，同时假定电厂售电电价将以固定速率 g_p增长。那么，电厂运营商选择在 t_A时期做出技术改造投资决策所实现的发电厂净现值为：

$$\Pi(t_0,t_A,t_1)=$$

$$\begin{cases}\int_{t_0}^{t_c}p_tk_0e^{-r(t-t_0)}dt+\int_{t_c}^{t_1}p_tk_ce^{-r(t-t_0)}dt,\text{never retrofit}\\ \int_{t_0}^{t_A}p_tk_0e^{-r(t-t_0)}dt+\int_{t_A}^{t_1}p_tk_Ae^{-r(t-t_0)}dt-Ie^{-r(t_A-t_0)},t_A\in[t_0,t_c]\\ \int_{t_0}^{t_c}p_tk_0e^{-r(t-t_0)}dt+\int_{t_c}^{t_A}p_tk_ce^{-r(t-t_0)}dt+\int_{t_A}^{t_1}p_tk_Ae^{-r(t-t_0)}dt-Ie^{-r(t_A-t_0)},t_A\in(t_c,t_1)\end{cases}\quad(14-13)$$

为了识别是适应气候变化驱动的电厂技术改造，还是技术改造的附加收益驱动的电厂技术改造，并进一步分析气候变化信息的价值，本节考虑两类电厂

① 这种生产能力的损失是可以合理预期到的。因为如果条件变量（如空气温度升高、当地可用冷却水供应限制、循环冷却水系统升温幅度限制）使电厂冷却水摄入 l 低于其阈值水平$\bar{l}$，则电厂发电能力将永远降低到其设计时的铭牌发电能力以下，即 $k(l)<k_0$。令 f(l) 为 l 的概率密度函数，$l\in[\underline{l}, +\infty]$，则该电厂的预期发电能力可以由如下方程给出：

$$k=\int_{\underline{l}}^{+\infty}k(l)f(l)dl$$

气候变化引起的 f(l) 降低将永久性地降低发电厂的预期最大发电能力。假设 l 服从正态分布或均匀分布，则可以将 f(l) 表示为 $f(l;\ \mu_l,\ \sigma_l^2)$，其中 μ_l、σ_l^2分别为 l 的均值和方差。由于生产函数的非线性，方差引起的偏移可能比均值引起的偏移具有更大的影响。

运营商，准确知晓气候变化信息的电厂运营商和不知晓气候变化信息的运营商，前者充分掌握气候变化影响产生的时间和程度，后者则不然。

命题二：对于知晓气候变化信息的电厂运营商来说，一旦技术改造所带来的净年收益大于技术改造投资的年资本成本，其将立刻对电厂冷却水系统进行升级改造；当准确知晓气候变化影响时，电厂运营商是否决定在气候变化对电厂产生影响时（t_c）立即采取技术改造策略，还是推迟或者选择永远不进行适应气候变化技术改造投资，取决于技术改造初始投资和电厂剩余寿命。

证明：根据求极值的一阶条件，求解 t_A^* 使式（14－13）取最大值。为了使分析更加直观，令 $s_t \equiv p_t(k_A - k_0)$ 和 $s_t^C \equiv p_t(k_A - k_C)$ 分别代表电厂冷却系统技术改造在气候变化对电厂影响显现前时期（$t \in [t_0, t_C]$）和气候变化影响显现后时期（$t \in [t_C, t_1]$）的瞬时收益，则 $S_0(t_A, t_c) \equiv \int_{t_A}^{t_C} s_t e^{-r(t-t_0)} dt$ 和 $S_1(t_C, t_1) \equiv e^{-rt_C} \int_{t_C}^{t_1} s_t^C e^{-r(t-t_C)} dt$ 分别为气候变化对电厂影响显现前后两个时期的技术改造带来的累计收益。令 rI 代表电厂技术改造的年度资本成本，则知晓气候变化信息的电厂运营商最优适应气候变化技术改造投资决策如下。

（1）当 $s_{t_0} > rI$，且 $S_0(t_0, t_c) + S_1(t_c, t_1) > I$ 时，运营商将立即对电厂进行技术改造投资以适应气候变化（即 $t_A^* = t_0$）。

（2）当 $s_{t_0} < rI < s_{t_c}$，且 $S_0(t_A^*, t_c) + S_1(t_c, t_1) > I$ 时，运营商将在气候变化对电厂的影响显现之前进行技术改造投资以适应气候变化 $\left[t_A^* = t_0 + \frac{1}{g_p}\ln\left(\frac{rI}{s_{t_0}}\right) < t_c\right]$。

（3）当 $s_{t_C} < rI < s_{t_c}^C$，且 $S_1(t_c, t_1) > I$ 时，运营商将在气候变化对电厂的影响显现时对电厂进行技术改造投资以适应气候变化（$t_A^* = t_c$）。

（4）当 $s_{t_c}^C < rI$，且 $S_1(t_A^*, t_1) > I$ 时，运营商将在气候变化对电厂的影响显现后到电厂寿命期结束前某个时期对电厂进行技术改造投资以适应气候变化 $\left[t_A^* = t_0 + \frac{1}{g_p}\ln\left(\frac{rI}{s_{t_0}^C}\right) \in (t_c, t_1)\right]$。

（5）知晓气候变化信息的电厂运营商自始至终都不会进行技术改造投资来适应气候变化。

总结知晓气候变化信息运营商的适应气候变化技术改造投资策略，当技术改造带来的年度收益等于技改投资的年度成本（一阶条件，并隐含决定了最佳技术改造时机），且在电厂剩余生命周期可以收回技术改造投资成本，并增加电厂剩余生命周期的净现值时 [$\Pi(t_A, t_1) > 0$]，电厂运营商会在这个最佳时机进行技术改造投资，否则掌握气候变化信息的运营商自始至终都不会采取投资技术改造措施来适应气候变化。当准确知晓气候变化影响时，知晓气候变化信息的运营商是否决定在气候变化影响显现时立即投资技术改造以适应气候变化（$t_A^* = t_C$），推迟技术改造 [$t_A^* \in (t_C, t_1)$]，或自始至终不采取措施，取决于技术改造的投资成本和电厂剩余寿命。图 14 - 2 举算例模拟了在 {t_1, I} 空间中电厂运营商的适应气候变化投资决策机制。

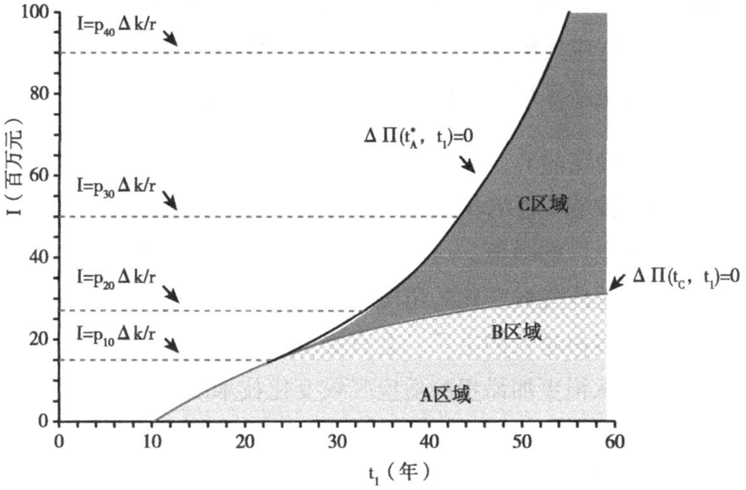

图 14 - 2 知晓气候变化信息运营商的决策机制—技术改造初始投资和电厂剩余寿命

注：算例参数：$t_C = 10$，$p_0 = 0.4$ [百万元/GWh]，$g_p = 0.01$，$r = 0.05$，$k_A = k_0 = 1$ [GWh/年]，$k_C = 0.9$ [GWh/年]。

图 14 - 2 直观说明了知晓气候变化信息运营商在 {t_1, I} 空间中的适应气候变化技术改造决策机制。A 区域表示在气候变化影响显现的时期 t_C，运营商立马采取技术改造投资措施。该区域适应投资的年收益需要等于或超过适应投资的年成本，即 $p_{t_C}\Delta k/r \geq I$。同时该区域满足技术改造投资可以使电厂在剩余寿命周期的净现值增加，即 $\Pi(t_C, t_1) > 0$。A 区域的特点是适应气候变化技术改造需要的投资 I 值比较小且电厂剩余生命周期 t_1 足够长。

如果在气候变化影响显现时立刻投资技术改造不是最佳决策，那么运营商会选择推迟，直至适应气候变化投资的年收益等于适应投资的年成本。如图 14 - 2B 区域，虽然在气候变化显现时立刻进行技术改造投资会使电厂剩余寿命周期净现值增加，但是由于 t_C 时期立刻进行技术改造不满足一阶条件，电厂运营商会选择推迟投资，直到满足 $I = p_{t_x}\Delta k/r$ 的时期 t_x 对电厂进行适应气候变化技术改造。在图 14－2C 区域，运营商也会推迟适应气候变化技术改造投资，因为在该区域立刻进行技术改造投资并不会使电厂剩余寿命周期净值增加，同时在该区域立刻进行技术改造投资也不满足一阶条件。所以运营商在图 14－2C 区域选择等待的意愿更加强烈。C 区域和 B 区域的区别在于，立刻对电厂进行技术改造投资在 C 区域不会降低电厂净值，而 C 区域则会降低电厂净值。

为了直观表示相应 t_x 所能承受的最大技术改造年资本成本（由一阶条件决定），图 14－2 标注了与不同 t_x 值相关联的 I 值，如 $t_x = 20$ 和 $t_x = 30$ 时。当然，如果选择在 t_x 进行适应气候变化技术改造投资是最佳方案，则该方案电厂剩余生命周期的净现值也必须增加，即 $\Pi(t_x, t_1) > 0$，这需要足够大的电厂剩余寿命 t_1。对于每一个确定的 t_1，都有一个适应气候变化技术投资的最大阈值 $\bar{I}$。如果适应气候变化投资 I 超出该阈值，则在电厂整个剩余生命周期何时选择技术改造都不会增加电厂的净值。这解释了为什么会有电厂运营商自始至终都不会投资技术改造以适应气候变化的情况，如图 14－2 深色曲线的左边区域。总而言之，对于剩余寿命越长的电厂，会有更多的时间来收回适应气候变化投资的成本，也就可以承担更加昂贵的适应气候变化技术改造投资。当适应气候变化技术改造所需的投资越少时，电厂越可能早些进行技术改造投资，也会获取更多的适应气候变化投资收益。

命题三：如果适应气候变化技术改造存在附加收益（即 $k_A > k_0$），电厂剩余寿命越长，技术改造成本越小，银行利率越低，不知晓气候变化信息的电厂运营商也可能会选择对电厂进行适应气候变化技术改造。

证明：当电厂适应气候变化技术改造存在附加收益时，不知晓气候变化信息的电厂运营商认为在 t'_A 时期做出技术改造决策所实现的电厂净现值为①：

$$\Pi'(t_0, t'_A, t_1) = \begin{cases} \int_{t_0}^{t_1} p_t k_0 e^{-r(t-t_0)} dt, \text{never retrofit} \\ \int_{t_0}^{t'_A} p_t k_0 e^{-r(t-t_0)} dt + \int_{t'_A}^{t_1} p_t k_A e^{-r(t-t_0)} dt - I e^{-r(t'_A - t_0)}, t'_A \in [t_0, t_1] \end{cases} \tag{14-14}$$

① 因为不知晓气候变化信息，该电厂运营商不考虑气候变化对电厂的影响，所以这里指的也是该运营商自认为的电厂剩余生命周期净值。

根据求最值的一阶条件，求解 t'^*_A 使电厂剩余生命周期净值最大。同样，令$s'_t \equiv p_t(k_A - k_0)$ 代表不知晓气候变化信息运营商认为电厂冷却系统技术改造可以给电厂带来的瞬时收益，则 $S'_0(t'_A, t_1) \equiv \int_{t'_A}^{t_1} s'_t e^{-r(t-t_0)} dt$ 为技术改造的累计收益。rI 在这里同样代表电厂技术改造的年资本成本，则不知晓气候变化信息的电厂运营商最优技术改造投资决策如下。

（1）当$s'_{t_0} > rI$，且$S'_0(t_0, t_1) > I$ 时，运营商将立刻对电厂进行技术改造投资（$t'^*_A = t_0$）。

（2）当$s'_{t_0} < rI = s'_{t'^*_A}$，且$S'_0(t'^*_A, t_1) > I$ 时，运营商将在未来某个时刻对电厂进行技术改造投资（$t'^*_A = t_0 + \frac{1}{g_p}\ln\left(\frac{rI}{s'_{t_0}}\right)$）。

（3）除了上述两种情况，不知晓气候变化信息的电厂运营商自始至终都不会对电厂进行技术改造。

总结不知晓气候变化信息电厂运营商的适应气候变化策略，当技术改造投资带来的年度收益等于技术改造投资的年度成本（一阶条件，并隐含决定了最佳技术改造时机 t'^*_A），且在电厂剩余生命周期可以收回技术改造投资，并可以增加电厂的净现值［$\Delta\Pi'(t'^*_A, t_1) > 0$］时，电厂运营商会在这个最佳时机进行技术改造。否则运营商自始至终都不会对电厂进行技术改造。不知晓气候变化信息的运营商是否决定技术改造投资和选择技术改造的时期同样也取决于技术改造的投资成本和电厂剩余寿命。

通过算例模拟了在｛t_1，I｝空间中该电厂运营商的决策机制，如图 14－3 所示。其中每一个具体的横线 I 都可以将 $\Delta\Pi'(t'^*_A, t_1) = 0$ 曲线右边的［t_1，I］决策空间分为两个区域。在 $\Delta\Pi'(t'^*_A, t_1) = 0$ 曲线右边和具体 I 横线下面的区域，该电厂运营商将立刻投资对电厂进行技术改造。对于 $\Delta\Pi'(t'^*_A, t_1) = 0$ 曲线右边和具体 I 横线上面的区域，该电厂运营商将推迟对电厂进行技术改造，等待未来某个时期$s'_{t'^*_A} = rI$ 时对电厂进行技术改造投资。对于 $\Delta\Pi'(t'^*_A, t_1) = 0$ 曲线左边的区域，该运营商将永远不会对电厂进行技术改造。一个不知晓气候变化信息的运营商只有在认为技术改造带来的收益足够大（s'_t比较大），电厂剩余生命周期足够长，可以增加电厂剩余生命周期净现值时才会进行技术改造。如果不知晓气候变化信息的运营商和知晓气候信息运营商的技术改造投资策略一样，那么他们实现的利润将是相同的，而此时气候变化信息对电厂运营商的适应气候变化技术改造投资策略没有任何影响。

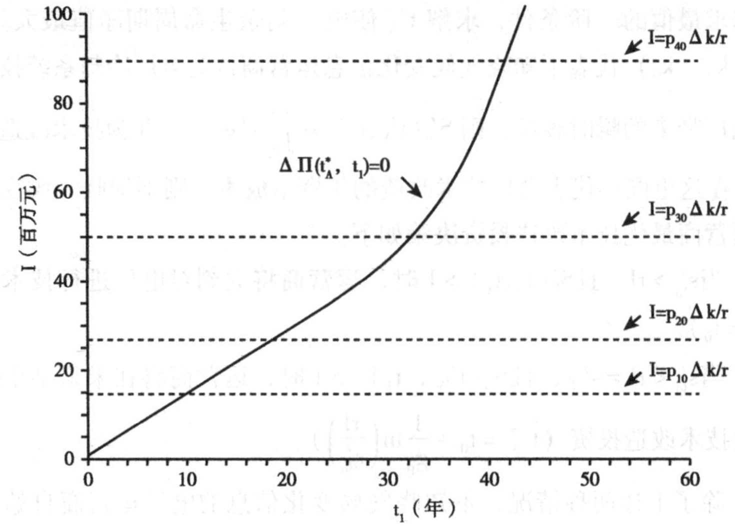

图 14－3　不知晓气候变化信息运营商的决策机制——技术改造初始投资和电厂剩余寿命

注：算例参数：$p_0=0.4$［百万元/GWh］，$g_p=0.01$，$r=0.05$，$k_A=1.1$，$k_0=1$［GWh/年］。

命题四：如果技术改造存在附加收益，知晓和不知晓气候变化信息的电厂运营商的决策可能是重叠的，此时电厂剩余寿命越长，技术改造成本越小，银行利率越低，两者的利润差距往往越小。

证明：比较命题二和命题三证明过程中知晓气候变化信息运营商和不知晓气候变化信息运营商的决策机制，当电厂适应气候变化技术改造存在附加收益时（即 $k_A>k_0$），两者策略重叠情况如下。

情景 1：只有不知晓气候变化信息的运营商在气候变化影响显现前对电厂进行改造时，两类运营商的决策是完全重叠的，即 $t_0 \leqslant t_A^* = t'^*_A < t_c$。其充要条件为：$I < s_{t_c}/r$，且 $I \leqslant S_0(t_A^*, t_1)$。

情景 2：知晓气候变化信息的运营商在气候变化影响显现前对电厂进行改造（即 $t_0 \leqslant t_A^* < t_c$），不知晓气候变化信息的运营商不会在气候变化影响显现前对电厂进行改造。其充要条件为：$s_{t_0}/r < I < s_{t_c}/r$，且 $S_0(t_c, t_1) \leqslant I \leqslant [S_0(t_A^*, t_c) + S_1(t_c, t_1)]$。

情景 3：两者都会在气候变化显现后某一时期对电厂进行适应气候变化技术改造，但知晓气候变化信息的运营商会早于不知晓气候变化信息的运营商对技术改造进行投资，即$t_c \leqslant t_A^* < t'^*_A < t_1$。其充要条件为：$s_{t_c}^C/r < I < s'_{t_1}/r$，且 $I <$

$S'_0(t'^*_A, t_1)$。

情景4：知晓气候变化信息的电厂运营商会在气候变化显现后对电厂进行适应气候技术改造，但不知晓气候变化信息的运营商自始至终都不会对电厂技术改造进行投资，即$t_c \leq t^*_A < t_1$。其充要条件为：$s'_{t_1}/r < I$，$s^C_{t_c}/r < I < s_{t_1}/r$，且$S_0(t_c, t_1) < I \leq S_1(t^*_A, t_1)$。

当适应气候变化技术改造存在附加收益时（$k_A > k_0$），比较两类运营商投资选择的充要条件表明，对技术改造有利的参数变化（如t_1增加和/或rI减少）会降低气候变化信息对技术改造决策的相关性。例如，t_1增加和/或rI减少会导致情景4向情景3、情景2或情景1转移，这会导致两类运营商的技术改造投资策略接近或者完全一致。这说明电厂剩余寿命越长，技术改造成本越小，银行利率越低，不知晓和知晓气候变化信息的电厂运营商之间的利润差距往往越小。

命题五：如果电厂适应气候变化技术改造不存在附加收益（即$k_A \leq k_0$），不知晓和知晓气候变化信息电厂运营商的决策也可能是重叠的，此时电厂剩余寿命越短，技术改造成本越大，银行利率越高，两者之间的利润差距往往就越小。

证明：比较命题二和命题三证明过程中知晓气候变化信息运营商和不知晓气候变化信息运营商的决策机制。当适应气候变化技术改造不存在附加收益时，两者策略只可能存在一种重叠情况，即两者自始至终都不会对电厂进行适应气候变化技术改造。

当适应气候变化技术改造不存在附加收益时，不知晓气候变化信息的运营商自始至终都不会投资电厂技术改造。对于知晓气候变化信息的运营商，即使适应气候变化技术改造投资是有利可图的，其投资技术改造的时间也不会早于气候变化影响显现的时间，即$t^*_A \geq t_c$。此时，如果电厂剩余寿命较短，技术改造成本较大，银行利率较高，那么即使适应气候变化技术改造投资是有利可图的，知晓气候变化信息影响的运营商和不知晓气候变化信息运营商之间的利润差异也不会很大。

如果知晓和不知晓气候变化信息的电厂运营商的技术改造投资策略完全一致，那么他们实现的利润将是相同的，而此时的气候变化信息被认为是无关紧要的。命题四和命题五表明，气候变化信息是否有价值首先取决于适应气候变化技术改造是否有附加收益。考虑存在附加收益的情况，一旦投资特征足够有利，例如，电厂剩余寿命很长，技术改造成本较小，银行利率较低，知晓和不知晓气候变化信息的电厂运营商都会对电厂进行技术改造投资。当这种情况发生时，两类电厂运营商获得利润将处在十分接近的水平，而气候变化信息就显得无关紧要了。在这种情况下，气候变化信息只有在预期的附加收益一开始不是很可观的情况下才会给知晓气候变化信息的电厂运营商带来价值，也就是说，当适应气候变化技术改造投资特征实际上并不那么有利时才会使两类电厂运营商的决策有所不同。

另外，考虑适应气候变化技术改造不存在附加收益的情况。由于为了降低气候变化损害是目前投资技术改造的唯一理由，不知晓气候变化信息的运营商在电厂整个生产寿命周期永远不会对电厂进行适应气候变化技术改造投资，即使在气候变化产生影响的 t_c，因为其被认为不知道此时电厂会受到气候变化影响。然而，一旦技术改造的投资特征足够有利，例如，如果利率足够小，剩余寿命很长，技术改造成本较低，知晓气候变化信息运营商将会尽快进行适应气候变化技术改造投资。因此，一旦技术改造的投资条件比较有利，使技术改造对知晓气候变化信息的电厂运营商来说是有利可图的，它将比不知晓气候变化信息的电厂运营商获得更多利润。气候变化信息此时也变得非常有价值。

如果气候变化信息可以影响运营商的决策，并且这个决策可以提高其利润，则此时气候变化信息是有价值的。这个价值可以用在现有技术条件下对气候变化信息的掌握可以降低的气候变化损害程度来衡量。在电厂长期适应决策模型中，知晓气候变化信息运营商在某些经济技术环境下的最优决策比不知晓气候变化信息运营商的最优决策多获取的利润正是气候变化信息的价值。因此，气候变化信息的价值就是在现有技术条件下，拥有“正确”的气候变化情景并据此采取最优适应决策行动所获得净收益。由于气候预测资源是有限的，气候变化信息应在能够突破投资门槛，从而增加电厂收益的情况下加以利用。

二、政府激励模型

为了降低气候变化对燃煤发电厂的影响和应对气候变化引起的水资源短缺，政府可以通过制订激励政策来引导电厂运营商及时做出对社会有利的适应气候变化决策。例如，当政府提高电厂用水价格时，如果电厂运营商投资适应气候变化技术改造，其不但可以使电厂免于气候变化影响以实现固定的电力输出，而且可以减少冷却水消耗以降低用水成本。本节以政府对电厂用水价格的调控为例，研究了政府激励政策在促进燃煤发电厂采取适应气候变化策略时的作用机制。

本节构建一个电厂用水价格激励模型，在这个模型中，电厂运营商面临未来用水价格调控。激励模型将电厂剩余寿命周期分为两个时期：气候变化对电厂的影响显现前时期为时期Ⅰ（$t_0 \sim t_c$），气候变化对电厂的影响显现后时期为时期Ⅱ（$t_c \sim t_1$）。为了激励电厂运营商投资适应气候变化技术改造，政府将提高电厂在时期Ⅱ的用水价格。冷却水价格的激励机制通过以下方式引入决策模型：冷却水在时期Ⅰ的价格为零，在时期Ⅱ的价格提高为 p_w。在时期Ⅰ，电厂的年发电量为 k_0。在时期Ⅱ，受气候变化影响，电厂的年发电量降低为 k_c，冷却水消耗为$w_c k_c$，其中 w_c为电厂在时期Ⅱ的冷却水消耗系数，即单位发电的冷却水消耗。为了适应气候变化，电厂运营商可以投资电厂技术改造，将发电厂的年发电能力提高到 k_A，同时将电厂冷却水消耗降低到 0①。此时，电厂运营商选择在 t_A时做出技术改造投资决策所实现的发电厂生命周期净现值为：

$$\Pi(t_0, t_A, t_1) =$$

$$\begin{cases} \int_{t_0}^{t_c} p_t k_0 e^{-r(t-t_0)} dt + \int_{t_c}^{t_1} (p_t - p_w w_c) k_c e^{-r(t-t_0)} dt, \text{never retrofit} \\ \int_{t_0}^{t_A} p_t k_0 e^{-r(t-t_0)} dt + \int_{t_A}^{t_C} p_t k_A e^{-r(t-t_0)} dt + \int_{t_c}^{t_1} p_t k_A e^{-r(t-t_0)} dt - I e^{-r(t_A - t_0)}, t_A \in [t_0, t_c] \\ \int_{t_0}^{t_c} p_t k_0 e^{-r(t-t_0)} dt + \int_{t_c}^{t_A} (p_t - p_w w_c) k_c e^{-r(t-t_0)} dt + \int_{t_A}^{t_1} p_t k_A e^{-r(t-t_0)} dt - I e^{-r(t_A - t_0)}, t_A \in (t_c, t_1) \end{cases} \tag{14-15}$$

命题六：政府冷却水价格调控政策可以促使在时期 II 采取技术改造策略的运营商提前做出技术改造投资决策，但并不会对运营商在时期 I 的决策产生任何影响。

证明：由于政府的冷却水价格调控政策可以为不知晓气候变化信息的电厂运营商发出气候变化影响信号，使不知晓气候变化信息电厂运营商与知晓气候变化信息运营商的适应气候变化策略一致。根据求极值的一阶条件，求解 t_A^* 使式（14－15）取最大值。令 $s_t^g \equiv p_t(k_A - k_0)$ 和 $s_t^{gc} \equiv p_t(k_A - k_C) + p_w w_c k_c$分别代表电厂冷却系统技术改造在时期 I 和时期 II 的瞬时收益，则 $S_0^g(t_A, t_c) \equiv$

① 为了方便建模计算，这里将技术改造后的电厂冷却水消耗定为 0，也对应了前面所述，装备干式空气冷却系统的电厂几乎不消耗冷却水。

$\int_{t_A}^{t_C} s_t^g e^{-r(t-t_0)} dt$ 和 $S_1^g(t_C, t_1) \equiv e^{-rt_C} \int_{t_C}^{t_1} s_t^{gc} e^{-r(t-t_C)} dt$ 分别为技术改造在时期Ⅰ和时期Ⅱ所能带来的累计收益。令 rI 代表电厂技术改造的年度资本成本。则当政府在时期Ⅱ提高电厂用水价格时，知晓气候变化信息的电厂运营商和不知晓气候变化信息的电厂运营商最优技术改造投资决策如下。

情景 1：当 $s_{t_0}^g > rI$，且 $S_0^g(t_0, t_c) + S_1^g(t_c, t_1) > I$ 时，两类运营商将立即对电厂进行技术改造投资以适应气候变化（即 $t_A^{g*} = t_0$）。

情景 2：当 $s_{t_0}^g < rI < s_{t_c}^g$，且 $S_0^g(t_A^{g*}, t_c) + S_1^g(t_c, t_1) > I$ 时，两类运营商将在气候变化对电厂的影响显现之前进行技术改造投资以适应气候变化 $\left[t_A^{g*} = t_0 + \frac{1}{g_p} \ln\left(\frac{rI}{s_{t_0}^g}\right) < t_c \right]$。

情景 3：当 $s_{t_c}^g < rI < s_{t_c}^{gc}$，且 $S_1^g(t_c, t_1) > I$ 时，两类运营商将在气候变化对电厂的影响显现时对电厂进行技术改造投资以适应气候变化（$t_A^{g*} = t_c$）。

情景 4：当 $s_{t_c}^{gc} < rI$，且 $S_1^g(t_A^{g*}, t_1) > I$ 时，两类运营商将在气候变化对电厂的影响显现后到电厂寿命期结束前某个时期对电厂进行技术改造投资以适应气候变化 $\left[t_A^{g*} = t_0 + \frac{1}{g_p} \ln\left(\frac{rI - p_w w_c k_c}{s_{t_0}^{gC}}\right) \in (t_c, t_1) \right]$。

情景 5：当不满足上述所有条件时，两类电厂运营商自始至终都不会选择技术改造。

比较激励模型与确定性模型。两个模型中运营商在气候变化影响显现前的适应气候变化技术改造决策的条件情景相同。运营商在气候变化影响显现后的适应气候变化技术改造投资决策不同：冷却水价格激励模型中运营商在时期Ⅱ采取技术改造策略的最优时间早于确定性模型 $\left[t_A^{g*} = t_0 + \frac{1}{g_p} \ln\left(\frac{rI - p_w w_c k_c}{s_{t_0}^{gC}}\right) < t_A^* = t_0 + \frac{1}{g_p} \ln\left(\frac{rI}{s_{t_0}^C}\right) \right]$。相比确定性模型，一方面，冷却水价格激励模型可以给不知晓气候变化影响信息的运营商发出信号；另一方面，政府可以调控一个合适的用水价格促使电厂运营商在气候变化影响显现时第一时间采取适应气候变化技术改造策略。在上述条件情景 4 中，如果电厂用水价格被政府调控为 $p_w^* = \frac{rI - p_{t_c}(k_A - k_c)}{w_c k_c (1 + p_{t_c}/p_{t_0})}$，电厂运营商将会在气候变化影响显现的 t_c 时期立刻进行技术改造。p_w^* 是政府制订冷却水价格政策的重要参考，$p_w^* = 0$ 也是运营商在没

有冷却水价格激励条件下主动在气候变化影响显现时立刻投资技术改造的必要条件。p_w^* 的值与技术改造初始投资和银行贴现率正相关，与气候变化对电厂的影响和技术改造对电厂产出的提高值负相关。

激励模型的主要观点是，政府可以通过激励政策如调控电厂用水价格，来引导电厂运营商在合适的时机选择适应气候变化技术改造。同时也建议政府在制订激励政策时的水价不要大于阈值（p_w^*）。在没有激励政策条件下，如果电厂运营商在气候变化影响电厂产出时仍然不采取适应气候变化技术改造策略，说明技术改造在目前的技术经济条件下并不会使电厂运营商获取更大利益。如果此时政府提高电厂用水价格至 p_w^*，电厂运营商为了降低用水成本会选择在气候变化影响显现时立刻投资技术改造。政府可以利用这一信息，来调控用水价格，使电厂运营商投资技术改造的时间不晚于气候变化对电厂产生影响的时间。

第五节

燃煤发电厂适应气候变化决策模型应用分析

本节将第三、第四节所构建的燃煤发电厂适应气候变化决策模型应用到一个现实电厂。结合未来气候变化情景，研究现实电厂的日常运营和适应气候变化技术改造决策。

一、天津盘山电厂

案例分析选取坐落在天津蓟州区的盘山燃煤发电厂（以下简称“盘山电厂”），其位于东经 117°27′48″、北纬 39°58′48″。盘山电厂位于京津唐电网的负荷中心，对于周边地区供电安全起着重要作用。盘山电厂是一个典型的热电厂，其装备的两台 600MW 燃煤汽轮发电机组分别于 2001 年 12 月和 2002 年 6 月投入生产运营，电厂所在位置和电厂平面布局如图 14－4 所示①。盘山电厂毗邻于桥水库，同时电厂配备一个带有两个冷却塔的封闭循环冷却水系统，循环冷却系统中冷却塔蒸发的水主要从附近水库补充。根据电厂设计经验，燃煤电厂的寿命通常是 50 年左右。对于盘山电厂，其两台机组分别于 2001 年 12

① http：//zxjc. sthj. tj. gov. cn：8888/PollutionMonitor－tj/publishEnterpriseInfo. do? ID＝247112131328684.

月和2002年6月投产。因此将2050年12月31日作为盘山电厂最后一个生产日，其剩余生产周期为2021～2050年，也就是说电厂剩余寿命为30年。

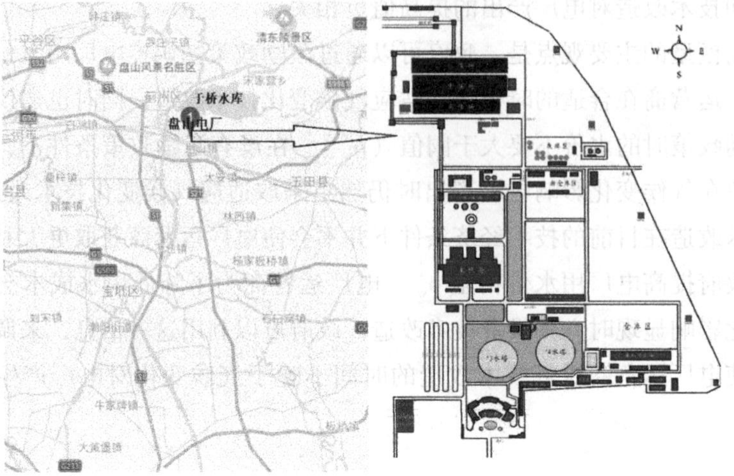

图14-4 天津盘山电厂所在位置与电厂布局平面图

二、气候变化情景与电厂技术经济参数

IPCC第五次评估报告[230,235,236]中对东亚地区气候变化的未来预测数据也被用于本章的研究。选择IPCC的第五次评估报告中两个典型浓度路径（RCP2.6和RCP8.5）对盘山电厂所在地区的气温变化进行模拟。为2001～2050年构建了三个情景：无气候变化、RCP2.6（低气候变化情景）和RCP8.5情景（高气候变化情景）[183]。图14-5中绘制了电厂附近水库气温变化的模拟。显然，所有模拟都有趋势，这表明对盘山发电厂的冷却水利用环境出现了恶化①。气候变化对选定的燃煤电厂发电能力的影响是通过使用本章第三、第四节构建的模型结合气候模拟数据来计算的。

对于上网电价、电煤成本、贴现利率和电厂技术改造投资成本等与模型相关的电厂生产运营的技术经济数据来自相关文献和政府规划文件。电厂生产经营相关技术经济数据参数总结见表14-1。其中电煤成本参考近三年的中国电煤采购价格指数（CECI 曹妃甸指数）。中国煤炭储量丰富，因此假设电煤价

① 这里用气温变化代表水库水温变化。

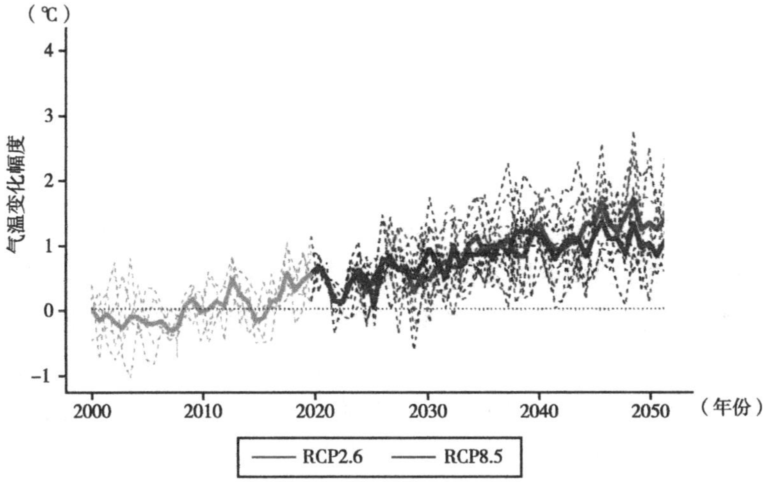

图 14－5　盘山电厂附近水库气温变化模拟（2000～2050 年）

格未来变动不大。电价指的是 2015～2020 年电厂的平均上网电价。电厂适应气候变化技术改造投资属于长期固定资产投资，因此贴现利率参考银行五年以上贷款利率。

表 14－1　　　　　　盘山电厂关键技术经济参数

技术经济参数名称	数值
上网电价（元/kWh）	0.3655
燃料成本（元/kWh）	0.1636
技术改造投资（百万元/600MW）	336
贴现率	4.9%

由于盘山电厂装备的是带有冷却塔的循环冷却水系统，可供其选择的适应气候变化技术改造方案为增加节水装置和冷却塔数量或投资建设干式空气冷却系统。盘山电厂位于我国北方，水资源比较短缺，为了有效应对气候变化，本章假设如果该电厂采取适应气候变化技术改造会选择投资建设干式空气冷却系统。参考技术报告和相关文献，电厂干式空气冷却系统改造投资约占电厂初始投资的 10%。这个占电厂初始投资的 10% 的估计值是从大量报告案例中抽象出来的平均值。通过查阅盘山电厂的初始建造投资，本章得到电厂适应气候变化技术改造的投资成本。电厂运营中其他各种相关环境限制的参数值，如 T_{max}、ΔT_{max} 和 γ 等参考当地环境法规和于桥水库管理处规章制度。

三、模型结果

1. 电厂短期决策分析。

盘山电厂每小时冷却水需水量为2000立方米，两台600MW发电机组（按满负荷发电计算）平均蒸发量为2×898立方米/小时，风吹的损失量为2×64立方米/小时。由于盘山电厂装备的带有冷却塔的循环冷却系统，循环冷却系统补充水源取自电厂附近的于桥水库。于桥水库同时担负着向天津地区供水的任务，其蓄水量也随季节变化而变化。于桥水库每年给盘山电厂一个限定的用水限额，这个限额视水库蓄水量而定。与第三节构建的短期决策模型一致，为了应对季节变化和气候变暖，盘山电厂在短期日常运营中可以通过调整燃料摄入量和冷却水摄入量等来获取气候变化影响下的最大收益。假如于桥水库蓄水量充足，且被当地政府批准可以为盘山电厂供给足够的冷却水，图14－6模拟了在不对电厂进行技术改造时电厂运营商为了获取最大利润所需要的冷却水消耗量。在这四个子图中，从上往下分别为2030年、2040年和2050年在RCP2.6情景与RCP8.5情景下电厂运营商的每日冷却水消耗最优决策。

由于没有安装更先进的冷却技术，根据第三节构建的短期决策模型，当气温升高时，电厂运营商仍可以通过增加冷却水取水量来维持其最大发电能力。随着时间推移，受气候变化影响，2050年RCP8.5情景冷却水每日消耗量与RCP2.6情景差距逐渐变大，最多时每天相差达1万立方米。虽然从整体从图14－6来看，冷却水每天消耗量差距并不是很大。这是每日数据呈现的缺点，很难呈现整体影响。从电厂每年需水量来看，2050年冷却水消耗量比电厂设计投产年度多消耗239万立方米。需要指出的是，电厂这里的每日最优决策没有考虑水库供水能力和政府对电厂用水限制的约束。

2. 电厂长期决策分析。

根据构建的燃煤发电厂适应气候变化长期决策模型，知晓气候变化信息的运营商时刻权衡着是否要投资电厂技术改造，即投资更先进的冷却技术所带来的贴现总收益（或避免的损失）是否高于该技术改造所需的一次性投资成本。如果于桥水库储水量下降或者由于气候变化当地政府不得不降低盘山电厂的用水比例，盘山电厂将无法通过增加冷却水消耗来维持电厂的最大发电能力。此时如果技术改造可以增加电厂的生命周期利润现值，其将投资电厂适应气候变化技术改造。由于量化气候变化对于桥水库蓄水量的影响是一个复杂的工程，

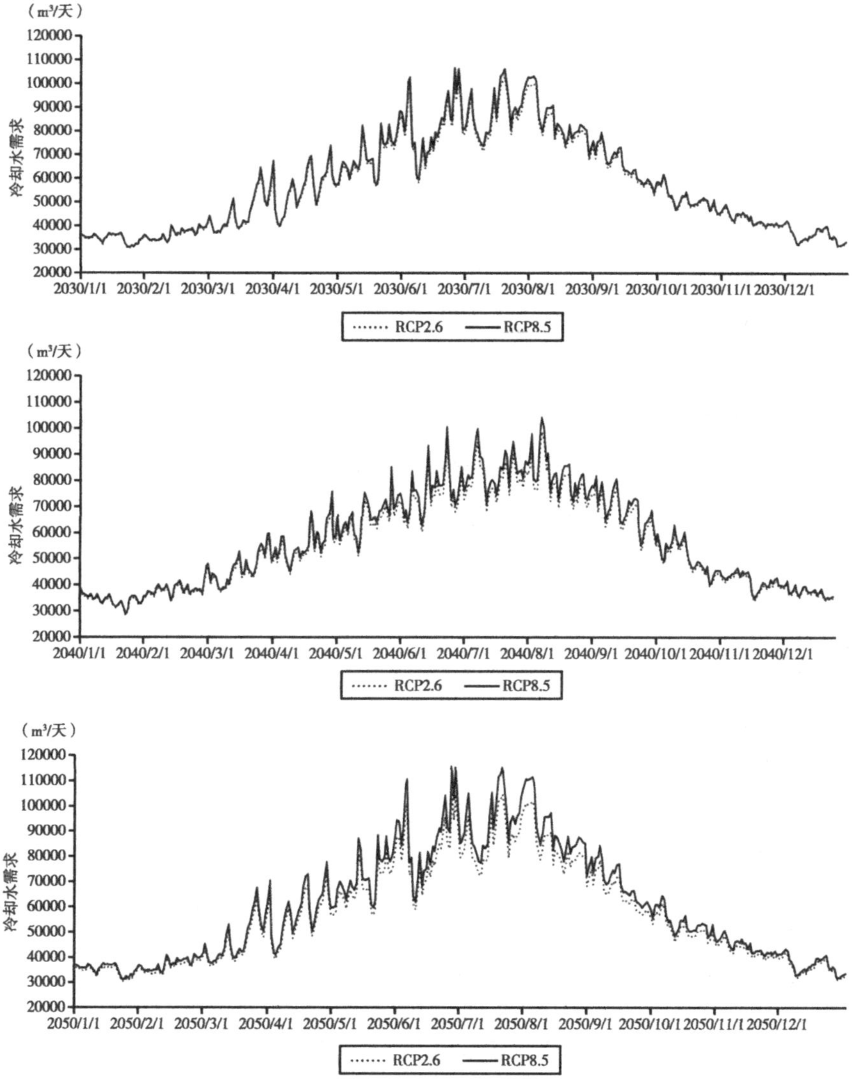

图 14－6 盘山电厂运营商每日冷却水消耗最优决策

本章的研究无法独立完成。鉴于此，本章假设于桥水库每年可供盘山电厂的用水量的上限是该电厂最初投产五年内平均每年用水量的 110%。图 14－7 显示了在没有政府激励政策条件下盘山电厂技术改造带来的收益情况。

在图 14－7 中，盘山电厂适应气候变化技术改造收益 $B(t_A)$ 为投资日期 t_A 的函数。图 14－7 上边图形描述了技术改造投资收益贴现到盘山电厂投产年度（2002 年）的值，在无政府激励政策条件下 $B(t_A)$ 曲线的走势形状受两方

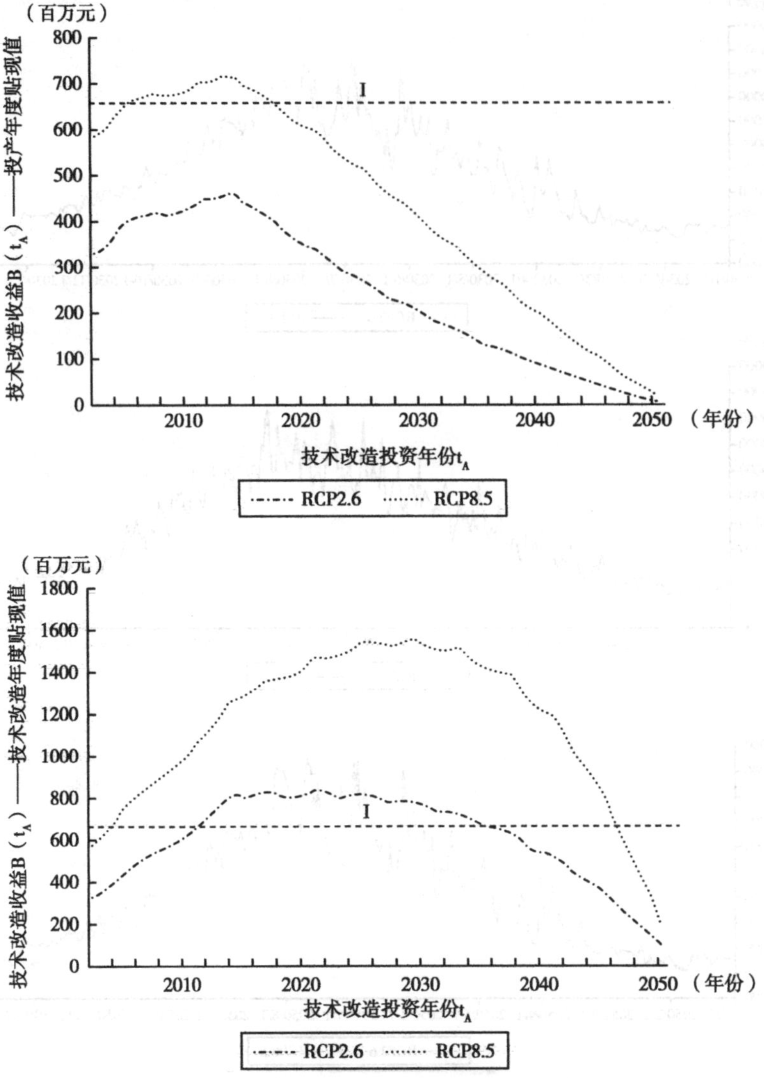

图 14-7 盘山电厂技术改造的收益轨迹

面作用力形成。一方面，随着时间推移，气候变化的影响持续增长，技术改造的收益会逐渐变大；另一方面，受银行贴现率和初始投资影响，如果投资延期，投资回报也有可能会增加，之所以会出现这种情况，是因为在贴现后，技术改造收益隐含地对早期收入赋予了相对较大的权重。但是延迟投资也意味着运营商面临着更短的剩余时间来收回技术改造投资。

图 14-7 下边图形显示了技术改造投资收益贴现到技术改造投资年份

(t_A) 的值，其描述的是电厂运营商时时刻刻都在权衡的问题，即在 t_A 年度进行适应气候变化技术改造是否能增加电厂剩余寿命收益的净值。图 14－7 显示，在无政府干预情况下，如果电厂运营商知晓未来气候变化将会如 RCP8.5 情景，尽管在 2004 年技术改造收益 $B(t_{2004})$ 已经大于技术改造投资成本 I，但运营商仍会选择推迟对盘山电厂进行技术改造投资。因为此时投资技术改造的边际利润是负的（推迟投资整体收益会增加），其将等到技术改造的边际利润非负时再选择投资（即 2030 年峰值附近）。对于 RCP2.6 情景，虽然在电厂投产年度立刻进行适应气候变化技术改造不会增加电厂收益，但是随着时间推移，气候变化影响逐渐显著，技术改造逐渐变得有利可图。

图 14－7 展示的是没有政府激励政策情况下的数值模拟值。政府提高电厂的用水价格或者进一步限制电厂的用水量，图 14－7 收益曲线的峰值会向左移动，也就是可以促使电厂运营商尽早投资适应气候变化技术改造。对比图 14－7 中两个技术改造收益曲线，两者都呈先升高后下降的形态，但是上边曲线会更早达峰。这是因为上边收益曲线是技术改造收益贴现至电厂投产年度的值，早期收入所占的权重更大。另外，需要说明的是，图 14－7 的数值分析假定电价和煤炭价格保持不变。如果电厂售电价格随着时间的推移逐渐上涨，那么此处的估计值可能会低估盘山电厂适应气候变化技术改造的收益。

四、案例结果敏感性分析

盘山电厂的案例分析表明，当电厂运营商准确知晓气候变化信息时，其择时采取适应气候变化技术改造投资策略是有利可图的。也就是说，面对不同的气候变化情景，运营商可以根据气候变化的影响程度、电厂技术经济参数和政府政策做出决策以使电厂利润最大化。为了分析案例结果的稳健性，本节对结果对相关参数变化的敏感性进行了分析。通过数值模拟，图 14－8 描绘了当表 14－1 中参数分别增加 10% 时，技术改造贴现收益变化情况。

如图 14－8 所示，盘山电厂的适应气候变化技术改造的贴现收益对利率波动最为敏感。利率提高 10% 将使贴现收益减少近 15%，这将导致图 14－7 中的 $B(t_A)$ 曲线向下移动。较高的利率将恶化技术改造的投资特性，并可能阻碍电厂运营商的适应气候改造策略。改造效益对电价也很敏感，电价上涨 10% 可使技术改造效益提高 12% 左右，这将使 $B(t_A)$ 曲线上移，从而会扩大电厂运营商技术改造投资的获利区间，同时促使电厂运营商早日进行技术改造

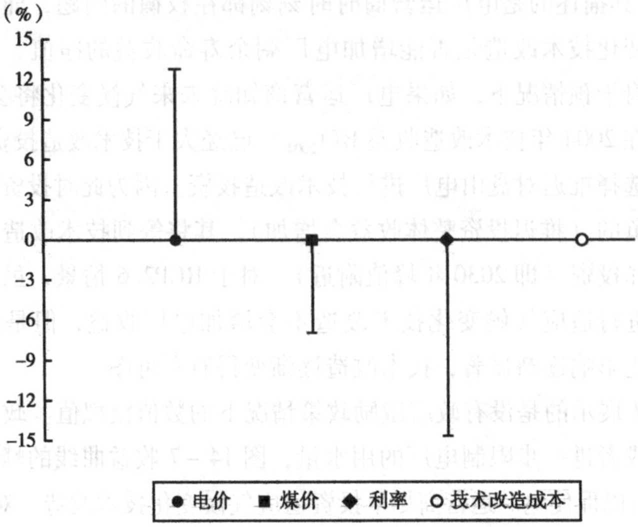

图 14-8 参数敏感性分析

投资。适应性改造的效益对煤价也比较敏感，煤价上涨 10% 左右，可使改造效益下降 7% 左右，从而使图 14-7 中的 $B(t_A)$ 曲线下移。这缩小了电厂运营商技术改造投资的获利区间。改造效益对初始改造成本不敏感，虽然适应气候变化技术改造投资的收益对技术改造投资成本波动不敏感，但是电厂运营商的决策会受技术改造投资成本波动影响。技术改造投资成本升高会使图 14-7 中的投资成本曲线（I）上移。这会缩小电厂运营商技术改造投资的获利区间，并可能推迟甚至阻止电厂运营商的气候变化适应技术改造决策。

第六节 结论与政策启示

电力是促进地区经济发展和提升居民生活水平的重要物质基础。气候变化引起的燃煤电厂冷却水需求增加对地区水资源供给和保障地区电力供应提出了挑战。随着未来气候变化的逐渐加剧，作为燃煤发电厂生命线的冷却水需求可能无法得到满足。同时由于气候变化会导致电厂运营商的收入减少，因此这些电厂运营商投资气候变化适应措施是有充分动机的。鉴于燃煤电厂通常有长达几十年的使用寿命，本章同时从短期和长期视角研究了电厂运营商的适应气候变化机制与策略。

从短期适应策略角度来说，当气候变化引起地表水温度升高时，尽管电厂效率降低，电厂运营商仍可以通过增加冷却水取水量来维持其最大发电能力。但是受电厂冷却水系统容量、当地水资源供应能力和环境法规限制，通过增加冷却水消耗来适应气候变化的作用也是有限度的。在某些情况下，电厂运营商不得不使电厂在低发电功率状态下运行。例如，当电厂所在地区可利用水资源减少时，尽管电厂仍以当地规定的可用于电厂冷却水供应的最大允许份额取水，此时的电厂冷却水摄取量仍可能无法满足电厂的需求，从而导致电厂不得不在低生产能力状态运行。当气候变化引起地表水温度升高时，此时电厂冷却水的消耗量必须增加以维持当前发电量，但受到当地供水量能力的限制，此时该电厂也必须在低于铭牌产出的情况下运营。

在长期，为了适应气候变化，电厂运营商可以选择对电厂进行技术改造，以应对气候变化引起的地表水温度升高和当地水资源限制对电厂产出的影响。无论是否准确知晓气候变化信息，当电厂运营商认为技术改造带来的年度收益等于技术改造投资的年度成本（一阶条件，并隐含决定了最佳技术改造时机），且在电厂剩余生命周期可以收回技术改造投资成本时，电厂运营商会在这个最佳时机进行技术改造投资。否则电厂运营商自始至终都不会投资电厂技术改造来适应气候变化。在目前技术经济条件下，如果电厂运营商不选择投资适应气候变化技术改造时，则政府可以通过制订激励政策如提高电厂用水价格等来促使电厂运营商投资电厂技术改造。同时，政府的激励政策也可以使电厂运营商的技术改造投资时间提前。

气候变化信息在某些情况下并不一定会影响电厂运营商的适应策略。一种情况，适应气候变化技术改造的投资特征足够有利，例如，电厂剩余寿命很长，技术改造成本较低，银行利率较低，知晓和不知晓气候变化信息的电厂运营商都会对电厂进行技术改造投资。另一种情况，适应气候变化技术改造的投资特征非常不经济，例如，电厂剩余寿命较短，技术改造成本很高，银行利率较高，知晓和不知晓气候变化信息的电厂运营商都不会选择对电厂进行技术改造投资。当这两种情况发生时，知晓气候变化信息和不知晓气候变化信息的电厂运营商获得的利润将处在十分接近的水平，而气候变化信息就显得无关紧要了。如果气候变化信息可以影响运营商的决策，则此时气候变化信息是有价值的。这个价值可以用在现有技术条件下对气候变化信息的掌握可以降低的气候变化损害程度来衡量。在电厂长期适应决策模型中，知晓气候变化信息运营商在某些经济技术环境下的最优决策比不知晓气候变化信息运营商的最优决策多获取的利润正是气候变化信息的价值。也就是说，气候变化信息的价值就是在当时经济技术环境下，做出“正确”的适应决策所获得额外收益。因此气候变化信息应在能够突破投资门槛，从而增加电厂收益的情况下加以利用。

燃煤发电厂的适应气候变化决策会受到对气候变化影响程度的预期、技术改造投资的成本、电价、煤炭价格和贴现利率等多重因素的共同影响。为了降低气候变化导致电力供应中断风险增加的可能性，政府可以通过制订政策以激励电厂运营商实施适应气候变化技术改造投资策略。政府的激励政策主要是为了使电厂适应气候变化策略使对整个地区最优，避免“市场失灵”。如果气候变化导致的电力供应大幅降低引起电力价格大幅升高，运营商可能会故意在电厂适应气候变化技术改造方面投资不足，以增加利润。尽管公共或半公共电力企业正在强化其资产的适应气候变化能力，但目前的电力市场环境是否会使电厂运营商及时主动地做出适应气候变化决策，还有待观察。本章的理论和案例分析也表明，即使是燃煤电厂这样寿命相对较长、相对脆弱的资产，气候变化的影响也可能不足以达到运营商主动投资技术改造的收益门槛。政府在制订政策时能否有效促使适应气候变化策略的收益突破成本阈值是激励政策是否可以达到预期效果的关键。

第七节 本章小结

本章综合短期视角和长期视角对燃煤发电厂的适应气候变化决策与激励机制进行了理论建模和实际案例研究，分析了燃煤发电厂运营商在一系列因素影响下的适应气候变化决策，并探索了政府如何制订激励机制来引导电厂运营商在电厂长时间的生产寿命周期内做出适应气候变化策略选择。研究发现，是否掌握气候变化信息在某些情况下并不一定会影响电厂运营商的适应决策。电厂运营商的适应气候变化决策会受到对气候变化影响程度的预期、技术改造投资的成本、电价、煤炭价格和利率等多重因素的共同影响。为了降低气候变化导致电力供应中断风险增加的可能性，政府可以通过制订激励机制以引导电厂运营商实施适应气候变化技术改造投资策略。政府在制订政策时能否有效促使适应气候变化策略的收益突破成本阈值是激励机制是否可以达到预期效果的关键。燃煤发电厂是我国当下最依赖的发电方式，本章研究促进了燃煤发电厂对适应气候变化决策问题的理解，有助于提高电力部门供给侧应对气候变化的能力。

第十五章

电力部门篇总结

第一节

主要研究结论

气候变化对电力部门有多方面的影响，提高电力部门应对气候变化的能力是一项非常复杂的工作。掌握气候变化的影响、减缓气候变化进程和适应气候变化引起的不利条件都是促进电力部门应对气候变化的重要方面。本篇基于增加电力部门气候弹性的原则，从经济系统视角（气候变化对电力部门的影响给整个经济系统带来的冲击和在经济系统内的传导路径）、电力需求侧（气候变化对电力需求的综合影响）、可再生能源电力供给侧（促进可再生能源发展的策略与激励机制）和传统燃煤发电供给侧（提高燃煤发电厂适应气候变化能力的策略与激励机制）研究了电力部门应对气候变化的机制与策略。本篇完成的主要工作和结论如下：

（1）通过将气候因素纳入拓展的投入产出模型构建了气候变化—电力部门—经济系统分析框架，该方法框架可以研究气候变化对电力部门的影响给整个经济系统带来的冲击和在经济系统内的传导机制。将该方法应用于天津市的实证结果表明，气候变化对电力部门的影响会给经济系统带来巨大冲击，并传递到其他经济部门，受影响最大的 5 个部门依次为煤炭采选（S02）、仪器仪表（S21）、通用设备（S16）、专用设备（S17）和电气机械（S19）部门。在 IPCC 第五次气候报告中的三个代表性浓度路径（RCP2. 6、RCP4. 5 和 RCP8. 5 气候情景）下，天津市所有 42 个经济部门的受影响程度排序是相同的。气候变化对电力部门的影响在天津市经济系统内的传导部门路径是稳定的。此外，各个经济部门受影响程度的差异很大，受影响最严重的 10 个部门所受影响占整个经济系统影响的 90%。掌握这一关键部门路径和按部门影响程度分配资源是协调各部门努力共同应对气候变化对电力部门影响的关键。

（2）提出了一个评估气候变化对电力需求综合影响的方法框架，并将该方法框架应用于天津市。结果表明，气候变化将对电力需求侧产生重大影响。受气候变化影响，每年平均电力需求增加的同时，每年内月度电力需求之间的差距也会越来越大，月用电高峰将越来越突出，用电高峰的时间跨度也越来越长。在 RCP2.6、RCP4.5 和 RCP8.5 气候情景下，天津市月度电力需求分布曲线的差异表明气候变化将对地区未来电力需求结构产生实质影响。例如，在 RCP8.5 气候情景下，到 21 世纪末，天津市 7 月的电力需求将比 11 月高出 56%。气候变化将推动电力需求模式发生重大变化，需要根据气候变化对电力需求模式的影响有针对性地及时增加各类形式的发电装机容量保证电力部门安全。

（3）聚焦电力负荷预测方法，建立了一个季节性 ARIMA 模型，从预测结果看，这种方法可以降低由序列趋势性、季节性等因素相互影响产生的相对误差，提高预测精度。实证结果表明，采用 HP 滤波的方法可以减小趋势分量与季节分量相互作用所造成的相对误差。本篇研究的模型方法对于中期电力负荷预测更加科学，有利于提高电力供给侧应对气候变化的能力，具有实际指导意义。

（4）减缓气候变化是电力部门的重要责任，也是提高电力部门应对气候变化能力的内在要求。本篇以光伏微电网为例，研究了影响可再生能源发展的关键因素和促进可再生能源发展的策略与激励机制。根据太阳能资源禀赋分布与光伏微电网的广义成本收益构成分析了光伏微电网在我国不同地区的最优发展策略。实证结果表明，在现有技术经济条件下光伏微电网项目并非在我国所有地区都具有盈利能力。两个因素共同决定光伏微电网在具体地区能否成功：地区太阳能资源禀赋和政府的激励政策。政府应该根据地区资源禀赋的不同制订不同的发展策略。社会环境关切（ε）对光伏微电网的最优发展策略有很大影响。政府在制订光伏微电网的发展策略时，要密切关注社会对环境的关切程度，并根据其变化及时调整。碳排放权交易可以实现可再生能源电价补贴政策一样的激励效果，碳交易市场机制在促进可再生能源发展和丰富地区电力供给结构方面有很大应用潜力。

（5）燃煤发电是我国当下最依赖的电力来源，提高燃煤发电厂的适应气候变化能力对促进电力部门应对气候变化至关重要。本篇综合运用运筹学相关理论，同时从短期视角和长期视角对燃煤发电厂的适应气候变化决策与激励机制进行了理论模型和实际案例研究。在短期，电厂运营商通过增加冷却水取水量来维持其最大发电能力的效果会受电厂冷却系统容量、当地水资源供应能力和环境法规等因素的限制。在长期，当电厂运营商认为适应气候变化技术改造带来的年度收益等于技术改造投资的年度成本（一阶条件，并隐含决定了最佳改造时机），且在电厂剩余生命周期可以收回技术改造投资成本时，电厂运营商会在这个最佳时机进行技术改造。电厂运营商的适应气候变化决策会受到对气候变化影响程度的预期、技术改造的成本、电价、煤炭价格和贴现利率等多重因素的共同影响。政府可以通过制订激励政策如提高电厂用水价格等来促使电厂运营商投资适应技术改造以及使电厂运营商投资技术改造的时间提前。政府在制订政策时能否有效促使电厂适应气候变化策略的收益突破成本阈值是激励政策能否达到预期效果的关键。

（6）政府在推动电力部门应对气候变化时需要扮演好引导者的角色。许多应对气候变化措施或策略的回报期比较长，需要的资金也比较多，社会资本的参与意愿不够强，这就需要政府制订合理的激励机制引导这些措施的实施。政府制订激励政策时要以社会福利最大化为目标，遵循增加电力部门气候弹性的原则，引导电力部门从厘清气候变化的影响、减缓气候变化进程和适应气候变化引起的不利条件等方面提高应对气候变化的能力。

第二节

研究局限与未来研究展望

本篇围绕电力部门应对气候变化机制与策略做了一些研究，取得了一定成果。但受相关数据的可获取情况、问题涉及的方面众多和作者的知识储备等影响，本篇仍然存在一定局限性，在未来的研究中应当进一步扩展和完善。总结起来，需要进一步开展的工作主要包括：

（1）本篇研究主要考虑了气候变化引起的温度变化，没有涉及气候变化引起的极端天气事件对电力部门的影响。未来需要对研究方法进行扩展，探索如何将极端天气事件等因素纳入研究模型，为促进我国电力部门应对气候变化提供更有力的理论和数据支撑。

（2）本篇在应用拓展的投入出模型进行实证分析时基于的是 2012 年投入产出表数据，分析时也隐含了直接投入系数是常数的假定。未来需要关注最新投入产出表的发布，及时更新实证数据，并对模型的细节以及外生参数的设置进行进一步探讨。

(3) 电力部门与气候变化之间的关系比较复杂，促进电力部门应对气候变化涉及的方面也很多。本篇考虑的方面还不够全面，缺少对产业结构变化等因素对电力部门应对气候变化方面作用机制的分析。因为篇幅的原因，在研究可再生能源发展策略时也是以光伏为例，缺少对风力发电、水力发电等其他可再生能源形式的研究。未来需要从更多方面考虑如何促进电力部门应对气候变化，并开展更多的相关研究。

总之，如何促进电力部门应对未来的气候变化是一个重要而复杂的现实问题，本篇旨在以相对清晰和合理的方式推进这一重要问题的研究。期望本篇的工作能对相关研究有所启示或者帮助。

第十六章

本书总结

农业部门已成为温室气体的第二大碳排放源，占全球二氧化碳排放总量的21%。农业减排在应对气候变化中扮演着越来越重要的角色。同时，农业也是最易遭受气候变化负面影响的产业。全球气候变化引发的极端灾害使我国农业生产不稳定性增加，预计未来会更加严重。

电力部门既是温室气体排放的最大单一排放源，也是易受气候变化影响的部门。气候变化将给电力部门带来巨大挑战。电力部门与气候变化之间的关系比较复杂，掌握气候变化的影响、减缓气候变化进程和适应气候变化引起的不利条件都与电力部门密切相关。由于电力部门庞大的资产规模和在国民经济体系中的特殊地位，保障电力安全、提高电力部门应对气候变化能力在未来将变得越来越重要。

基于此，本书聚焦农业部门与电力部门，研究两个部门应对气候变化机制及策略。

农业部门篇以空间计量经济学理论、脆弱性理论、价值信念规范理论、解释水平理论、理性选择理论为基础，首先，分析了农业生产与气候变化之间关系，并对两者未来的发展趋势进行预测；其次，基于“气候变化—农业部门—经济系统”分析框架，对我国农业经济系统的脆弱性进行了分析，揭示了气候变化对农业部门的影响及在经济系统的传导机制；再次，通过构建空间计量模型，分析我国农业二氧化碳排放的影响因素及空间溢出效应，揭示了实现农业减排的重要途径；最后，从市场经济和微观视角，分析了农户应对气候变化行为方式，研究农民在气候变化下的行为偏好，激励农民在农业生产中提高气候适应能力，进而提高农业部门的气候韧性。

电力部门篇面向电力部门应对气候变化的重要现实需求，应用气候模型、投入产出理论、计量经济学、博弈论和非线性规划等理论与方法，围绕经济系统视角、电力需求侧、可再生能源电力供给侧和传统燃煤发电供给侧对电力部门应对气候变化策略与机制展开研究。

本书主要完成了以下工作。

（1）系统地分析了我国农业产出与气候变化之间的关系。以农作物生长季度为基础，采用非线性格兰杰因果检验对气候变化与农业生产之间关系进行了研究。随后通过神经网络模型对气候变化与农业生产的数据进行预测，对未来两者的发展趋势进行分析。研究结果表明，农业生产与气候变化之间存在复杂的非线性关系，相对于降水变化，农业生产与温度之间的关系更为密切，两者之间存在倒“U”形关系。

（2）分析气候变化对农业部门的影响及在经济系统的传导机制，评估了我国农业部门的经济系统脆弱性。通过构建非可操作性投入产出模型（IIM）以及动态非可操作性投入产出模型（DIIM），从生产要素限制角度研究适应气候变化的关键部门。IIM 模型研究结果表明，随着气候的变化，农业部门的不可操作性增加，在情景（RCP 8.5）中，农业部门不可操作性为 0.048，这意味着要满足气候变化引起日益增长的粮食需求，农业部门的初始投入要增加 4.8%。同时研究结果表明，气候变化对农业部门的影响会传递到其他经济部门。在不同浓度路径（RCP 2.6，RCP 4.5，RCP 8.5）情景下，所有部门的不可操作性排序是相同的，这意味着气候变化通过农业部门对经济系统影响的传导路径是稳定的，其中受影响最大的 5 个部门依次为第 3 部门（食品和烟草）、第 6 部门（炼油、炼焦和化学产品）、第 11 部门（电力、热力、燃气和水的生产和供应）、第 2 部门（采掘业）以及第 13 部门（批发零售、运输仓储邮政），这些关键部门承受的影响占总影响的 70%，这说明农业需求变动带来的经济影响不可小觑。DIIM 模型研究结果表明，如果农业部门由于气候变动而突然出现需求变动，则第 6 部门具有最高的不可操作性极限，需要较长的时间才能恢复正常运行。

（3）从农业投入、经济发展、农业生产三个维度构建空间计量经济模型，分析了农业碳排放影响因素的区域差异性，并计算了影响因素的空间溢出效应。研究结果表明，中国各省区市农业碳排放影响因素呈现出“双赢”或“弱一弱”联盟的区域关联模式，互补的区域关联模式较少出现。空间计量结果表明，人均农业生产总值、施肥总量、人均机械总动力均对农业碳排放有正向影响，其系数分别为 0.32、0.0083、0.18。从弹性的大小可以推断，人均农业生产总值增长是农业碳排放的主要驱动因素，虽然施肥总量对农业碳排放增长有一定的作用，但与前两者相比，其作用相对较小。与之相反，农业产值比重、农村用电量、城镇化水平均对农业碳排放具有抑制作用，其系数分别为 -0.29、-0.37、-0.075。其中，农村用电量、农业经济结构的减排效用显著，且存在明显空间溢出效应，人口流动也可以直接影响农业减排。

（4）从市场经济和风险防范的角度，分析了我国农业保险市场在参与主体有限理性策略作用下所表现出的“供给大于需求”的均衡状态。构建政府参与的“农民—保险公司”演化博弈模型，通过稳定策略分析与仿真实验，考察了保险市场均衡状态形成的机制。研究结果表明，农户“搭便车”行为、政府运营补贴都不利于农民的投保行为；保险公司赔付率、自然灾害发生概率以及一定程度的保费上涨均会对农民的投保行为产生积极影响。研究从理论和实践角度揭示了提高农民投保积极性的重要途径。

（5）从微观角度，以农区与农牧区农民为例，考察了农民不同心理因素（信任、信念、心理距离、风险显著性、风险感知）对实施应对策略的影响，为发展中国家加强对气候变化影响的应对政策的一般性讨论提供基础。研究结果表明，在农区，风险显著性、心理距离对农户的适应性行为选择影响比较显著，风险感知仅对农区农户的缓解行为产生影响，农户的缓解行为可以促进其适应行为，信任不仅能预测农户适应性，还可以解释农户对缓解行为的选择。在农牧区，信念、风险显著性水平、信任对农户适应与缓解行为的驱动作用显著。研究结果为风险沟通和公共政策提供了建议，为农业部门规划有效的应对战略提供了决策依据。

（6）通过将气候因素纳入拓展的投入产出体系构建了“气候变化—电力部门—经济系统”分析框架，研究气候变化就电力部门的影响对经济系统的冲击和在经济系统内的传导机制。将该分析框架应用于天津市的实证结果表明，气候变化对电力部门的影响会给经济系统带来巨大冲击并传递到其他经济部门，受影响最大的 5 个部门依次为煤炭采选（S02）、仪器仪表（S21）、通用设备（S16）、专用设备（S17）和电气机械（S19）部门。在 IPCC 第五次气候报告中的三个代表性浓度路径（RCP2.6、RCP4.5 和 RCP8.5 气候情景）下，所有经济部门的受影响程度排序是相同的。气候变化对电力部门的影响在天津市经济系统内的传导路径是稳定的。掌握这一关键部门路径和按部门影响程度分配资源是协调各部门努力共同应对气候变化的方向。

（7）系统地分析了气候变化对电力需求侧的影响。构建了一个用于研究气候变化对电力需求模式影响的方法框架，可以分析气候变化对地区月度电力需求、需求峰值和需求变化幅度的综合影响。将该方法应用于天津市的实证结果表明，受气候变化影响，每年平均电力需求增加的同时，年内月度电力需求之间的差距也会越来越大，夏季用电高峰将越来越突出，用电高峰的时间跨度也会越来越长。在高排放代表性浓度路径（RCP8.5 气候情景）下，到 21 世纪末天津市 7 月的电力需求将比 11 月高 56%。气候变化将推动电力需求模式发生重大变化，需要根据电力需求模式变化及时增加各类形式的发电装机容量保证供电安全。

(8) 聚焦电力负荷预测方法，考虑季节性成分一直是中期电力负荷预测时间序列建模的关键因素，建立了一个季节性 ARIMA 模型，在模型定阶和参数显著性检验过程中发现，SAR 和 SMA 的参数在大多数情况下并不显著。为了解决这一问题，利用基于 HP 滤波器的混合时间序列模型提取不同频率的频谱序列，对原序列进行修整，并运用 OLS 法分别建立模型进行分析，弱化趋势性、季节性等因素之间的相互作用。从预测结果看，这种方法可以降低由序列趋势性、季节性等因素相互影响产生的相对误差，提高预测精度，并分析各种因素之间的相互作用。实证结果表明，采用 HP 滤波的方法可以减小趋势分量与季节分量相互作用所造成的相对误差，模型方法对于中期电力负荷预测更加科学，有利于提高电力供给侧应对气候变化的能力，具有科学意义。

(9) 关注可再生能源电力供给侧，以光伏微电网为例，研究了促进可再生能源发展的策略与激励机制。根据太阳能资源禀赋分布与光伏微电网的广义成本收益构成分析了光伏微电网在我国不同地区的最优发展策略。同时构建了一个政府—居民 Stackelberg 博弈模型分析了促进光伏微电网发展的激励机制。结果表明，在现有技术条件下我国并非所有地区都适合推广光伏微电网，社会环境关切（ε）对光伏微电网的社会最优发展策略有很大影响。碳排放权交易可以实现电价补贴政策一样的激励效果，碳交易市场机制在促进可再生能源发展和丰富电力供给结构方面有很大的应用潜力。

(10) 综合运用运筹学（非线性规划理论），同时从日常运营和适应气候变化技术改造投资角度研究了燃煤发电厂适应气候变化决策与激励机制。在短期，电厂运营商通过增加冷却水摄入量来维持电厂最大发电能力的策略会受冷却系统容量、当地水资源供给能力和环境法规等因素限制。在长期，当电厂运营商认为技术改造的年度收益等于技术改造的年度成本（一阶条件，并隐含了最佳改造时机），且在电厂剩余生命周期内可以收回投资成本时，电厂运营商会在这个最佳时机进行技术改造。电厂运营商的技术改造决策会受到对气候变化影响的预期、投资成本、电价、煤价和利率等多重因素共同影响。为了降低气候变化对燃煤发电厂的影响，保证供电安全，政府可以通过制订激励政策来促使电厂运营商选择技术改造以及使技术改造的时间提前。能否有效促使技术改造策略的收益突破成本阈值是激励政策能否达到预期效果的关键。

本书的贡献体现在两个方面：一方面，围绕农业部门，补充了农民应对气候变化的行为理论研究的不足，提出了一个适用于评估气候变化对农业经济系统脆弱性影响的分析框架；另一方面，围绕电力部门，基于增强电力部门气候弹性的原则，同时将掌握气候变化的影响、减缓气候变化进程和适应气候变化引起的不利条件纳入电力部门应对气候变化策略框架，从多个方面研究了电力部门应对气候变化问题。

期望本书能以相对清晰和合理的方式推进农业部门与电力部门等气候脆弱部门应对气候变化重要问题的研究，并对其他领域应对气候变化研究有所启示或者帮助。

参考文献

[1] Naveen, Kumar, Arora. Agricultural sustainability and food security [J]. Environmental Sustainability, 2018 (12): 217 -219.

[2] Qaim M. Role of new plant breeding technologies for food security and sustainable agricultural development [J]. Applied Economic Perspectives and Policy, 2020, 42 (2): 129 -150.

[3] Ismael M, Srouji F, Boutabba M A. Agricultural technologies and carbon emissions: evidence from Jordanian economy [J]. Environmental Science and Pollution Research, 2018 (25): 10867 -10877.

[4] 屈超，陈甜．中国2030年碳排放强度减排潜力测算［J］．中国人口·资源与环境，2016，26（7）：62 -69.

[5] 郭海红，刘新民．中国农业绿色全要素生产率时空演变［J］．中国管理科学，2020，28（9）：66 -75.

[6] Qiao H, Zheng F, Jiang H, et al. The greenhouse effect of the agriculture - economic growth - renewable energy nexus: Evidence from G20 countries [J]. Science of the Total Environment, 2019, 671 (9): 722 -731.

[7] 张倩，孟慧新．气候变化影响下的社会脆弱性与贫困：国外研究综述［J］．中国农业大学学报：社会科学版，2014，31（2）：56 -67.

[8] 吴九兴，黄贤金．农业减量投入、产出水平与农民收入变化［J］．世界农业，2019（9）：30 -37.

[9] 罗海滨，方达．农地“三权分置”小农户与新型农业经营主体协调发展——一个异质性主体资本积累的视角［J］．农村经济，2020（2）：7 -13.

[10] Challinor A J, Watson J, Lobell D B, et al. A meta - analysis of crop yield under climate change and adaptation [J]. Nature Climate Change, 2014, 4 (4): 287 -291.

[11] Rosenzweig C, Elliott J, Deryng D, et al. Assessing agricultural risks of

climate change in the 21st century in a global gridded crop model intercomparison [J]. PNAS, 2014, 111 (9): 3268 -3273.

[12] Liu X, Zhang S, Bae J. The nexus of renewable energy - agriculture - environment in BRICS [J]. Applied Energy, 2017, 15 (204): 489 -496.

[13] Bennetzen E H, Smith P, Porter J R. Agricultural production and greenhouse gas emissions from world regions - The major trends over 40 years [J]. Global Environmental Change, 2016 (37): 43 -55.

[14] Khoshnevisan B, Rafiee S, Omid M, et al. Modeling of energy consumption and GHG (greenhouse gas) emissions in wheat production in Esfahan province of Iran using artificial neural networks [J]. Energy, 2013, 52 (1): 333 -338.

[15] Glenk K, Eory V, Colombo S, et al. Adoption of greenhouse gas mitigation in agriculture: An analysis of dairy farmers' perceptions and adoption behavior [J]. Ecological Economics, 2014, 108 (12): 49 -58.

[16] Cara S D, Jayet P A. Emissions of greenhouse gases from agriculture: the heterogeneity of abatement costs in France [J]. European Review of Agricultural Economics, 2000, 27 (3): 281 -303.

[17] Pete, Smith, Daniel, Martino, Zucong, Cai, et al. Greenhouse gas mitigation in agriculture [J]. Philosophical Transactions of the Royal Society B: Biological Sciences, 2008, 363 (1492): 789 -813.

[18] Zaman K, Khan M M, Ahmad M, et al. The relationship between agricultural technology and energy demand in Pakistan [J]. Energy Policy, 2012, 44 (5): 268 -279.

[19] Arif, Ullah, Dilawar, Imran Khan, et al. Does agricultural ecosystem cause environmental pollution in Pakistan? Promise and menace [J]. Environmental science and pollution research international, 2018, 25 (14): 13938 -13955.

[20] Gokmenoglu K K, Nigar T. Testing the agriculture - induced EKC hypothesis: the case of Pakistan [J]. Environmental Science and Pollution Research, 2018, 25 (3): 22829 -22841.

[21] Dogan, Nezahat. Agriculture and environmental kuznets curves in the case of Turkey: evidence from the ARDL and bounds test [J]. Agricultural Economics, 2016, 62 (12): 566 -574.

[22] Nezahat Doğan. The impact of agriculture on CO_2 emissions in China

[J]. Panoeconomicus, 2017, 66 (2): 257 - 271.

[23] 董红敏，李玉娥，陶秀萍，等. 中国农业源温室气体排放与减排技术对策 [J]. 农业工程学报. 2008, 24 (10): 269 - 273.

[24] De Janvry A, Sadoulet E. Agricultural growth and poverty reduction: Addtional evidence [J]. Social Science Electronic Publishing, 2013, 25 (1): 1 - 20.

[25] Abdelbaki, Cherni, Sana, et al. An ARDL approach to the CO_2 emissions, renewable energy and economic growth nexus: Tunisian evidence [J]. International Journal of Hydrogen Energy, 2017, 42 (48): 29056 - 29066.

[26] Balsalobre - Lorente D, Driha O M, Bekun F V, et al. Do agricultural activities induce carbon emissions? The BRICS experience [J]. Environmental ence and Pollution Research, 2019, 26 (24): 25218 - 25234.

[27] 张智奎，肖新成. 经济发展与农业面源污染关系的协整检验——基于三峡库区重庆段 1992 ~ 2009 年数据的分析 [J]. 中国人口资源与环境, 2012, 22 (1): 57 - 61.

[28] Lin B, Xu B. Factors affecting CO_2 emissions in China's agriculture sector: A quantile regression [J]. Renewable and Sustainable Energy Reviews, 2018, 94 (10): 15 - 27.

[29] Xu S C, He Z X, Long R Y, et al. Factors that influence carbon emissions due to energy consumption based on different stages and sectors in China [J]. Journal of Cleaner Production, 2016, 115 (5): 139 - 148.

[30] Paustian K, Cole C V, Sauerbeck D, et al. CO_2 Mitigation by agriculture: An overview [J]. Climatic Change, 1998, 40 (1): 135 - 162.

[31] Berg M M V D, Hengsdijk H, Wolf J, et al. The impact of increasing farm size and mechanization on rural income and rice production in Zhejiang province, China [J]. Agricultural Systems, 2007, 94 (3): 841 - 850.

[32] Shen L, Wu Y, Shuai C, et al. Analysis on the evolution of low carbon city from process characteristic perspective [J]. Journal of Cleaner Production, 2018, 187 (6): 348 - 360.

[33] 戴小文，何艳秋，钟秋波，等. 中国农业能源消耗碳排放变化驱动因素及其贡献研究——基于 Kaya 恒等扩展与 LMDI 指数分解方法 [J]. 中国生态农业学报 2015, 23 (11): 1445 - 1454.

[34] 蒋金荷. 中国碳排放量测算及影响因素分析 [J]. 资源科学, 2011,

33 (4): 597 -604.

[35] Mikkola H J, Ahokas J. Indirect energy input of agricultural machinery in bioenergy production [J]. Renewable Energy, 2010, 35 (1): 23 -28.

[36] York R, Rosa E A, Dietz T. STIRPAT, IPAT and ImPACT: analytic tools for unpacking the driving forces of environmental impacts [J]. Ecological Economics, 2003, 46 (3): 351 -365.

[37] 张明. 区域土地利用结构及其驱动因子的统计分析 [J]. 自然资源学报, 1999, 14 (4): 381 -384.

[38] 杨钧. 中国农业碳排放的地区差异和影响因素分析 [J]. 河南农业大学学报. 2012, 46 (3): 337 -341.

[39] 杨钧. 农业技术进步对农业碳排放的影响——中国省级数据的检验 [J]. 软科学 2013, 27 (10), 116 -120.

[40] 刘立平. 河南省农业碳排放时空特征及影响因素研究 [J] 水土保持研究, 2014, 21 (4): 180 -189.

[41] 曹俊文, 曹玲娟. 江西省农业碳排放测算及其影响因素分析 [J]. 生态经济. 2016, 32 (7): 66 -68.

[42] Biao G, Jiao F, Qing -Tao X U, et al. Dynamic change and analysis of driving factors of agricultural carbon emissions in Jilin province [J]. Research of Agricultural Modernization, 2013, 34 (5): 617 -621.

[43] 刘丽辉, 徐军. 基于扩展的STIRPAT模型的广东农业碳排放影响因素分析 [J]. 科技管理研究, 2016, 36 (6): 250 -255.

[44] Yazdanpanah M, Hayati D, Hochrainer -Stigler S, et al. Understanding farmers' intention and behavior regarding water conservation in the Middle -East and North Africa: A case study in Iran [J]. Journal of Environmental Management, 2014, 135 (5): 63 -72.

[45] Xu B, Chen W, Zhang G, Wang J, Ping W, Luo L, et al. How to achieve green growth in China's agricultural sector [J]. Journal of Cleaner Production, 2020, 271: 1 -13.

[46] Yun T, Jun -Biao Z, Ya -Ya H E. Research on spatial -temporal characteristics and driving factor of agricultural carbon emissions in China [J]. Journal of Integrative Agriculture, 2014, 13 (6): 1393 -1403.

[47] West T O, Marland G. A synthesis of carbon sequestration, carbon emis-

sions, and net carbon flux in agriculture: comparing tillage practices in the United States [J]. Agriculture Ecosystems & Environment, 2002, 91 (3): 217 -232.

[48] Knox, Jerry, Hess, Tim, Daccache, Andre, et al. Climate change impacts on crop productivity in Africa and South Asia [J]. Environmental Research Letters, 2012, 7 (3): 1 -8.

[49] Issahaku Z A, Maharjan K L. Crop substitution behavior among food crop farmersin Ghana: an efficient adaptation to climate change or costly stagnation in traditional agricultural production system [J]. Agricultural and Food Economics, 2014, 2 (1): 1 -14.

[50] Breisinger C, Diao X, Thurlow J. Modeling growth options and structural change to reach middle income country status: The case of Ghana [J]. Economic Modelling, 2009, 26 (2): 514 -525.

[51] Dennis Philip Garrity, Festus K. Akinnifesi, Oluyede C. Ajayi, et al. Evergreen agriculture: a robust approach to sustainable food security in Africa [J]. Food Security, 2010 (8): 197 -214.

[52] Kilicarslan Z, Dumrul Y. Economic Impacts of climate change on agriculture: Empirical evidence from the ARDL approach for Turkey [J]. Pressacademia, 2017, 6 (4): 336 -347.

[53] Rahim S, Puay TG. Akademia Baru. The impact of climate on economic growth in Malaysia Akademia Baru [J]. Journal of Advanced Research in Business, 2017 (2): 108 -119.

[54] A. V. M. Subba Rao, Arun K. Shanker, V. U. M. Rao, et al. Predicting irrigated and rainfed rice yield under projected climate change scenarios in the eastern region of India [J]. Environmental Modeling & Assessment, 2016, 21 (1): 17 -30.

[55] 綦远超．山东省农业碳排放效率评价及影响因素研究 [D]. 淄博：山东理工大学.

[56] 揭懋汕，郭洁，陈罗烨，等．碳约束下中国县域尺度农业全要素生产率比较研究 [J]. 地理研究，2016，35 (5)：11.

[57] Reisinger A, Havlik P, Riahi K, et al. Implications of alternative metrics for global mitigation costs and greenhouse gas emissions from agriculture [J]. Climatic Change, 2013, 117 (4): 677 -690.

[58] Easterling D R, Evans J L, Groisman P Y, et al. Observed variability

and trends in extreme climate events: A brief review [J]. Bulletin of the American Meteorological Society, 2000, 81 (3): 417 -426.

[59] Mccarthy J J, Canziani O F, Leary N A, et al. Climate change 2001: Impacts, adaptation, and vulnerability. Contribution of Working Group II to the Third Assessment Report of the Intergovernmental Panel on Climate Change (IPCC) [J]. Global Ecology and Biogeography, 2001, 12 (6): 87 -88.

[60] Zhang J, Zhang C, Cao M. How insurance affects altruistic provision in threshold public goods games [J]. Scientific Reports, 2015, 5 (1): 1 -7.

[61] Edwards - Jones G, Plassmann K, Harris I M. Carbon footprinting of lamb and beef production systems: insights from an empirical analysis of farms in Wales, UK [J]. Journal of Agricultural Science, 2009, 147 (6): 707 -719.

[62] Ahmad, O. A. Anisimov, Arnell, et al. Climate change 2001: impacts, adaptation, and vulnerability. Summary for policymakers and technical summary of the working Group II report [M]. Contribution of Working Group II to the Third Assessment Report of the Intergovernmental Panel on Climate Change, World Meteorological Organisation and United Nations Environment Programme, 2014: 56.

[63] Stevanovic M, Popp A, Lotze - Campen H, et al. The impact of high - end climate change on agricultural welfare [J]. Science Advances, 2016, 2 (8): 1 -9.

[64] Bunn C, L Derach P, Ovalle Rivera O, et al. A bitter cup: climate change profile of global production of Arabica and Robusta coffee [J]. Climatic Change, 2015, 129 (1): 89 -101.

[65] Molua, Ernest L, Lambi, et al. The economic impact of climate change on agriculture in Cameroon [J]. Policy Research Working Paper, 2007, 6 (9): 1 -33.

[66] Auffhammer M, Ramanathan V, Vincent J R. Climate change, the monsoon, and rice yield in India [J]. Climatic Change, 2012, 111 (2): 411 -424.

[67] Morton, J. F. Climate Change and Food Security Special Feature: The impact of climate change on smallholder and subsistence agriculture [J]. Pnas Proceedings of the National Academy of Sciences of the United States of America, 2007, 104 (50): 19680 -19685.

[68] Abid M, Scheffran J, Schneider UA, Ashfaq M. Farmers' perceptions of

and adaptation strategies to climate change and their determinants: The case of Punjab province, Pakistan [J]. Earth System Dynamics, 2015, 6 (6): 25 - 243.

[69] Georgina Calderón, Jesús M. Macías, Serrat C, et al. At risk. natural hazards, people's vulnerability and disasters [J]. Economic Geography, 2003, 72 (4): 460 - 463.

[70] Watts M J, Bohle H G. Hunger, famine and the space of vulnerability [J]. Geojournal, 1993, 30 (2): 117 - 125.

[71] Downing T E, Patwardhan A, Klein R J T, et al. Assessing vulnerability for climate adaptation [M]. Policies and Measures, 2005: 275.

[72] Marco A, Janssen Michael, L. Schoon WeimaoKe, et al. Scholarly networks on resilience, vulnerability and adaptation within the human dimensions of global environmental change [J]. Global Environmental Change, 2006, 16 (3): 240 - 252.

[73] Barry SmitÃ, Johanna Wandel. Adaptation, adaptive capacity and vulnerability [J]. Global Environmental Change, 2006, 16 (3): 282 - 292.

[74] Aswani, Howard, Gasalla, et al. An integrated framework for assessing coastal community vulnerability across cultures, oceans and scales [J]. Climate and Development, 2018, 11 (5): 1 - 18.

[75] Josephine, Tucker, Mona, et al. Social vulnerability in three high - poverty climate change hot spots: What does the climate change literature tell us [J]. Regional Environmental Change, 2014 (15): 783 - 800.

[76] Lauric, Thiaul, Paul, et al. Mapping social - ecological vulnerability to inform local decision making [J]. Conservation Biology, 2017, 32 (2): 447 - 456.

[77] Polsky C, Neff R, Yarnal B. Building comparable global change vulnerability assessments: The vulnerability scoping diagram [J]. Global Environmental Change, 2007, 17 (4): 472 - 485.

[78] Clark J S, Bell D M, Hersh M H, et al. Climate change vulnerability of forest biodiversity: climate and competition tracking of demographic rates [J]. Global Change Biology, 2011, 17 (5): 1834 - 1849.

[79] O'Brien K, Eriksen S, Nygaard L P, et al. Why different interpretations of vulnerability matter in climate change discourses [J]. Climate Policy, 2007, 7 (1): 73 - 88.

[80] Hinkel J. "Indicators of vulnerability and adaptive capacity": Towards a clarification of the science – policy interface [J]. Global Environmental Change, 2011, 21 (1): 198 – 208.

[81] Grainger S, Mao F, Buytaert W. Environmental data visualisation for non – scientific contexts: Literature review and design framework [J]. Environmental Modelling & Software, 2016, 85 (11): 299 – 318.

[82] Dong Z, Pan Z, An P, et al. A novel method for quantitatively evaluating agricultural vulnerability to climate change [J]. Ecological Indicators, 2015, 48 (11): 49 – 54.

[83] Wirehn L, Danielsson A, Neset T S S. Assessment of composite index methods for agricultural vulnerability to climate change [J]. Journal of Environmental Management, 2015, 156 (9): 70 – 80.

[84] Zhou X Y, Gu A L. Impacts of household living consumption on energy use and carbon emissions in China based on the input – output model – ScienceDirect [J]. Advances in Climate Change Research, 2020, 11 (2): 118 – 130.

[85] Susan, L, Cutter, et al. Social vulnerability to environmental hazards [J]. Social Science Quarterly, 2003, 84 (2): 242 – 261.

[86] Thirumalaivasan D, Karmegam M, Venugopal K. AHP – DRASTIC: software for specific aquifer vulnerability assessment using DRASTIC model and GIS [J]. Environmental Modelling & Software, 2003, 18 (7): 645 – 656.

[87] Calvo C. Vulnerability to multidimensional poverty: Peru, 1998 – 2002 [J]. World Development, 2008, 36 (6): 1011 – 1020.

[88] 张德君，高航，杨俊，等. 基于GIS的南四湖湿地生态脆弱性评价 [J]. 资源科学 2014, 36 (4), 874 – 882.

[89] Metzger M J, Leemans R, SchrTer D. A multidisciplinary multi – scale framework for assessing vulnerabilities to global change [J]. International Journal of Applied Earth Observation & Geoinformation, 2005, 7 (4): 253 – 267.

[90] Amy, L, Luers, et al. A method for quantifying vulnerability, applied to the agricultural system of the Yaqui Valley, Mexico [J]. Global Environmental Change, 2003, 13 (4): 255 – 267.

[91] Monterroso A, Cecilia Conde. Two methods to assess vulnerability to climate change in the Mexican agricultural sector [J]. Mitigation and Adaptation Strat-

egies for Global Change, 2014, 19 (4): 445 -461.

[92] Malik S M, Awan H, Khan N. Mapping vulnerability to climate change and its repercussions on human health in Pakistan [J]. Globalization and Health, 2012, 8 (1): 1 -8.

[93] Pandey R, Jha S K. Climate vulnerability index - measure of climate change vulnerability to communities: a case of rural Lower Himalaya, India [J]. Mitigation and Adaptation Strategies for Global Change, 2012, 17 (5): 487 -506.

[94] Collins T W, Grineski S E, Ford P, et al. Mapping vulnerability to climate change - related hazards: children at risk in a US - Mexico border metropolis [J]. Population & Environment, 2013, 34 (3): 313 -337.

[95] Hung H C, Chen L Y. Incorporating stakeholders' knowledge into assessing vulnerability to climatic hazards: application to the river basin management in Taiwan [J]. Climatic Change, 2013, 120 (1 -2): 491 -507.

[96] Le - Le Zou. The impacting factors of vulnerability to natural hazards in China: an analysis based on structural equation model [J]. Natural Hazards, 2012, 62 (1): 57 -70.

[97] Eriksen S H, Kelly P M. Developing credible vulnerability indicators for climate adaptation policy assessment [J]. Mitigation & Adaptation Strategies for GlobalChange, 2007, 12 (4): 495 -524.

[98] Holand I S, Lujala P, R D J K. Social vulnerability assessment for Norway: A quantitative approach [J]. Norsk Geografisk Tidsskrift - Norwegian Journal of Geography, 2011, 65 (1): 1 -17.

[99] Holand I S, Lujala P. Replicating and adapting an index of social vulnerability to a new context: A comparison study for Norway [J]. The Professional Geographer, 2013, 65 (2): 312 -328.

[100] Gbetibouo G A, Ringler C, Hassan R. Vulnerability of the South African farming sector to climate change and variability: An indicator approach [C]. Natural Resources Forum. Blackwell Publishing, 2010.

[101] Susan L, Cutter, Christina, et al. Temporal and spatial changes in social vulnerability to natural hazards [J]. Proceedings of the National Academy of Sciences of the United States of America, 2008, 105 (7): 2301 -2306.

[102] James D. Ford, Clara Champalle, Pamela Tudge, et al. Evaluating cli-

mate change vulnerability assessments: a case study of research focusing on the built environment in northern Canada [J]. Mitigation & Adaptation Strategies for Global Change, 2015, 20 (8): 1267 – 1288.

[103] Thornton P K, Jones P G, Owiyo T, et al. Climate change and poverty in Africa: Mapping hotspots of vulnerability [J]. African Journal of Agricultural & Resource Economics, 2008, 2 (1): 24 – 44.

[104] Hameed S O, Holzer K A, Doerr A N, et al. The value of a multi – faceted climate change vulnerability assessment to managing protected lands: Lessons from a case study in Point Reyes National Seashore [J]. Journal of Environmental Management, 2013, 121 (5): 37 – 47.

[105] Rød, Jan Ketil; Berthling, Ivar; et al. Integrated vulnerability mapping for wards in Mid – Norway [J]. *Local Environment*, 2012, 17 (7): 695 – 716.

[106] Harrower M, Maceachren A, Griffin A L. Developing a geographic visualization tool to support earth science learning [J]. American Cartographer, 2000, 27 (4): 279 – 293.

[107] Preston B L, Yuen E J, Westaway R M. Putting vulnerability to climate change on the map: a review of approaches, benefits, and risks [J]. Sustainability, 2011, 6 (2): 177 – 202.

[108] Wiréhn L, Danielsson Å, Neset TSS. Assessment of composite index methods for agricultural vulnerability to climate change [J]. Journal of Environmental Management, 2015, 156: 70 – 80.

[109] Hinkel J. "Indicators of vulnerability and adaptive capacity": Towards a clarification of the science – policy interface. Global Environmental Change [J]. 2011, 21: 198 – 208.

[110] Dong Z, Pan Z, An P, Wang L, Zhang J, He D, et al. A novel method for quantitatively evaluating agricultural vulnerability to climate change [J]. Ecological Indicators: Integrating, Monitoring, Assessment and Management, 2015, 48: 49 – 54.

[111] 展进涛，徐钰娇．环境规制、农业绿色生产率与粮食安全 [J]．中国人口·资源与环境，2019，29 (3)：10.

[112] Berry P M, Rounsevell M D A, Harrison P A, et al. Assessing the vulnerability of agricultural land use and species to climate change and the role of policy

in facilitating adaptation [J]. Environmental Science & Policy, 2006, 9 (2): 189 -204.

[113] Liu Y, Ruiz - Menjivar J, Zhang L, et al. Technical training and rice farmers' adoption of low - carbon management practices: The case of soil testing and formulated fertilization technologies in Hubei, China [J]. Journal of Cleaner Production, 2019, 226 (9): 454 -462.

[114] Smit B, Skinner M W. Adaptation options in agriculture to climate change: a typology [J]. Mitigation & Adaptation Strategies for Global Change, 2002, 7 (1): 85 -114.

[115] Schwartz H, Davis S M. Matching corporate culture and business strategy [J]. Organizational Dynamics, 1981, 10 (1): 30 -48.

[116] Stern P C, Dietz T, Abel T, et al. A value - belief - norm theory of support for social movements: The case of environmentalism [J]. Human Ecology Review, 1999, 6 (2): 81 -97.

[117] Stern P C. New environmental theories: Toward a coherent theory of environmentally significant behavior [J]. Journal of Social Issues, 2010, 56 (3): 407 -424.

[118] Arbuckle J G J, Morton L W, Hobbs J. Understanding farmer perspectives on climate change adaptation and mitigation: The roles of trust in sources of climate information, climate change beliefs, and perceived risk [J]. Environment and Behavior, 2013, 42: 205 -234.

[119] Brody S, Grover H, Vedlitz A. Examining the willingness of Americans to alter behaviour to mitigate climate change [J]. Climate Policy, 2012, 12 (1): 1 -22.

[120] Dietz T, Dan A, Shwom R. Support for climate change policy: social psychological and social structural influences [J]. Rural Sociology, 2009, 72 (2): 185 -214.

[121] Chu H, Yang J Z. Risk or efficacy? how psychological distance influences climate change engagement [J]. Risk Analysis, 2020 (40): 758 -770.

[122] Mcdonald R I, Chai H Y, Newell B R. Personal experience and the 'psychological distance' of climate change: An integrative review [J]. Journal of Environmental Psychology, 2015, 3 (44): 109 -118.

[123] Spence A, Poortinga W, Butler C, et al. Perceptions of climate change and willingness to save energy related to flood experience [J]. Nature Climate Change, 2011 (1): 46 -49.

[124] V. R. Haden, M. T. Niles, M. Lubell, et al. Global and local concerns: what attitudes and beliefs motivate farmers to mitigate and adapt to climate change [J]. PLOS One, 2012 (7): 1 -7.

[125] Elaine W, Suren K. Environmental sustainability of agriculture stressed by changing extremes of drought and excess moisture: A conceptual review [J]. Sustainability, 2017, 9 (6): 1 -14.

[126] Aguiar W P, Yunier Rodríguez Cruz. Management of the formation, investigation and university extension for adapting to climate change [J]. 2018, (6): 7 -12.

[127] Lee D R, Edmeades S, De Nys E, et al. Developing local adaptation strategies for climate change in agriculture: A priority - setting approach with application to Latin America [J]. Global Environmental Change, 2014 (29): 78 -91.

[128] Reinman S L. Intergovernmental panel on climate change (IPCC) [J]. Reference Reviews, 2013, 26 (2): 41 -42.

[129] Turner B. Organisation for economic co - operation and development (OECD) [M]. The Statesman's Yearbook. 2012.

[130] Jackson L, Noordwijk M V, Bengtsson J, et al. Biodiversity and agricultural sustainagility: from assessment to adaptive management [J]. Current Opinion in Environmental Sustainability, 2010, 2 (2): 80 -87.

[131] Altieri M A, Nicholls C I, Henao A, et al. Agroecology and the design of climate change - resilient farming systems [J]. Agronomy for Sustainable Development, 2015, 35 (3): 869 -890.

[132] Galindo, Samaniego, Alatorre, et al. Cambio climático, agricultura y pobreza en América Latina [J]. Documentos De Proyectos, 2015 (22): 1 -12.

[133] Walthal C L C L, Hatfield J, Backlund P, et al. Climate change and agriculture in the United States: Effects and adaptation [J]. General Information, 2001, 6 (3): 121 -134.

[134] 吴昊玥，何艳秋，陈文宽，等．中国农业碳补偿率空间效应及影响因素研究——基于空间 Durbin 模型 [J]. 农业技术经济，2020 (3): 14.

[135] Habiba U, Shaw R, Takeuchi Y. Farmer's perception and adaptation practices to cope with drought: Perspectives from Northwestern Bangladesh [J]. International Journal of Disaster Risk Reduction, 2012 (1): 72 -84.

[136] Nations F. Save and grow: a policymaker's guide to sustainable intensification of smallholder crop production [M]. USA, Food and Agriculture Organization of the United Nations, 2011.

[137] Prasad R. Efficient fertilizer use: The key to food security and better environment [J]. Journal of Tropical Agriculture, 2009 (47): 1 -2.

[138] Soorani F, Ahmadvand M. Determinants of consumers' food management behavior: Applying and extending the theory of planned behavior [J]. Waste Management, 2019, 98 (6): 151 -159.

[139] Schwartz S H. Normative influences on Altruism 1 [J]. Advances in Experimental Social Psychology, 1977 (10): 221 -279.

[140] Falco S D, Veronesi M, Yesuf M. Does adaptation to climate change provide food security? A micro - perspective from Ethiopia [J]. GRI Working Papers,2010, 93 (3): 829 -846.

[141] Reyna C, Emiliano Bressán, Débora Mola, et al. Validating the structure of the new ecological paradigm scale among Argentine citizens through different approaches [J]. 2018, 16 (1): 107 -118.

[142] Howden S M, Soussana J F, Tubiello F N, et al. Adapting agriculture to climate change [J]. Proceedings of the National Academy of ences of the United States of America, 2007, 104 (50): 19691 -19696.

[143] Mccarl B A. Analysis of climate change implications for agriculture and forestry: an interdisciplinary effort [J]. Climatic Change, 2010, 100 (1): 119 -124.

[144] Tao Y, Yang T, Faridzad M, et al. Non - stationary bias correction of monthly CMIP5 temperature projections over China using a residual - based bagging tree model [J]. International Journal of Climatology, 2018, 38 (4) 1 -12.

[145] 周爱玲. 农业保险何以助力乡村振兴 [J]. 人民论坛, 2018 (33): 82 -83.

[146] Sun Z, Jia S F, Lv A F, et al. Impacts of climate change on growth period andplanting boundaries of winter wheat in China under RCP4. 5 scenario [J]. Earth System Dynamics Discussions, 2015, 6 (2): 2181 -2210.

[147] Xiu F, Xiu F, Bauer S. Farmers' willingness to pay for cow insurance in Shaanxi province, China [J]. Procedia Economics & Finance, 2012, 1 (12): 431 -440.

[148] Patt N A. Adaptive capacity contributing to improved agricultural productivity at the household level: Empirical findings highlighting the importance of crop insurance [J]. Global Environmental Change, 2013, 23 (4): 782 -790.

[149] Ye T, Liu Y, Wang J, et al. Farmers' crop insurance perception and participation decisions: empirical evidence from Hunan, China [J]. Journal of Risk Research, 2018, 20 (5): 664 -667.

[150] Chandio AA, Jiang Y, Rehman A, Rauf A. Short and long - run impacts of climate change on agriculture: an empirical evidence from China [J]. *International Journal of Climate Change Strategies and Management*. 2020, 12 (2): 201 -221.

[151] Gong B. Agricultural reforms and production in China: Changes in provincial production function and productivity in 1978 ~2015 [J]. Journal of Development Economics, 2018, 132 (12): 18 -31.

[152] Nordhaus W. Evolution of assessments of the economics of global warming: changes in the DICE model, 1992 -2017 [J]. Climatic Change, 2018: 623 - 640.

[153] Lai W. Pesticide use and health outcomes: Evidence from agricultural water pollution in China [J]. Journal of Environmental Economics and Management, 2017, 86 (12): 93 -120.

[154] Zhang B, Jin P, Qiao H, Hayat T, Alsaedi A, Ahmad B. Exergy analysis of Chinese agriculture [J]. Ecological Indicators, 2019, 105 (10): 279 -291.

[155] Xu W, Hong L, He L, et al. Supply - Driven dynamic inoperability Input - Output price model for interdependent infrastructure systems [J]. Journal of Infrastructure Systems, 2011, 17 (4): 151 -162.

[156] 陈帅，徐晋涛，张海鹏．气候变化对中国粮食生产的影响——基于县级面板数据的实证分析 [J]．中国农村经济，2016 (5)：2 -15.

[157] Zhang P, Zhang J, Chen M. Economic impacts of climate change on agriculture: The importance of additional climatic variables other than temperature and precipitation [J]. Journal of Environmental Economics and Management,

2017, 83 (7): 8-31.

[158] Zhang P, Deschenes O, Meng K, Zhang J. Temperature effects on productivity and factor reallocation: Evidence from a half million chinese manufacturing plants [J]. Journal of Environmental Economics and Management, 2018, 88 (8): 1-17.

[159] Zhangwei L, Xungangb Z. Study on relationship between Sichuan agricultural carbon dioxide emissions and agricultural economic growth [J]. Energy Procedia, 2011, 5 (1): 1073-1077.

[160] Xiong C, Yang D, Xia F, et al. Changes in agricultural carbon emissions and factors that influence agricultural carbon emissions based on different stages in Xinjiang, China [J]. Scientific Reports, 2016, 6 (1): 1-10.

[161] Tian Y, Zhang J B. Fairness research of agricultural carbon emissions between provincial regions in China [J]. China Population, Resources and Environment, 2013 (9): 1-14.

[162] Spence A, Pidgeon N. Framing and communicating climate change: The effects of distance and outcome frame manipulations [J]. Global Environmental Change, 2010 (20): 656-667.

[163] Cui H, Zhao T, Shi H. STIRPAT-based driving factor decomposition analysis of agricultural carbon emissions in Hebei, China. Polish [J]. Journal of Environmental Sciences, 2018 (27): 1449-1462.

[164] Zilli M, Scarabello M, Soterroni AC, Valin H, Mosnier A, Leclère D, et al. The impact of climate change on Brazil's agriculture [J]. Science of The Total Environment, 2020, 740 (10): 1-12.

[165] 刘昌，张红日，赵相伟，等．山东省气候变化及其对冬小麦、夏玉米产量的影响 [J]. 水土保持研究，2020，27 (3): 380-384.

[166] 张景利，曾智．农业环境、小麦价格对小麦生产效率影响研究——基于对小麦主产区面板数据分析 [J]. 价格理论与实践，2019 (6): 76-79.

[167] 段华平，张悦，赵建波，等．中国农田生态系统的碳足迹分析 [J]. 水土保持学报，2011 (5): 78-86.

[168] 史俊晖，戴小文．我国省域农业隐含碳排放及其驱动因素时空动态分析 [J]. 中国农业资源与区划，2020，41 (8): 174-185.

[169] Wen Y, Ceng K, Lei B, et al. Study on The influencing factors of agri-

cultural carbon emission in Sichuan based on LMDI decomposition technology [J]. IOP Conference Series: Materials Ence and Engineering, 2019, 592 (1): 12 - 17.

[170] Ya - Ya H E, Tian Y, Zhang J B. Analysis on Spatial - Temporal Difference and Driving Factors of Agricultural Carbon Emissions in Hubei Province [J]. Journal of Huazhong Agricultural University (Social Sciences Edition), 2013.

[171] Bo L I. Empirical study on relationship between economic growth and agricultural carbon emissions [J]. Ecology and Environmental Sciences, 2012, 21 (2): 220 - 224.

[172] Han H, Zhong Z, Yu G, et al. Coupling and decoupling effects of agricultural carbon emissions in China and their driving factors [J]. Environmental Science and Pollution Research, 2018, 25 (9): 1 - 14.

[173] IPCC (Intergovernmental Panel on climate Change) [J]. Planning and Policy, 2008 (1): 58.

[174] Chen Gao, Yongjiu Feng, Xiaohua Tong, et al. Modeling urban growth using spatially heterogeneous cellular automata models: Comparison of spatial lag, spatial error and GWR [J]. Computers, Environment and Urban Systems, 2020, 81 (9): 1 - 17.

[175] Sun Z, Jia S, Aifeng L V, et al. Impacts of climate change on growth period and planting boundaries of spring wheat in China under RCP4.5 scenario [J]. Journal of Resources and Ecology, 2016, 7 (1): 1 - 11.

[176] Liu B C, Li M S, Guo Y, et al. Analysis of the demand for weather index agricultural insurance on household level in Anhui, China [J]. Agriculture & Agricultural Science Procedia, 2010 (1): 179 - 186.

[177] Nguyen Q, Camerer C, Tanaka T. Risk and time preferences: Linking experimental and household survey data from Vietnam [J]. Springer Japan, 2016, 100 (1): 557 - 571.

[178] Rong, Kong, Calum, et al. Factors affecting farmers' participation in China's group guarantee lending program [J]. China Agricultural Economic Review, 2008, 64 (3): 479 - 492.

[179] Liu E M, Huang J K. Risk preferences and pesticide use by cotton farmers in China [J]. Journal of Development Economics, 2013 (103): 202 - 215.

[180] 林乐芬，裴雪舒．农户分化对农业保险巨灾理赔政策效应及影响

因素分析——基于种植业农户的田野调查［J］. 中央财经大学学报，2018，365（1）：22－32.

［181］卢飞，张建清，刘明辉. 政策性农业保险的农民增收效应研究［J］. 保险研究，2017（12）：67－78.

［182］叶明华，朱俊生. 新型农业经营主体与传统小农户农业保险偏好异质性研究——基于9个粮食主产省份的田野调查［J］. 经济问题2018（2）：91－97.

［183］黄英君. 影响中国农业保险发展效应的实证分析［J］. 华南农业大学学报（社会科学版），2011（3）：31－38.

［184］王步天，林乐芬. 政策性农业保险供给评价及影响因素——基于江苏省2300户稻麦经营主体的问卷调查［J］. 财经科学，2016，（10）：121－132.

［185］岳意定，廖建湘. 基于非对称演化博弈的农业产业投资基金寻租问题［J］. 系统工程，2012（4）：49－53.

［186］Arbuckle，Gordon J. Farmer attitudes toward proactive targeting of agricultural conservation programs［J］. Society and Natural Resources，2013（26）：625－641.

［187］Arbuckle J G，Prokopy L S，Haigh T，et al. Climate change beliefs，concerns，and attitudes toward adaptation and mitigation among farmers in the Midwestern United States［J］. Climatic Change，2013，117（4）：943－950.

［188］Arshad M，Suhail A，Gogi M D，et al. Farmers' perceptions of insect pests and pest management practices in Bt cotton in the Punjab，Pakistan［J］. Pans Pest Articles & News Summaries，2009，55（1）：1－10.

［189］Azadi Y，Yazdanpanah M，Mahmoudi H. Understanding smallholder farmers' adaptation behaviors through climate change beliefs，risk perception，trust，and psychological distance：Evidence from wheat growers in Iran［J］. Journal of Environmental Management，2019，250（12）：109456. 1－109456. 9.

［190］Deressa，T. T.，Hassan，R. M.，Ringler，C.，Alemu，T.，Yesuf，M. Determinants of farmers' choice of adaptation methods to climate change in the Nile Basin of Ethiopia［J］. Global. Environmental Change，2009（19）：248－255.

［191］Dubey P K，Singh G S，Abhilash P C. Agriculture in a changing climate［J］. Journal of Cleaner Production，2016（113）：1046－1047.

［192］Eggers M，Kayser M，Isselstein J. Grassland farmers' attitudes toward climate change in the North German Plain [J]. Regional Environmental Change, 2015, 15 (4): 607 -617.

[193] Hasibuan A M, Gregg D, Stringer R. Accounting for diverse risk attitudes in measures of risk perceptions: A case study of climate change risk for small - scale citrus farmers in Indonesia [J]. Land Use Policy, 2020 (95): 1 -17.

[194] Huiping, Huang. Media use, environmental beliefs, self - efficacy, and pro - environmental behavior [J]. Journal of Business Research, 2016 (69): 2206 -2212.

[195] 张浩，赵爽．创业者环境注意力对机会信念的影响——一个被调节的中介模型 [J]. 软科学，2020，34 (9): 5.

[196] Leiserowitz A A. American risk perceptions: Is climate change dangerous [J]. Risk analysis: an official publication of the Society for Risk Analysis, 2005, 25 (6): 1433 -1442.

[197] Kai L, Donald H, Junming Z, et al. Farmers' perceptions and adaptation behaviours concerning land degradation: A theoretical framework and a case study in the Qinghai - Tibetan plateau of China [J]. Land Degradation and Development, 2018 (29): 2460 -2471.

[198] Ullah W, Nihei T, Nafees M, et al. Understanding climate change vulnerability, adaptation and risk perceptions at household level in Khyber Pakhtunkhwa, Pakistan [J]. International Journal of Climate Change Strategies and Management, 2017, 10 (2): 359 -378.

[199] Marcoulides, K. M. , Foldnes, N. , Grønneberg, S. Assessing model fit in structural equation modeling using appropriate test statistics [J]. structural equation modeling, 2020 (27): 369 -379.

[200] Trope Y, Liberman N. Construal - level theory of psychological distance [J]. Psychological Review, 2010, 117 (2): 440 -463.

[201] Adesina A A, Sanders J H. Peasant farmer behavior and cereal technologies: Stochastic programming analysis in Niger [J]. Agricultural Economics of Agricultural Economists, 1991, 5 (1): 21 -38.

[202] A K Z, B M M K, C M A, et al. RETRACTED: The relationship between agricultural technologies and carbon emissions in Pakistan: Peril and promise [J]. Economic Modelling, 2012, 29 (5): 1632 -1639.

[203] Siegrist M. Trust and risk perception: A critical review of the literature [J]. Risk Analysis, 2019 (4): 1111 -1116.

[204] Vaske J J, Absher J D, Bright A D. Salient value similarity, social trust and attitudes toward wildland fire management strategies [J]. Human Ecology Review, 2007, 14 (2): 223-232.

[205] Menapace L, Colson G, Raffaelli R. Climate change beliefs and perceptions of agricultural risks: An application of the exchangeability method [J]. Global Environmental Change, 2015 (35): 70 -81.

[206] Pathak H, Pramanik P, Khanna M, et al. Climate change and water availability in Indian agriculture: Impacts and adaptation [J]. Indian Journal of Agricultural ences, 2014, 84 (6): 671 -679.

[207] Azadi Y, Yazdanpanah M, Mahmoudi H. Understanding smallholder farmers' adaptation behaviors through climate change beliefs, risk perception, trust, and psychological distance: Evidence from wheat growers in Iran [J]. Journal of Environmental Management, 2019, 250 (15): 1 -9.

[208] Kellstedt P M, Zahran S, Vedlitz A. Personal efficacy, the information environment, and attitudes toward global warming and climate change in the United States [J]. Risk Analysis, 2010, 28 (1): 113 -126.

[209] Lal R, Singh B R, Mwaseba D L, et al. Sustainable intensification to advance food security and enhance climate resilience in Africa [M]. Africa, Climate Change and Crop Yield in Sub -Saharan Africa, 2015, (Chapter 8): 165 -183.

[210] Paulos Asrat, Belay Simane. Adapting smallholder agriculture to climate change through sustainable land management practices: empirical evidence from North -West Ethiopia [J]. Journal of Agricultural Science and Technology, 2017 (7): 289 -301.

[211] Hendrickx L, Nicolaij S. Temporal discounting and environmental risks: The role of ethical and loss -related concerns [J]. Journal of Environmental Psychology, 2004, 24 (4): 409 -422.

[212] Rezaei R, Mianaji S, Ganjloo A. Factors affecting farmers' intention to engage in on -farm food safety practices in Iran: Extending the theory of planned behavior [J]. Journal of Rural Studies, 2018 (60): 152 -166.

[213] Amber Saylor Mase a, Benjamin M. Gramig b, Linda Stalker Prokopy

c. Climate change beliefs, risk perceptions, and adaptation behavior among Midwestern U. S. crop farmers [J]. Climate Risk Management, 2017, 15 (C): 8 - 17.

[214] Vine E. Adaptation of California's electricity sector to climate change [J]. Climatic Change, 2012, 111 (1): 75 - 99.

[215] Totschnig G, Hirner R, Müller A, et al. Climate change impact and resilience in the electricity sector: The example of Austria and Germany [J]. Energy Policy, 2017, 103: 238 - 248.

[216] Auffhammer M, Baylis P, Hausman C H. Climate change is projected to have severe impacts on the frequency and intensity of peak electricity demand across the UnitedStates [J]. Proceedings of the National Academy of Sciences of the United States of America, 2017, 114: 1886 - 1891.

[217] Rose S, Diaz D, Blanford G. Understanding the social cost of carbon: A model diagnostic and inter - comparison study [J]. Climate Change Economics, 2017, 8 (2): 1 - 28.

[218] Chen W, Wei P. Socially optimal deployment strategy and incentive policy for solar photovoltaic community microgrid: A case of China [J]. Energy Policy, 2018, 116: 86 - 94.

[219] IPCC. Climate change 2014 - Impacts, adaptation, and vulnerability part A: Global and sectoral aspects [M]. Cambridge: Cambridge University Press, 2014.

[220] Wang J, Duan L, Yang Y, et al. Study on the general system integration optimization method of the solar aided coal - fired power generation system [J]. Energy, 2019, 169: 660 - 673.

[221] Wang C, X Cao, Mao J, et al. The changes in coal intensity of electricity generation in Chinese coal - fired power plants [J]. Energy Economics, 2019, 80: 491 - 501.

[222] Liu H, Zhai R, Patchigolla K, et al. Performance analysis of a novel combined solar trough and tower aided coal - fired power generation system [J]. Energy, 2020, 201: 117 - 597.

[223] Wu X, Ji X, Li C, et al. Water footprint of thermal power in China: Implications from the high amount of industrial water use by plant infrastructure of coal - fired generation system [J]. Energy Policy, 2019, 132: 452 - 461.

[224] Fan J L, Wei S, Yang L, et al. Comparison of the LCOE between coal -

fired power plants with CCS and main low – carbon generation technologies: Evidence from China [J]. Energy, 2019, 176: 143 –155.

[225] Wei H, Wu T, Ge Z, et al. Entransy analysis optimization of cooling water flow distribution in a dry cooling tower of power plant under summer crosswinds [J]. Energy, 2019, 166: 1229 –1240.

[226] Liao G, Liu L, Zhang F, et al. A novel combined cooling – heating and power (CCHP) system integrated organic rankine cycle for waste heat recovery of bottom slag in coal – fired plants [J]. Energy Conversion and Management, 2019, 186: 380 –392.

[227] Chen H, Qi Z, Dai L, et al. Performance evaluation of a new conceptual combustion air preheating system in a 1000 MW coal – fueled power plant [J]. Energy, 2020, 193: 116 –739.

[228] Fan H, Zhang Z, Dong J, et al. China's R&D of advanced ultra – supercritical coal – fired power generation for addressing climate change [J]. Thermal Science and Engineering Progress, 2018 (5): 364 –371.

[229] Petrakopoulou F, Robinson A, Olmeda – Delgado M. Impact of climate change on fossil fuel power – plant efficiency and water use [J]. Journal of Cleaner Production, 2020, 273: 122 –816.

[230] Pan Z, Segal M, Arritt R W, et al. On the potential change in solar radiation over the US due to increases of atmospheric greenhouse gases [J]. Renewable Energy, 2004, 29 (11): 1923 –1928.

[231] Sun B, Yu Y, Qin C. Should China focus on the distributed development of wind and solar photovoltaic power generation? A comparative study [J]. Applied Energy, 2017, 185: 421 –439.

[232] Gökçeku H, Alothman D. Impacts of climate change on human health [J]. International Journal of Innovative Technology and Exploring Engineering, 2018, 7 (10): 5 –8.

[233] IPCC. AR4 Climate change 2007: Impacts, adaptation, and vulnerability [R]. 2007.

[234] He P, Ng T S, Su B. Energy import resilience with input – output linear programming models [J]. Energy Economics, 2015, 50: 215 –226.

[235] Cui H, Liu X, Zhao Q. Which factors can stimulate China's green

transformation process? From provincial aspect [J]. Polish Journal of Environmental Studies, 2020, 30 (1): 47 -60.

[236] Albajjali S K, Yacoub A. Estimating the determinants of electricity consumption in Jordan [J]. Energy, 2018, 147: 1311 -1320.

[237] Deng C, Li K, Peng C, et al. Analysis of technological progress and input prices on electricity consumption: Evidence from China [J]. Journal of Cleaner Production, 2018, 196: 1390 -1406.

[238] Campbell A. Price and income elasticities of electricity demand: Evidence from Jamaica [J]. Energy Economics, 2018, 69: 19 -32.

[239] Hirmiz R, Teamah H M, Lightstone M F, et al. Performance of heat pump integrated phase change material thermal storage for electric load shifting in building demand side management [J]. Energy and Buildings, 2019, 190: 103 -118.

[240] Ahmed N, Levorato M, Li G P. Residential consumer - centric demand side management [J]. IEEE Transactions on Smart Grid, 2018 (9): 4513 -4524.

[241] Pagliarini G, Bonfiglio C, Vocale P. Outdoor temperature sensitivity of electricity consumption for space heating and cooling: An application to the city of Milan, North of Italy [J]. Energy and Buildings, 2019, 204: 1 -10.

[242] Palin E J, Thornton H E, Mathison C T, et al. Future projections of temperature - related climate change impacts on the railway network of Great Britain [J]. Climatic Change, 2013, 120: 71 -93.

[243] Baxter L W, Calandri K. Global warming and electricity demand: A study of California [J]. Energy Policy, 1992 (20): 233 -244.

[244] Decotis P A. Electric - sector capabilities needed to address climate change [J]. Natural Gas and Electricity, 2019, 36 (5): 24 -28.

[245] Nnaemeka E, Taha C, Rabiul A B. The impact of climate change on electricity demand in Australia [J]. Energy and Environment, 2018 (29): 1263 -1297.

[246] Veliz K D, Kaufmann R K, Cleveland C J, et al. The effect of climate change on electricity expenditures in Massachusetts [J]. Energy Policy, 2017, 106: 1 -11.

[247] Jin J, Zhou P, Li C, et al. Low - carbon power dispatch with wind power based on carbon trading mechanism [J]. Energy, 2019, 170 (1): 250 -260.

[248] Shahzad A, Zafar M, Naeem N. Dilemma of direct rebound effect and climate change on residential electricity consumption in Pakistan [J]. Energy Reports, 2018 (4): 323 - 327.

[249] Klimenko V V, Klimenko A V, Tereshin A G, et al. Impact of climate change on energy production, distribution, and consumption in Russia [J]. Thermal Engineering, 2018, 65 (5): 247 - 257.

[250] Eskeland G S, Mideksa T K. Electricity demand in a changing climate [J]. Mitigation and Adaptation Strategies for Global Change, 2010, 15 (8): 877 - 897.

[251] Deschênes O, Greenstone M. Climate change, mortality, and adaptation: Evidence from annual fluctuations in weather in the US [J]. American Economic Journal: Applied Economics, 2011 (3): 152 -185.

[252] Auffhammer M, Aroonruengsawat A. Simulating the impacts of climate change, prices and population on California's residential electricity consumption [J]. Climatic Change, 2011, 109: 191 -210.

[253] Auffhammer M, Mansur E. Measuring climatic impacts on energy consumption: A review of the empirical literature [J]. Energy Economics, 2014, 46: 522 - 530.

[254] Ang B W, Wang H, Ma X. Climatic in fluence on electricity consumption: The case of Singapore and Hong Kong [J]. Energy, 2017, 127: 534 - 543.

[255] Martus E, Martus E. Russian industry responses to climate change: the case of the metals and mining sector mining sector [J]. Climate Policy, 2019 (19): 17 - 29.

[256] Li Y, Pizer W A, Wu L. Climate change and residential electricity consumption in the Yangtze River Delta, China [J]. Proceedings of the National Academy of Sciences of the United States of America, 2019, 116 (2): 472 - 477.

[257] Gupta E. Global warming and electricity demand in the rapidly growing city of Delhi: A semi - parametric variable coefficient approach [J]. Energy Economics, 2012, 34 (5): 1407 - 1421.

[258] Kaufmann R K, Gopal S, Tang X, et al. Revisiting the weather effect on energy consumption: Implications for the impact of climate change [J]. Energy Policy, 2013, 62: 1377 - 1384.

[259] Zachariadis T, Hadjinicolaou P. The effect of climate change on electricity needs – A case study from Mediterranean Europe [J]. Energy, 2014, 76: 899 –910.

[260] Hollanda L, Trotter I M, Folsland T. Climate change and electricity demand in Brazil: A stochastic approach [J]. Energy, 2016, 102: 596 –604.

[261] Fan J, Hu J, Zhang X. Impacts of climate change on electricity demand in China: An empirical estimation based on panel data [J]. Energy, 2019, 170: 880 –888.

[262] Burillo D, Chester M V, Pincetl S, et al. Forecasting peak electricity demand for Los Angeles considering higher air temperatures due to climate change [J]. Applied Energy, 2019, 236: 1 –9.

[263] International Renewable Energy Agency. Renewable power generation costs in 2019 [R]. 2020.

[264] O'Shaughnessy E, Cutler D, Ardani K, et al. Solar plus: Optimization of distributed solar PV through battery storage and dispatchable load in residential buildings [J]. Applied Energy, 2018, 213: 11 –21.

[265] Ravindra K, Iyer P P. Decentralized demand – supply matching using community microgrids and consumer demand response: A scenario analysis [J]. Energy, 2014, 76: 32 –41.

[266] Bilich A, Langham K, Geyer R, et al. Life Cycle Assessment of solar photovoltaic microgrid systems in off – grid communities [J]. Environmental Science and Technology, 2017, 51 (2): 1043 –1052.

[267] Chan D, Cameron M, Yoon Y. Implementation of micro energy grid: A case study of a sustainable community in China [J]. Energy and Buildings, 2017, 139 (5): 719 –731.

[268] Drechsler M, Egerer J, Lange M, et al. Efficient and equitable spatial allocation of renewable power plants at the country scale [J]. Nature Energy, 2017 (6): 17 –124.

[269] Grams C M, Beerli R, Pfenninger S, et al. Balancing Europe's wind – power output through spatial deployment informed by weather regimes [J]. Nature Climate Change, 2017, 7 (8): 557 –562.

[270] Lin B, Wu W. Cost of long distance electricity transmission in China

[J]. Energy Policy, 2017, 109: 132 - 140.

[271] Islam S, Dincer I. Development, analysis and performance assessment of a combined solar and geothermal energy - based integrated system for multi - generation [J]. Solar Energy, 2017, 147 (5): 328 - 343.

[272] Abdi H, Beigvand S D, Scala M L. A review of optimal power flow studies applied to smart grids and microgrids [J]. Renewable and Sustainable Energy Reviews, 2017, 71: 742 - 766.

[273] Carpinelli G, Celli G, Mocci S, et al. Optimal integration of distributed energy storage devices in smart grids [J]. IEEE Transactions on Smart Grid, 2013, 4 (2): 985 -995.

[274] Adavi Z, Moradi R, Saeidnejad A H, et al. Assessment of potato response to climate change and adaptation strategies [J]. Scientia Horticulturae, 2018, 228: 91 - 102.

[275] Jacks G, Thambi D. Groundwater memories of past climate change—Examples from India and the Nordic Countries [J]. Journal of Climate Change, 2017, 3 (1): 49 -57.

[276] Haug C, Rayner T, Jordan A, et al. Navigating the dilemmas of climate policy in Europe: Evidence from policy evaluation studies [J]. Climatic Change, 2010, 101 (3): 427 -445.

[277] Hurlstone M J, Wang S, Price A, et al. Cooperation studies of catastrophe avoidance: Implications for climate negotiations [J]. Climatic Change, 2017, 140 (2): 119 -133.

[278] Brown TC, Kroll S. Avoiding an uncertain catastrophe: Climate change mitigation under risk and wealth heterogeneity [J]. Climatic Change, 2017, 141 (2): 155 -166.

[279] Xu Z, Yang P, Zheng C, et al. Analysis on the organization and development of multi - microgrids [J]. Renewable and Sustainable Energy Reviews, 2017, 81 (2): 2204 -2216.

[280] Gayatri M, Parimi A M, Kumar A. A review of reactive power compensation techniques in microgrids [J]. Renewable and Sustainable Energy Reviews, 2018, 81 (1): 1030 -1036.

[281] Guo M, Zhang Y, Ye W, et al. Pricing the permission of pollution:

Optimal control – based simulation of payments for the initial emission allowance in China [J]. Journal of Cleaner Production, 2018, 174 (10): 139 – 149.

[282] Lopes J, Madureira A G, Moreira C C. A view of microgrids [J]. Wiley Interdisciplinary Reviews: Energy and Environment, 2013, 2 (1): 86 – 103.

[283] Lidula N W A, Rajapakse A D. Microgrids research: A review of experimental microgrids and test systems [J]. Renewable and Sustainable Energy Reviews, 2011, 15 (1): 186 – 202.

[284] Hao W, Huang J. Joint investment and operation of microgrid [J]. IEEE Transactions on Smart Grid, 2015, 8 (2): 833 – 845.

[285] Lasseter R H. Smart distribution: Coupled microgrids [J]. Proceedings of the IEEE, 2011, 99 (6): 1074 – 1082.

[286] Ali A, Li W, Hussain R, et al. Overview of current microgrid policies, incentives and barriers in the European Union, United States and China [J]. Sustainability, 2017 (9): 1146 – 1174.

[287] Xie H, Zheng S, Ni M. Microgrid Development in China: A method for renewable energy and energy storage capacity configuration in a megawatt – level isolated microgrid [J]. IEEE Electrification Magazine, 2017, 5 (2): 28 – 35.

[288] Hosenuzzaman M, Rahim N A, Selvaraj J, et al. Global prospects, progress, policies, and environmental impact of solar photovoltaic power generation [J]. Renewable and Sustainable Energy Reviews, 2015, 41: 284 – 297.

[289] Hughes L, Meckling J. The politics of renewable energy trade: The US – China solar dispute [J]. Energy Policy, 2017, 105: 256 – 262.

[290] Liu Y, Han L, Yin Z, et al. A competitive carbon emissions scheme with hybrid fiscal incentives: The evidence from a taxi industry [J]. Energy Policy 2017, 102: 414 – 422.

[291] Ye L, Rodrigues J, Xiang H. Analysis of feed – in tariff policies for solar photovoltaic in China 2011 – 2016 [J]. Applied Energy, 2017, 203: 496 – 505.

[292] Alishahi E, Moghaddam M, Sheikh – El – Eslami M. A system dynamics approach for investigating impacts of incentive mechanisms on wind power investment [J]. Renewable Energy, 2012, 37 (1): 310 – 317.

[293] Jarnut M, Werminski S, Waskowicz B. Comparative analysis of selected energy storage technologies for prosumer – owned microgrids [J]. Renewable and

Sustainable Energy Reviews, 2017, 74: 925 -937.

[294] Hanna R, Ghonima M, Kleissl J, et al. Evaluating business models for microgrids: Interactions of technology and policy [J]. Energy Policy, 2017, 103: 47 -61.

[295] Eddy J, Miner N E, Stamp J. Sandia's microgrid design toolkit [J]. The Electricity Journal, 2017, 30 (4): 62 -67.

[296] Mariam L, Basu M, Conlon M F. Microgrid: Architecture, policy and future trends [J]. Renewable and Sustainable Energy Reviews, 2016, 64: 477 -489.

[297] Claudia R, Oscar N, Felipe V, et al. Methodology for monitoring sustainable development of isolated microgrids in rural communities [J]. Sustainability, 2016, 8 (11): 11 -63.

[298] Wouters C. Towards a regulatory framework for microgrids—The Singapore experience [J]. Sustainable Cities and Society, 2015 (15): 22 -32.

[299] Petrakopoulou F, Robinson A, Olmeda M. Impact of climate change on fossil fuel power - plant efficiency and water use [J]. Journal of Cleaner Production, 2020, 273: 122 -816.

[300] 卢赓，邓婧. 气象灾害下电力系统面临的风险辨析及应对策略 [J]. 机电工程技术，2020，49 (12)：30 -33.

[301] Kopytko N, Perkins J. Climate change, nuclear power, and the adaptation - mitigation dilemma [J]. Energy Policy, 2011, 39: 318 -333.

[302] Lubega W N, Stillwell A S. Analyzing the economic value of thermal power plant cooling water consumption [J]. Water Resources and Economics, 2019 (27): 100 -137.

[303] Vliet M, Wiberg D, Leduc S, et al. Power - generation system vulnerability and adaptation to changes in climate and waterresources [J]. Nature Climate Change, 2016 (6): 375 -380.

[304] Liu L, Hejazi M, Li H, et al. Vulnerability of US thermoelectric power generation to climate change when incorporating state - level environmental regulations [J]. Nature Energy, 2017, 2 (8): 17109.

[305] Bartos M D, Chester M V. Impacts of climate change on electric power supply in the Western United States [J]. Nature Climate Change, 2015, 5 (8): 748 -752.

[306] Van V, Yearsley J, Ludwig F, et al. Vulnerability of US and European electricity supply to climate change [J]. Nature Climate Change, 2012, 2 (9): 676 - 681.

[307] Kirshen P, Ruth M, Anderson W. Interdependencies of urban climate change impacts and adaptation strategies: A case study of Metropolitan Boston USA [J]. Climatic Change, 2008, 86: 105 - 122.

[308] Rübbelke D, Vögelec S. Impacts of climate change on European critical infrastructures: The case of the power sector [J]. Environmental Science and Policy, 2011 (14): 53 - 63.

[309] Skoczkowski T, Gutowski P, Dixon R. Impact assessment of climate policy on Poland's power sector [J]. Mitigation and Adaptation Strategies for Global Change, 2018 (23): 1303 - 1349.

[310] Wang Y, Byers E, Parkinson S, et al. Vulnerability of existing and planned coal - fired power plants in developing Asia to changes in climate and water resources [J]. Energy and Environment, 2019 (12): 3164 - 3181.

[311] Zhang X, Liu J, Tang Y, et al. China's coal - fired power plants impose pressure on water resources [J]. Journal of Cleaner Production, 2017, 161: 1171 - 1179.

[312] Tobin I, Greuell W, Jerez S, et al. Vulnerabilities and resilience of European power generation to 1.5℃, 2℃ and 3℃ warming [J]. Environmental Research Letters, 2018 (12).

[313] Förster H, Lilliestam J. Modeling thermoelectric power generation in view of climate change [J]. Regional Environmental Change, 2010 (10): 327 - 338.

[314] Chandel M, Pratson L, Jackson R. The potential impacts of climate - change policy on freshwater use in thermoelectric power generation [J]. Energy Policy, 2011 (39): 6234 - 6242.

[315] Zheng X, Wang C, Cai W, et al. The vulnerability of thermoelectric power generation to water scarcity in China: Current status and future scenarios for power planning and climate change [J]. Appled Energy, 2016, 171: 444 - 455.

[316] 王雪琦，陈进．影响中国沿海地区青少年气候变化减缓意愿及行为的因子分析 [J]. 气候变化研究进展，2021 (2): 1 - 13.

[317] Jakuionyt M, Liobikien G. Climate change concern, personal responsi-

bility and actions related to climate change mitigation in EU countries: Cross - cultural analysis [J]. Journal of Cleaner Production, 2021 (281): 125 - 189.

[318] 世界气象组织. 温室气体公报 2019 [R]. 2019.

[319] Gao X. The Paris agreement and global climate governance: China's role and contribution [J]. China Quarterly of International Strategic Studies, 2016, 2 (3): 365 - 381.

[320] Elzen M D, Fekete H, Höhne N, et al. Greenhouse gas emissions from current and enhanced policies of China until 2030: Can emissions peak before 2030 [J]. Energy Policy, 2016, 89: 224 - 236.

[321] Pires J. COP21: The algae opportunity [J]. Renewable and Sustainable Energy Reviews, 2017, 79: 867 - 877.

[322] Li Q, Zhang W, Li H, et al. CO_2 emission trends of China's primary aluminum industry: A scenario analysis using system dynamics model [J]. Energy Policy, 2017, 105: 225 - 235.

[323] Hao H, Geng Y, Hang W. GHG emissions from primary aluminum production in China: Regional disparity and policy implications [J]. Applied Energy, 2016, 166: 264 - 272.

[324] Cao Y, Wang X, Li Y, et al. A comprehensive study on low - carbon impact of distributed generations on regional power grids: A case of Jiangxi provincial power grid in China [J]. Renewable and Sustainable Energy Reviews, 2016, 53: 766 - 778.

[325] 国家统计局能源司. 中国能源统计年鉴 2018 [M]. 北京, 中国统计出版社, 2019.

[326] Meng M, Jing K, Mander S. Scenario analysis of CO_2 emissions from China's electric power industry [J]. Journal of Cleaner Production, 2016, 142: 3101 - 3108.

[327] BP. Statistical review of world energy 2020 [R]. 2020.

[328] Cui H, Wei P. Analysis of thermal coal pricing and the coal price distortion in China from the perspective of market forces [J]. Energy Policy, 2017, 106: 148 - 154.

[329] Zhang Y, Peng H. Exploring the direct rebound effect of residential electricity consumption: An empirical study in China [J]. Applied Energy, 2017, 196:

132 - 141.

[330] Ogden J, Jaffe A M, Scheitrum D, et al. Natural gas as a bridge to hydrogen transportation fuel: Insights from the literature [J]. Energy Policy, 2018, 115: 317 - 329.

[331] IEA. Technology roadmap hydrogen and fuel cells [R]. 2015.

[332] Bumpus A, Comello S. Emerging clean energy technology investment trends [J]. Nature Climate Change, 2017, 7 (6): 382 - 385.

[333] 王睿. 电力行业的减排救赎 [J]. 能源, 2016 (1): 100 - 102.

[334] 陈怡, 田川, 曹颖, 等. 中国电力行业碳排放达峰及减排潜力分析 [J]. 气候变化研究进展. 2020, 16 (5): 632 - 640.

[335] 武传宝. 能源互联网背景下电力行业气候变化应对之策 [J]. 煤炭经济研究, 2020 (40): 47 - 51.

[336] 张士宁, 马志远, 杨方, 等. 全球可再生能源发电减排技术及投资减排成效评估分析 [J]. 全球能源互联网, 2020 (3): 328 - 338.

[337] 白建华, 辛颂旭, 刘俊, 等. 中国实现高比例可再生能源发展路径研究 [J]. 中国电机工程学报, 2015, 35 (14): 3699 - 3705.

[338] Berrang F L, Ford J D, Paterson J. Are we adapting to climate change [J]. Global Environmental Change, 2011, 21 (1): 25 - 33.

[339] 段宏波, 汪寿阳. 减缓与适应: 中国应对气候变化的成本收益分析 [J]. 中国科学院院刊, 2018, 33 (3): 284 - 290.

[340] Hugo J, Plessis C, Hugo J. A quantitative analysis of interstitial spaces to improve climate change resilience in Southern African cities [J]. Climate and Development, 2020, 12: 591 - 599.

[341] 国家发展改革委. 国家适应气候变化战略 [R]. 2013.

[342] Filipe L, Kropp J P. Estimating investments in knowledge and planning activities for adaptation in developing countries: An empirical approach [J]. Climate and Development, 2019 (11): 755 - 764.

[343] Conevska A, Ford J, Lesnikowski A. Assessing the adaptation fund's responsiveness to developing country's needs [J]. Climate and Development, 2020 (12): 436 - 447.

[344] Perera A, Nik V, Chen D, et al. Quantifying the impacts of climate change and extreme climate events on energy systems [J]. Nature Energy, 2020

(5): 150 - 159.

[345] Nguyen Q A, Miller F, Bowen K, et al. Evaluating capacity for climate change adaptation in the health and water sectors in Vietnam: Constraints and opportunities [J]. Climate and Development, 2017, 9 (3): 258 - 273.

[346] Inderberg T H. Institutional constraints to adaptive capacity: Adaptability to climate change in the Norwegian electricity sector [J]. Local Environment, 2011, 16 (4): 303 - 317.

[347] Berga L. The role of hydropower in climate change mitigation and adaptation: A review [J]. Engineering, 2016, 2 (3): 313 - 318.

[348] Nobre P, Pereira E B, Lacerda F F, et al. Solar smart grid as a path to economic inclusion and adaptation to climate change in the Brazilian Semiarid Northeast [J]. International Journal of Climate Change Strategies and Management, 2019 (11): 499 - 517.

[349] Brockway A M, Dunn L N. Weathering adaptation: grid infrastructure planning in a changing climate [J]. Climate Risk Management, 2020 (30).

[350] Hewitt C D, Stone R C, Tait A B. Improving the use of climate information in decision - making [J]. Nature Climate Change, 2017 (7): 614 - 616.

[351] Zhang Y, Ayyub B M. Electricity system assessment and adaptation to rising temperatures in a changing climate using Washington metro area as a case study [J]. Journal of Infrastructure Systems, 2020, 26 (2).

[352] 官再静. 电力系统弹性对其他产业供给成本的影响模型研究 [D]. 哈尔滨: 哈尔滨工业大学, 2018.

[353] 张浩天. 电力成本的全解析 [J]. 能源, 2019, 130 (10): 59 - 64.

[354] Wang S, Zhu J, Huang G, et al. Assessment of climate change impacts on energy capacity planning in Ontario, Canada using high - resolution regional climate model [J]. Journal of Cleaner Production, 2020, 274 (4): 123026.

[355] Szinai J K, Deshmukh R, Kammen D M, et al. Evaluating cross - sectoral impacts of climate change and adaptations on the energy - water nexus: A framework and California case study [J]. Environmental Research Letters, 2020, 15 (12): 124065.

[356] Wei Y M, Han R, Liang Q M, et al. An integrated assessment of INDCs under shared socioeconomic pathways: An implementation of C3IAM [J].

Natural Hazards, 2018, 92: 585 - 618.

[357] Zhao, Rongqin, Liu, et al. Impacts of water and land resources exploitation on agricultural carbon emissions: The water - land - energy - carbon nexus [J]. Land Use Policy, 2018.

[358] Nordhaus W D. Climate clubs: Overcoming free - riding in international climate policy [J]. American Economic Review, 2015, 105 (4): 1339 - 1370.

[359] Tol R. The Impacts of climate change according to the IPCC [J]. Climate Change Economics, 2016, 7 (1): 1640004.

[360] Bosshart N W, Azzolina N A, Ayash S C, et al. Quantifying the effects of depositional environment on deep saline formation CO_2 storage efficiency and rate [J]. International Journal of Greenhouse Gas Control, 2018, 69: 8 - 19.

[361] Geels F W, Berkhout F, Van Vuuren D P. Bridging analytical approaches for low - carbon transitions [J]. Nature Climate Change, 2016 (6): 576 - 583.

[362] Collins W D, Craig A P, Truesdale J E, et al. The integrated earth system model version 1: Formulation and functionality [J]. Geoscientific Model Development, 2015 (8): 2203 - 2219.

[363] Beek L V, Vuuren D, Hajer M, et al. Anticipating futures through models: the rise of integrated assessment modelling in the climate science - policy interface since 1970 [J]. Global Environmental Change, 2020, 65: 102191.

[364] Miller R E, Blair P D. Input - Output analysis: Foundations and extensions [M]. Cambridge: Cambridge University Press, 2009.

[365] 郑正喜. 开放经济下的产业关联效应测度——基于非竞争型和区域间产业关联理论的改进认识 [J]. 统计研究, 2015 (32): 27 - 36.

[366] Merciai S. An input - output model in a balanced multi - layer framework [J]. Resources Conservation and Recycling, 2019 (150).

[367] 许宪春, 李善同. 中国区域投入产出表的编制及分析 [M]. 北京: 清华大学出版社, 2008.

[368] 徐大举, 张海燕. Leontief 逆矩阵和 Ghosh 逆矩阵性质应用的再研究 [J]. 管理评论, 2018 (30): 101 - 111.

[369] Dietzenbacher E. In vindication of the Ghosh model: A reinterpretation as a price model [J]. Journal of Regional Science, 2010, 37 (4): 629 - 651.

[370] 闫俊娜, 赵涛, 张欣. 基于 Ghosh 投入 - 产出模型的敏感性分

析——以中国高耗能行业为例 [J]. 管理评论, 2015 (27): 39-48, 66.

[371] 夏明, 张红霞. 投入产出分析: 理论、方法与数据 (第二版) [M]. 北京: 中国人民大学出版社, 2019.

[372] 谢识予. 经济博弈论 [M]. 4版. 上海: 复旦大学出版社, 2017.

[373] Halpern J Y, Pass R. Game theory with translucent players [J]. International Journal of Game Theory, 2018, 47 (3): 949-976.

[374] 胡本勇, 张家维. 基于收益共享的移动App供应链合作的博弈分析 [J]. 管理工程学报, 2020 (34): 137-144.

[375] 徐建中, 赵伟峰, 王莉静. 基于博弈论的装备制造业协同创新系统主体间协同关系分析 [J]. 中国软科学, 2014 (7): 161-171.

[376] Meng Q, Tan S, Li Z, et al. A review of game theory application research in safety management [J]. IEEE Access, 2020, 99: 1-13.

[377] 何丽红, 廖茜, 刘蒙蒙, 等. 两层供应链系统最优广告努力水平与直接价格折扣的博弈分析 [J]. 中国管理科学, 2017, 148 (25): 133-141.

[378] Pferschy U, Nicosia G, Pacifici A, et al. On the Stackelberg knapsack game [J]. European Journal of Operational Research, 2021, 291: 18-31.

[379] 夏兴有, 白志宏, 李婕, 等. 基于假位置和Stackelberg博弈的位置匿名算法 [J]. 计算机学报, 2019, 42 (10): 92-108.

[380] Bazaraa M S, Sherali H D, Shetty C M. Nonlinear programming: Theory and algorithms [J]. Technometrics, 1994, 49 (1): 105-135.

[381] 钱颂迪. 运筹学 [M]. 4版. 北京: 清华大学出版社, 2012.

[382] Vitor F, Easton T. The double pivot simplex method [J]. Mathematical Methods of Operational Research, 2018, 87: 109-137.

[383] Nordhaus W D. Projections and uncertainties about climate change in an era of minimal climate policies [J]. American Economic Journal: Economic Policy 2018, 10 (3): 333-360.

[384] Gerlak A K, Weston J, Mcmahan B, et al. Climate risk management and the electricity sector [J]. Climate Risk Management, 2018, 19: 12-22.

[385] 刘世锦, 韩阳, 王大伟. 基于投入产出架构的新冠肺炎疫情冲击路径分析与应对政策 [J]. 管理世界, 2020, 36 (5): 6, 21-32, 71.

[386] Smith W, Grant B, Qi Z, et al. Towards an improved methodology for modelling climate change impacts on cropping systems in cool climates [J]. Science

of The Total Environment, 2020, 728: 138845.

[387] Mcnamara K E, Buggy L. Community – based climate change adaptation: A review of academic literature [J]. Local Environment, 2017 (22): 443 – 460.

[388] Hinkel J, Bisaro A. A review and classification of analytical methods for climate [J]. Wiley Interdisciplinary Reviews: Climate Change, 2015 (6): 171 – 188.

[389] Meissner F, Haas A, Bisaro A. A typology for analysing mitigation and adaptation win – win strategies [J]. Climatic Change, 2020, 160: 539 – 564.

[390] 吴先华，朱薇薇，杨灵娟，等．基于ITIM模型的政治争端事件对产业经济系统的影响评估 [J]．中国管理科学，2016 (2): 27 – 37.

[391] 魏海蕊，盛昭瀚．基于不可运作性输入输出模型的供应链冲击级联影响研究 [J]．软科学，2017 (31): 120 – 124.

[392] Hallegatte S. An adaptive regional input – output model and its application to the assessment of the economic cost of Katrina [J]. Risk Analysis, 2010, 28 (3): 779.

[393] None. Tianjin Provincial – Level Procedural Rules [J]. Chinese Law and Government, 2017, 49 (1): 16 – 26.

[394] Chen S, Li Z, Liu F, et al. Risk evaluation of solar greenhouse cucumbers low temperature disaster based on GIS spatial analysis in Tianjin, China [J]. Geomatics, Natural Hazards and Risk, 2019, 10 (1): 576 – 598.

[395] IPCC. Climate Change 2013: The Physical Science Basis [M]. New York: Cambridge University Press, 2013.

[396] Harrison P, Dunford R, Savin C, et al. Cross – sectoral impacts of climate change and socio – economic change for multiple, European land – and water – based sectors [J]. Climatic Change, 2015, 128 (3 – 4): 279 – 292.

[397] Zhang C, Liao H, Mi Z F. Climate impacts: Temperature and electricity consumption [J]. Natural Hazards, 2019, 99: 1259 – 1275.

[398] Alberini A, Prettico G, Shen C, et al. Hot weather and residential hourly electricity demand in Italy [J]. Energy, 2019, 177: 44 – 56.

[399] Cialani C, Mortazavi R. Household and industrial electricity demand in Europe [J]. Energy Policy, 2018, 122: 592 – 600.

[400] Thornton H E, Hoskins B J, Scaife A A. The role of temperature in the variability and extremes of electricity and gas demand in Great Britain [J]. Envi-

ronmental Research Letters, 2016, 11 (11): 1 -14.

[401] Deschênes O, Greenstone M. Climate change, mortality, and adaptation: Evidence from annual fluctuations in weather in the US [J]. American Economic Journal: Applied Economics, 2011 (3): 152 -185.

[402] Shourav M, Shahid S, Singh B, et al. Potential impact of climate change on residential energy consumption in Dhaka City [J]. Environmental Modeling and Assessment, 2018 (23): 131 -140.

[403] NASA (National Aeronautics and Administration). Graphic: The relentless rise of carbon dioxide [R]. 2017.

[404] IPCC. Climate change 2014: Synthesis report summary chapter for policymakers [R]. 2014.

[405] Geoff D. Climate change: The need to adapt sustainably [J]. Civil Engineering, 2017, 170 (4): 147 -157.

[406] Grossman M R. Climate change and the individual [J]. American Journal of Comparative Law, 2018, 66: 345 -378.

[407] Zhang Y J, Zhang K B. The linkage of CO_2 emissions for China, EU, and USA: Evidence from the regional and sectoral analyses [J]. Environmental Science and Pollution Research, 2018 (20): 179 -192.

[408] Lu C, Li W. A comprehensive city - level GHGs inventory accounting quantitative estimation with an empirical case of Baoding [J]. Science of The Total Environment, 2018, 651: 601 -613.

[409] Li G, Cai L, Chen L, et al. Relations of total electricity consumption to climate change in Nanjing [J]. Energy Procedia, 2018, 152: 756 -761.

[410] Giannakopoulos C, Psiloglou B, Lemesios G, et al. Climate change impacts, vulnerability and adaptive capacity of the electrical energy sector in Cyprus [J]. Regional Environmental Change, 2016, 16 (7): 1891 -1904.

[411] Tol R. The economic effects of climate change [J]. Journal of Economic Perspectives, 2009 (23): 29 -51.

[412] Ge S, Wang S, Lu Z, et al. Substation planning method in an active distribution network under low - carbon economy [J]. Journal of Modern Power Systems and Clean Energy, 2015, 3 (4): 468 -474.

[412] Kern J D, Characklis G W. Evaluating the financial vulnerability of a

major electric utility in the southeastern U. S. to drought under climate change and an evolving generation mix [J]. Environmental Science and Technology, 2017, 51 (15): 8815 -8823.

[414] Zhang D, Xu Z, Li C, et al. Economic and sustainability promises of wind energy considering the impacts of climate change and vulnerabilities to extreme conditions [J]. The Electricity Journal, 2019, 32 (6): 7 -12.

[415] Wang Y, Song L, Ye D, et al. Construction and application of a climate risk index for China [J]. Journal of Meteorological Research, 2018 (32): 937 -949.

[416] Hou Y L, Mu H Z, Dong G T, et al. Influences of urban temperature on the electricity consumption of Shanghai [J]. Advances in Climate Change Research, 2014, 5 (2): 74 -80.

[417] Shan Y, Guan D, Hubacek K, et al. City - level climate change mitigation in China [J]. Science Advances, 2018 (4): 1 -15.

[418] Abdrabo M, Hassaan M A, Abdelraouf H. Impacts of climate change on seasonal residential electricity consumption by 2050 and potential adaptation options in Alexandria Egypt [J]. American Journal of Climate Change, 2018, 7 (4): 575 -585.

[419] Li X. Linking residential electricity consumption and outdoor climate in a tropical city [J]. Energy, 2018, 157: 734 -743.

[420] Li J, Yang L, Long H. Climatic impacts on energy consumption: Intensive and extensive margins [J]. Energy Economics, 2018, 71: 332 -343.

[421] Fazeli R, Ruth M, Davidsdottir B. Temperature response functions for residential energy demand - A review of models [J]. Urban Climate, 2016 (15): 45 -59.

[422] Fikru M G, Gautier L. The impact of weather variation on energy consumption in residential houses [J]. Applied Energy, 2015, 144: 19 -30.

[423] Wu Y, Hong L, Ni Y, et al. Residents' thermal discomfort and adaptive responses of indoor environment in hot summer and cold winter zone, China [C]. Proceedings of the 7th International Conference on Sustainable Development on Building and Environment (SuDBE), 2015: 1 -9.

[424] Hekkenberg M, Benders R, Moll H C, et al. Indications for a chan-

ging electricity demand pattern: The temperature dependence of electricity demand in the Netherlands [J]. Energy Policy, 2009, 37 (4): 1542-1551.

[425] Bigerna S. Estimating temperature effects on the Italian electricity market [J]. Energy Policy, 2018, 118: 257-269.

[426] Ahmed T, Vu D H, Muttaqi K M, et al. Load forecasting under changing climatic conditions for the city of Sydney, Australia [J]. Energy, 2018, 142: 911-919.

[427] Mohammed N A. Modelling of unsuppressed electrical demand forecasting in Iraq for long term [J]. Energy, 2018, 162: 354-363.

[428] Chang Y, Sik C, Miller J I, et al. A new approach to modeling the effects of temperature fluctuations on monthly electricity demand [J]. Energy Economics, 2016, 60: 206-216.

[429] Wang S, Sun X, Lall U. A hierarchical Bayesian regression model for predicting summer residential electricity demand across the U. S. A [J]. Energy, 2017, 140: 601-611.

[430] Rüdiger L, Heimo S, Martina R. The economic challenges of deep energy renovation - differences, similarities, and possible colutions in central Europe: Austria and Germany [J]. Ashrae Transactions, 2016, 122: 69-87.

[431] Damette O, Marques A C. Renewable energy drivers: A panel cointegration approach [J]. Applied Economics, 2018, 51 (25): 1-14.

[432] Kipping A, Tromborg E. Hourly electricity consumption in Norwegian households - Assessing the impacts of different heating systems [J]. Energy, 2015, 93: 655-671.

[433] Mann H B. Nonparametric test against trend [J]. Econometrica, 1945, 13 (3): 245-259.

[434] Kendall M G. Rank Correlation Methods [J]. British Journal of Psychology, 1990, 25 (1): 86-91.

[435] Gocic M, Trajkovic S. Analysis of changes in meteorological variables using Mann-Kendall and Sen's slope estimator statistical tests in Serbia [J]. Global and Planetary Change, 2013, 100: 172-182.

[436] Okui R, Yanagi T. Panel data analysis with heterogeneous dynamics [J]. Journal of Econometrics, 2019, 222: 451-475.

[437] Levin A, Lin C F, Chu C. Unit root tests in panel data: Asymptotic and finite - sample properties [J]. Journal of Econometrics, 2002, 108 (1): 1 - 24.

[438] Bilal A, Sherwani R A. Multilevel growth modeling using R: A case of GDP influencing factors [J]. Journal of Statistics, 2017 (24): 1 - 19.

[439] Olanrewaju B T, Olubusoye O E, Adenikinju A, et al. A panel data analysis of renewable energy consumption in Africa [J]. Renewable Energy, 2019, 140: 668 - 679.

[440] Lu X, Su L. Determining individual or time effects in panel data models [J]. Journal of Econometrics, 2020, 215 (1): 60 - 83.

[441] Riahi K, Rao S, Krey V, et al. RCP8.5—A scenario of comparatively high greenhouse gas emissions [J]. Climatic Change, 2011, 109 (1): 33 - 57.

[442] IPCC. *Climate change 2013: The fifth assessment report* [M]. Cambridge: Cambridge university press, 2013.

[443] 新华社. 天津电网最大负荷接连两日创历史新高 [DB/OL]. 2019. http: //www.xinhuanet.com/politics/2019 - 07/27/c_1124806624.htm.

[444] Ruth M, Lin A. Regional energy demand and adaptations to climate change: Methodology and application to the state of Maryland, USA [J]. Energy Policy, 2006, 34 (17): 2820 - 2833.

[445] Li M, Cao J, Guo J, et al. Response of energy consumption for building heating to climatic change and variability in Tianjin City, China [J]. Meteorological Applications, 2016, 23 (1): 123 - 131.

[446] Auffhammer M, Hsiang S M, Schlenker W, et al. Using weather data and climate model output in economic analyses of climate change [J]. Review of Environmental Economics and Policy, 2013, 7 (2): 181 - 198.

[447] Granger C, Joyeux R. An introduction to long - memory time series models and fractional differencing [J]. Journal of Time Series Analysis, 1980, 1 (1): 15 - 29.

[448] Chaabane N. A hybrid ARFIMA and neural network model for electricity price prediction [J]. International Journal of Electrical Power & Energy Systems, 2014, 55: 187 - 194.

[449] Lahiani A, Scaillet O. Testing for threshold effect in ARFIMA models: Application to US unemployment rate data [J]. International Journal of Forecasting,

2009，25（2）：418－428.

［450］Wang Y，Wang J，Zhao G，et al. Application of residual modification approach in seasonal ARIMA for electricity demand forecasting：A case study of China［J］. Energy Policy，2012，48：284－294.

［451］Liu L C，Cao D，Wei Y M. What drives intersectoral CO_2 emissions in China［J］. Journal of Cleaner Production，2016，133：1053－1061.

［452］Comodi G，Giantomassi A，Severini M，et al. Multi－apartment residential microgrid with electrical and thermal storage devices：Experimental analysis and simulation of energy management strategies［J］. Applied Energy，2015，137：854－866.

［453］Khederzadeh M，Maleki H. Coordinating storage devices，distributed energy sources，responsive loads and electric vehicles for microgrid autonomous operation［J］. International Transactions on Electrical Energy Systems，2015，25（10）：2482－2498.

［454］Breton M，Alj A，Haurie A. Sequential Stackelberg equilibria in two－person games［J］. Journal of Optimization Theory and Applications，1988，59（1）：71－97.

［455］Lagos F，Ordóñez F，Labbe M. A branch and price algorithm for a Stackelberg Security Game［J］. Computers and Industrial Engineering，2017，111：216－227.

［456］Xu L，Deng S J，Thomas V M. Carbon emission permit price volatility reduction through financial options［J］. Energy Economics，2016，53：248－260.

［457］Howarth R B，Gerst M D，Borsuk M E. Risk mitigation and the social cost of carbon［J］. Global Environmental Change，2014，24：123－131.

［458］国家发展改革委．建设项目经济评价方法与参数［M］．3版．北京：中国计划出版社，2013.

［459］国家发改委．电力发展“十三五”规划（2016－2020年）［R］. 2017.

［460］W&R Consulting Group. Photovoltaic power market and development prospects report［R］. 2016.

［461］Organisation for Economic Cooperation and Development（OECD）. The economics of climate change mitigation：Policies and options for global action beyond 2012［R］. 2012.

[462] International Energy Agency. Key world energy statistics 2020 [EB/OL]. 2020. https: //www. iea. org/reports/key - world - energy - statistics - 2020.

[463] 国家能源局. 2019 年全国电力工业统计数据 [EB/OL]. 2020. http: //www. nea. gov. cn/2020 - 01/20/c_138720881. htm.

[464] Alkon M, He X, Paris A R, et al. Water security implications of coal - fired power plants financed through China's Belt and Road Initiative [J]. Energy Policy, 2019, 132: 1101 - 1109.

[465] Bogmans C, Dijkema G, Van V M. Adaptation of thermal power plants: The (ir) relevance of climate (change) information [J]. Energy Economics, 2017, 62: 1 - 18.